圏論による
量子計算のモデルと論理

Categorical quantum models and logics

Chris Heunen 著
川辺治之 訳

共立出版

この論文に含まれる研究成果は，著者がナイメーヘンのラドバウド大学で働いている間に，2005年8月から2007年8月までの「プログラム・セキュリティと正当性」と2007年8月から2009年8月までの「量子化，非可換幾何学，および対称性」の両先駆的プロジェクトにおいてオランダ科学研究機構 (NWO) から資金的援助を受けて行ったものである．

Categorical Quantum Models and Logics
by Chris Heunen

Original English edition published by Amsterdam University Press.

Japanese language edition published by KYORITSU SHUPPAN CO., LTD.

序　文

彼らなしにはこの論文を発刊しえなかったであろう人たちに感謝を述べることなく，この論文を発刊することはできない．

何よりもまず，研究推進責任者に深く感謝する．バート・ジェイコブズは，つねに陽気で，熱心で，いつでも説明する準備ができていて，「指さして考える」ことの大切さを教えてくれた．クラース・ランズマンからは，「社会科学」の価値，すなわち，いかにして緻密な研究が曖昧なアイディアに対する専門家の意見によって活性化しうるかを学んだ．このような良好な指導教官らとともに研究する機会が得られたことを光栄に思う．そして，彼らのかけがえのない助言がこの論文に反映されていることを望むばかりである．また，博士課程委員会のメンバーが私の研究を査読するのに注いだ努力を讃えたい．とくに，論文を熟読したことの現れである正鵠を得た所見をくれたペーター・ジョンストンによって，私は永久の不名誉から救われた．彼には心から感謝する．

指導教官に加えて，ほかの論文の共著者であるバス・スピッターズ，蓮尾一郎，アナ・ソコロバ，マーティン・カスパースには，知見を共有してくれたことに感謝する．とくに，バス・スピッターズは，解決のための信じられないほど多くのアイディアを考えついた．さらに，研究コミュニティにおける仲間は，学会やワークショップの間だけでなく，つねに温かく迎えてくれた．とくに，ジョン・ハーディング，アイザー・スタッブ，ジェイミー・ヴィカリー，スティーブ・ヴィッカースによる励まし，建設的批評，助言を享受した．志を同じくして，オックスフォード大学，ケンブリッジ大学，京都大学での研究にそれぞれ招いてくれたボブ・クック，マルセロ・フィオーレ，蓮尾一郎に感謝する．それらの期間に非常に多くを学ぶことができた．

身近なところでは，おそらくは分かりきった質問にいつもすぐに答えてくれる数学科の同僚全員に感謝する．私の研究テーマに区切りがなく，なかなか落ち着かないにもかかわらず，デジタル・セキュリティー・グループはとても歓迎して元気づけられる雰囲気を作ってくれた．この家庭的な雰囲気は，研究室を何年かともにしたミゲール・アンドレ，ルーカス・クミエルスキー，フラビオ・ガルシア，蓮尾一郎，ロン・ヴァン・ケスタレン，ゲルハルト・デ・コニング・ガンズ，ケン・マドレナー，ペーター・ヴァン・ロッサム，アナ・ソコロバ，アレジャンドロ・タマレットに負うところが大きい．公平を期するために言えば，それはお茶を飲んだり，サッカーゲームを楽しんだりしただけではない．もちろん，研究についての議論や読書会もあり，とくに，アナ・ソコロバ，蓮尾一郎，ペーター・ヴァン・ロッサムらには深く感謝する．最後に，ヴォイチェフ・モストフスキーは，私がそれほど詳しくなかったときにいつもTEXの詳しい知識を分かち合ってくれた．

研究活動以外で私が享受した支援はおそらく同じくらい重要であり，（ローマでの）夕食，夕べの映画鑑賞，週末のヨット，スノーボード旅行，そしていろんな娯楽に，過去何年にもわたり付き合ってきた私の友人全員に感謝したい．それに加えて，ルーカスとロンは私の結婚式の付添人も引き受けてくれた．友人は多すぎてここに列挙できないが，とくに空手クラブであるNSKV道場と珠研磨師のメンバーとの数え切れないほどのトレーニング時間は，とても楽しく気分転換になったことは述べておかなければならない．そして，私の研究に気を遣ってくれた私の（姻戚）家族，とくに，現実的に物事を考えさせてくれた兄弟，きわめて現実的でありながらも，つねに支援してくれた両親には，感謝の言葉を述べておきたい．最後に，何にもまして，ここで述べることができないほど多くのことについて，ロッテに感謝する．

ユトレヒトにて，2009年8月

目 次

第1章

はじめに

量子論は，非常に小さなスケールにおいて，これまででもっともよく自然を記述している．古典的物理にはない量子論の主な特性として，状態の**重ね合わせ**，観測量の**非可換性**，**量子絡み合い**がある．このような特性は，一見すると奇妙で直感に反しているが，いったん理解すれば活用することができる．たとえば，量子絡み合いは，アインシュタイン，ポドルスキー，ローゼン [79] によって 1935 年に発見され，パラドックスと考えられたが，今日では，主として利用すべき資源とみなされている．その一例として，量子絡み合いにより，参加する当事者それぞれに彼らだけが知っていることの保証されているビット列が提供され，暗号鍵配送プロトコルが可能となる．また，さらに，量子計算機では，量子絡み合いを用いて，ある種の問題を古典的計算機よりも本質的に速く解ける [173].

量子計算機の潜在能力を十分に生かしきるためには，このような新しい応用に数学的証明が伴わなければならない．プログラマーがプログラムの正当性を保証できなければ，重要な仕事に量子計算機を使おうとするものはいないだろう．そして，秘匿通信のための量子鍵配送の大きな魅力は，盗聴できないことを保証している点にある．量子的世界では人間の直感は信用できないので，量子的状況を推論する数学的に確固たる方法が必要とされている．言い換えると，量子物理の論理学が必要であり，これがこの論文[1] で掘り下げている主題である．

[1] 訳注）本書は当初原著者のラドバウド大学での PH.D. 論文として発表された．

直感に反する量子物理の特性

直感に反する量子物理の特性を具体的に示すために，まず，量子論の一般形態を説明しよう．孤立した対象は，それがとりうる状態の集合によって記述される．そして，実験によって実証できる性質は，観測量の集合によってモデル化される．したがって，状態と観測量を組み合わせた実際の値は，観測行為の結果，すなわち測定をモデル化する．対象の正確な状態については，しばしば不確かなことがある．それゆえ，状態の凸結合も許す．このとき，（状態と観測量の対である）観測は，ある確率を伴う値として与えられる．それについて完全な情報が得られている状態，すなわち，ほかの状態の凸結合として書くことのできない状態は，純粋状態と呼ばれる．最後に，構成要素の状態空間を組み合わせて複合対象の状態空間にする方法がある．

前述の枠組みは，古典的物理学ではごく自然であり，そこでは，対象の純粋状態は集合 X になる．これには，トポロジーやある幾何学構造を伴うこともあるが，原則として X は単なる集合である．速度のような観測量は，関数 $f\colon X \to \mathbb{R}$ である．純粋状態 $x \in X$ にある対象を観測すると，はっきりとした値 $f(x)$ になる．「対象の速度は10m/秒と20m/秒の間である」というような基本命題が，純粋状態 x において真であると決まるのは，$f(x) \in (10, 20)$ であるとき，そしてそのときに限る．すなわち，$x \in f^{-1}(10, 20)$ であるとき，そしてそのときに限る．複合対象の状態は，その構成要素の状態から完全に決定される．X と Y を構成要素の状態空間とすると，複合対象の状態空間は $X \times Y$ である．

ジョン・フォン・ノイマン [213] による量子物理の伝統的な定式化も，前述の枠組みに収まっている．量子系の状態空間はヒルベルト空間 X の構造をもつ．すなわち，X は，状態 x から状態 x' への遷移の確率振幅を表す内積 $\langle x \mid x' \rangle$ を伴っている．純粋状態は単位ベクトルである．観測量は，自己随伴作用素 $f\colon X \to X$ である．行列の対角化を一般化したスペクトル定理によって，このような作用素 f はすべて，それぞれの区間 $\Delta \subseteq \mathbb{R}$ における（いわゆる射影）作用素 $e_\Delta\colon X \to X$ の族に一意に対応している．古典的物理学と比較すると，純粋状態にある対象の観測でさえ確率的な結果しか得られない．「対象の速度は10m/秒と20m/秒の間である」というような基本命題は，状態 x において確率

$\langle x \,|\, e_{(10,20)}(x)\rangle$ で成り立つ．対象はテンソル積によって組み合わされる．X と Y を構成要素の状態空間とすると，$X \otimes Y$ が複合対象の状態空間である．

ヒルベルト空間 X が加法を備えているという事実が，**重ね合わせ**の原理の起源である．古典的物理学と同じく，凸結合により純粋状態 x と x' を混ぜ合わせて，一般には純粋ではない状態にすることができる．しかし，$x + x'$ のような x と x' の線形結合は純粋状態を生じて，その対象の振る舞いの確率は，単純に状態 x と x' における振る舞いの確率の和にはならない．その有名な例はシュレーディンガーの猫である．検査した結果の状態は「生」か「死」のいずれかになる．それが，重ね合わせの状態（「生」+「死」）を純粋状態，すなわち，完全な情報を表現しているという事実を反直観的なものにしている．

これに関連する状況に**非可換性**がある．古典的物理学においても量子物理学においても，観測量は二つの観測量を同時に測定することをモデル化した固有の代数構造をもつ．古典的物理学の場合には，二つの観測量 $f, g\colon X \rightrightarrows \mathbb{R}$ は，点ごとに乗算することができ，$f \cdot g\colon X \to \mathbb{R}$ が得られる．これは，疑いなく可換，すなわち，$f \cdot g = g \cdot f$ である．あるいは，f と g をゼロでない対角成分をもつ行列とみなすと，乗算は合成になる．量子物理学の場合にも，二つの観測量 $f, g\colon X \rightrightarrows X$ を合成して $g \circ f\colon X \to X$ が得られる．しかし，この演算はもはや可換ではなく，観測量は相互に干渉することなくつねに同時に計測することはできないという直感に反する事実を生じさせる．

最後に，**量子絡み合い**は，デカルト積ではなくテンソル積によって記述される複合量子系に起因する．すなわち，構成要素は，遠く離れている場合でも測定によって一方の状態がもう一方の状態を瞬時に決定するという意味で，結びついている．例とはいえないが，同じ研究所の職につくことにこだわっているカップルを考えてみよう．彼らはそれぞれ独立に毎日ある職に応募し，それぞれが毎日回答を受け取る．それぞれが，合格する確率が 20 分の 1 の職を見つけたが，一方の応募者が合格すればもう一方も合格するものとしよう．これは，20 回に 1 回無作為に雇用するという方針の風変わりな組織において，採用の手紙を送る人間味のある人事担当者によって起こりうる．量子物理学の絡み合いは，共通の原因なしに起こりうるので，直感に反している．

圏論的モデル

前述の古典的物理学と量子物理学の一般形態は，孤立した対象を状態空間と同一視する．さらに，どちらの物理学も，複合対象（の状態空間）がどのように形成されているかを規定することによって，相互作用する複数の対象を考える．実際，どちらの枠組みも，観測量を特別な種類の関数と定義することによって，状態空間の間のある関係を具体化している．それゆえ，圏論を用いることが考えられる．実際には，前述のことからもう一歩進めて，対象の（状態空間の）間のすべての関係を考える．たとえば，ある対象の速度は他の対象の速度に直接影響するかもしれないので，一方の状態空間からもう一方の状態空間への関数がある．古典的物理学は集合と関数の圏で行われるのに対して，ヒルベルト空間と連続線形変換の圏が量子物理学を具現化する．

この論文の前半は，量子物理学のもっとも重要な質的側面を構成する圏の性質を研究する．これを公理的な流儀で行うことによって，どの前提がどの特徴を生じさせているかを明確に理解することができる．

たとえば，単一状態の量子系 I を含めて複合量子系を形作る能力をモデル化するために，テンソル積をもつ圏を考える．状態を射 $x\colon I \to X$ に対応させることで，対象の内部構造を再現することができる．その特別な場合として，圏におけるいわゆる双積は，重ね合わせの原理をもたらす．なぜなら，双積は平行な射 $f, g\colon X \rightrightarrows Y$，とくに状態 $x, y\colon I \rightrightarrows X$ を足し合わせることができ，それにより別の射 $f + g\colon X \to Y$ が得られるからである．

量子絡み合いには，テンソル積 $\otimes$ による系を合成する能力に加えて構成要素の間のある結びつきが必要になる．これは，対象 X がいわゆるコンパクトであることを要請することで公理的に表現できる．したがって，X は双対対象 X^* をもち，これと合わせて絡み合った複合量子系 $X^* \otimes X$ を形成する．

また，ダガー圏も調べる．ダガー圏では，射 $f\colon X \to Y$ を逆転させて $f^\dagger\colon Y \to X$ が得られる．ダガー圏は，エネルギー保存の法則によって，任意の量子計算は可逆でなければならないという可逆計算ですでに生じている現象をモデル化する．（古典的計算機は熱を放散し，それゆえそれを無視できるのに対して，量子計算機は，この問題の量子的類似であるデコヒーレンスが適切に機能するように扱わなければならない.）より一般的には，圏のダガーは，情報の保存を実現したものといえる．

圏論的モデルが，ここまでに述べたような重ね合わせ，量子絡み合い，そしてダガーをもつならば，いくつかの技術的な仮定を追加することで，そのモデルは必然的にヒルベルト空間の圏に埋め込まれることを証明する．

古典的物理学における論理

従来的なモデルと圏論的モデルの両方を論じたので，本論文の後半の主題である論理に移ろう．まず，古典的な場合を振り返ってみると，たとえば，$f^{-1}(10,20) = \{x \in X \mid f(x) \in (10,20)\}$ のように，基本命題を X の部分集合 K と考えることになる．観測量 f は，連続または可測と捉えることができ，その場合，K は開部分集合または可測部分集合である．しかし，一般には，K は単に X の部分集合であり，それゆえ，古典的物理学の論理は X の部分集合の $\mathcal{P}(X)$ の集まりに変換される．したがって，K が状態 x において真となるのは，$x \in K$ であるとき，そしてそのときに限る．このとき，基本命題の連言 $\wedge$ は，集合の共通部分になり，選言 $\vee$ は和集合，否定 $\neg$ は補集合になる．けっして成り立つことのない基本命題は空集合であり，つねに成り立つ基本命題は集合 X そのものである．さらに，命題は包含関係によって順序づけることができ，$K \leq L$ は，K が真のときに L が真になることを意味する．

このやり方は，私たちの論理的直感が次のような $\mathcal{P}(X)$ の構造と一致しているという点でつじつまが合う．

- $K \vee L$ が真になるのは，K が真か，または，L が真のとき，そしてそのときに限る．
- $K \wedge L$ が真になるのは，K が真で，かつ，L が真のとき，そしてそのときに限る．
- $\neg K$ が真になるのは，K が真でないとき，そしてそのときに限る．
- 次の条件を満たす含意 $\Rightarrow : \mathcal{P}(X) \times \mathcal{P}(X) \to \mathcal{P}(X)$ がある．

$K \wedge L \leq M$ となるのは，$K \leq (L \Rightarrow M)$ であるとき，そしてそのときに限る．
(1.1)

これは，直感的には，K と L を仮定して結論 M を導出することと，K を仮定して L が M を含意するという結論を導出することを同等とみなしている．

- 連言は選言上に分配される．

$$K \wedge (L \vee M) = (K \wedge L) \vee (K \wedge M)$$

二つの構成要素からなる複合系に関する命題は，$X \times Y$ の部分集合 K になる．したがって，たとえば，一つ目の構成要素の状態 $x \in X$ にかかわらず K が成り立つことを表す述語を考えることができる．これまでと同じく，命題の意味論を私たちの論理的直感と一致させる異論のない戦略に従えば，この述語 $\forall_{x \in X}.K$ は部分集合 $\{y \in Y \mid$ すべての $x \in X$ に対して $(x, y) \in K\}$ になる．同様にして，述語 $\exists_{x \in X}.K$ は部分集合 $\{y \in Y \mid (x, y) \in K$ となるような $x \in X$ が存在する $\}$ になる．集合と関数の圏において，圏論的論理は，これらの存在量化子と全称量化子をそれぞれ引き戻しに対する左随伴および右随伴としてうまく特徴づけている．

従来の量子論理

古典的物理学の論理の設計図を量子物理学に適用すると，$K = \{e_{(10,20)}(x) \mid x \in X\}$ の形式の X の部分集合を考えることになる．これらの部分集合は，つねに閉部分空間なので，これらを基本命題と捉えるのは理にかなっている．状態空間 X のヒルベルト空間としての構造は，閉部分空間に対する演算によって基本命題からほかの命題を構築することが可能になる．直交補空間 $K^{\perp} = \{x \in X \mid$ すべての $x' \in K$ に対して $\langle x \,|\, x' \rangle = 0\}$ を否定 $\neg$，共通部分を $\wedge$，線形結合の張る空間の閉包を $\vee$ として使うことができる．しかしながら，これを論理として直接解釈することは，主として X の閉部分空間 K の集まりが（ブール束ではなく）いわゆる直モジュラー束にしかならないという事実に起因して，次のような困難を伴う．

- $K \vee L$ は真であるが，K も L も真でないような重ね合わせ状態がある．
- 付随する観測量が可換でないために連言 $K \wedge L$ には物理的な意味がないような命題 K と L がある．
- $\neg K$ が真になるのは，K が真でない，すなわち，その確率が 1 よりも小さいとき，そしてそのときに限るのではなく，K が偽であるとき，すなわち，状態 x において K が成り立つ確率が 0 であるとき，そしてそのときに限る．
- 式 (1.1) を満たす写像 $\Rightarrow$ が存在しない．
- $\vee$ と $\wedge$ は，それぞれ他方の上に分配できない．クリス・イシャムによる比喩を使うと，朝食にベーコンかハムと，卵との選択が与えられたときに，卵とベーコンにすることも，卵とハムにすることもできないということだ．

さらに，この状況において，とりうる量化子の意味論的な解釈の仕方も疑問である．結局，量子絡み合いによって，複合量子系 $X \otimes Y$ の純粋状態を一つ目の構成要素に制限すると，一般にはもはや純粋状態ではない X の状態が生じる．これが，$K \subseteq X \otimes Y$ に対する $\exists_{x \in X}.K$ のような述語をどう位置づければよいかを不明確な状態にしている．こうした反論にもかかわらず，ガレット・バーコフとジョン・フォン・ノイマンによる前述の取り組みは，伝統的に「量子論理」[30] と呼ばれている．

閉部分空間は，圏論的には核としてモデル化することができる．この圏論的モデルに追加としてダガーを必須とすると，従来の量子論理を再現するのにすでに十分であることが分かる．さらに，量化子を随伴とみなすように圏論的論理を規定すると，この圏において存在量化子をきちんと定義することができる．また，全称量化子は存在しえないことも演繹できる．しかしながら，存在量化子は存在するといっても，まったく期待するようには振る舞わない．ある意味，それは，非可換性に起因して，むしろ「動的」または「時相的」な性質をもつ．

ボーア化

圏論的モデルに直接適用するのとは別のやり方で圏論的論理を用いることによって，非可換性の問題を回避する．高階直観主義論理の解釈が可能なほど十分に集合と関数の圏と似た圏は，トポスと呼ばれる．トポスは，論理を具体化するだけでなく，（位相）空間の概念の一般化でもあるという優れた側面をもっている．

ここまでに考察してきた圏論的モデルの特別な場合，具体的には，C*環 A を考える．C*環は非可換のこともある．A に固有のトポス $\mathcal{T}(A)$ とその中に正準対象 $\underline{A}$ を構成する．トポス $\mathcal{T}(A)$ は，A の可換 C*部分環 C 全体の融合に基づいている．これらの C*部分環は，「文脈」あるいは「現実の古典的スナップショット」とみることができる．ニールス・ボーアによるこの哲学は，彼の「古典的概念の教義」[193] と呼ばれるようになった．そのもっともよく知られた定式化は次のとおりである．

> 現象が古典的な物理学の説明の範囲をどれほど逸脱しようとも，証拠の説明はすべて古典的な言葉で表現されなければならない．[. . .] その根拠は単純で，**実験**という言葉は，我々が何を行い何を学んだかをほかの人たちに言うことができる状況を指し示している，それゆえ，実験装置と観測結果の説明は，古典的物理学の用語を適切に使って曖昧さのない言語で表現されなければならないのだ．[32]

さらに，少なくとも相補性の数学的解釈 [110, 150] に従えば，文脈 C 全体は，量子系 A に含まれるすべての物理的に関連のある情報を含む．ボーアの哲学を実現するものとして，$\underline{A}$，あるいは，むしろ，それを得る過程を**ボーア化**と呼ぶ．その重要性は，「論議領域」，すなわち，$\mathcal{T}(A)$ の内側から見たときに $\underline{A}$ が**可換** C*環であるという事実にある．それ自体は，古典的物理系の観測量で構成されているかのように研究することができるが，集合の圏ではなく，トポス $\mathcal{T}(A)$ という普通でない環境の中に住んでいる．とくに，それは X を状態空間にもつ．再びトポス $\mathcal{T}(A)$ の外に踏み出してみると，$\underline{X}$ は X を外部記述とし，通常の集合の圏の中に住む．これを，A のボーア化状態空間と呼ぶ．このボーア化された状態空間は，「局所的」に，すなわち，可換な部分を介して定義された演算 $\neg, \vee, \wedge$ を伴う．それゆえ，次のような解釈における問題は生じない．

- $K \vee L$ が真になるのは，K が真か，または，L が真のとき，そしてそのときに限る.

- 連言 $K \wedge L$ は,「局所的」連言, すなわち, 可換な観測量の連言だけに作用するので, つねに物理的に定義される.
- $\neg K$ が真になるのは, K が偽になるとき, そしてそのときに限る.
- 式 (1.1) を満たす含意 $\Rightarrow : X \times X \to X$ が存在する.
- 選言と連言は, それぞれ他方の上に分配される.

それにもかかわらず, X が持ち込む論理は, 必然的に, 古典論理ではなく, 直観主義論理である. さらに, X は (一般化された) 位相を持ち込み, それゆえ, 古典的物理学の状態空間と空間的様相を共有する.

本書の概略と主要結果

この論文の概略を述べるために, それぞれの章の主要結果を列挙する.

第 2 章 は, 双積だけでなくテンソル積ももつすべての圏は, 半環 (いわゆる rig = riNg without Negative elements) 上の加群で豊穣化され, そして, この豊穣化が関手であることを示す. その結果, これを用いて, このような圏は加群の圏に埋め込まれることを示す.

第 3 章 は, 等化子とモノ射についてさらに仮定するだけでなく, 前提としてダガーを追加して, そのような圏がヒルベルト空間の圏に埋め込まれることを証明する. とくに, そのような圏におけるスカラーはつねに対合的な体を形成する. この従来の定式化との結びつきが, ここで調べている圏論的モデルを考えることを十分に正当化している. また, この章では, 少し脱線して, ある量子鍵配送プロトコルの正当性を圏論的に証明する.

第 4 章 では, ダガー核圏において, 固定した対象の核部分対象が直モジュラー束を形成することを証明する. 第 3 章と同じく, これは, 量子論理の従来の定式化における状況と並行している. 結果として, 存在量化子が実証される. これは, 従来の定式化ではなしえなかったことである.

第 5 章 ではボーア化の技法を導入する. ボーア化の定義そのものが, 任意の C*

環はそれに付随するトポスの中で可換になり，それゆえ，そのトポスにおいてスペクトルをもつというこの章の主要結果と密接に関係している．この章の大部分は，明示的にスペクトルを決定することに注力している．

前提知識

前提知識として，随伴，モノイダル圏，豊穣圏を含む，基本的な圏論の実務的な知識を仮定している．標準的な参考文献として [33, 34, 141, 163] がある．第4章全体を理解するためには，圏論的論理 [125, 146, 151, 154, 168, 208] にある程度慣れ親しんでいる必要がある．しかし，この知識がなくても，おおよそのことは理解できる．同じように，第5章では，トポス理論を用いる．一つの章では要約することさえ望めないトポス理論の広範な文献 [25, 35, 95, 131, 164] の知識がない読者にも第5章が理解できるように努力した．

量子論については，仮定している前提知識はかなり少ない．基本的なヒルベルト空間論 [181, 214] は，おそらく読者の直感を補ってくれるだろうが，必要というわけではない．同様に，作用素環に関する一連の成果 [56, 71, 135, 153, 206] があり，第5章では重要な役割を演じるが，この点に関しては第5章は自己完結しているはずである．

この章を終えるにあたって，圏論において場合によっては重要になる圏の大きさの問題を心配しなくてよいことに言及しておく．とくに，豊穣化が登場するときには，すべての圏は局所的に小さいものとする．これがたいして問題にならないのは，この論文に現れるほとんどの圏は具象圏だからである．

第2章

テンソル積と双積

この章では，圏論におけるモノイダル構造を調べる．その発端となる環上の加群の圏には，このような構造が少なくとも2種類ある．それは，テンソル積と双積である．さらに，テンソル積は，双積に対する分配則が成り立つ．任意の圏において，このような構造が半環上の加群への hom 集合を作り，この豊穣化は関手的方法により進められる．最終的に，これは，第3章の重要な埋め込み定理への道を開く補助的な埋め込み定理につながる．

この章の議論の展開の多くは，アーベル圏 [88, 170]，あるいはもっと正確にいえば，完全圏 [19] の理論と共通点がある．この章にある新しい題材の多くは，[113] に基づく．

2.1 例

全体を通して使用するいくつかの圏の例を紹介することからこの章を始める．

例 2.1.1 環と環準同型の圏を **Rng** と表記し，可換環による充満部分圏を **cRng** と表記する．$R \in \mathbf{Rng}$ を一つ固定したとき，**左 R 加群**とは，可換な加法 $(+, 0)$ とスカラー乗法 $\cdot : R \times X \to X$ を備えた集合 X で，お馴染みの線形性が成り立つものをいう．$r, s \in R$ と $x \in X$ に対して等式 $(r \cdot s) \cdot x = r \cdot (s \cdot x)$ が成り立つことが「左」R 加群と呼ぶことの理由である．同様にして，**右 R 加群**には，スカラー乗法 $\cdot : X \times R \to X$ があり，$x \cdot (r \cdot s) = (x \cdot r) \cdot s$ が成り立つ．**左 R 右**

S **加群**は，同じ加法と $(r \cdot x) \cdot s = r \cdot (x \cdot s)$ に対して左 R 加群でもあり右 S 加群でもある．R が可換ならば，任意の左 R 加群や右 R 加群は，自動的に左 R 右 R 加群になるので，単に R **加群**と呼ぶ．

左 R 加群の射は，**線形**，すなわち，$f(x+y) = f(x)+f(y)$ と $f(r\cdot x) = r\cdot f(x)$ の成り立つ関数 f である．右加群の射も，同様にして，右からのスカラー乗法を保つ．このようにして，左 R 加群の圏 ${}_R\mathbf{Mod}$，右 R 加群の圏 $\mathbf{Mod}_R$，そして左 R 右 S 加群の圏 ${}_R\mathbf{Mod}_S$ が得られる．$R \in \mathbf{cRng}$ に対しては，$\mathbf{Mod}_R$ と ${}_R\mathbf{Mod}_R$ を同一視する．

R 加群は，ある自然数 n に対して R 加群 R^n（と点別演算）の引き込みであるならば，**有限射影的**という．有限射影的加群による充満部分圏を，${}_R\mathbf{fpMod}$，$\mathbf{fpMod}_R$，${}_R\mathbf{fpMod}_S$ と表記する．加群の基本的な（双）圏的説明は，[204] を参照されたい．

例 2.1.2　体からなる $\mathbf{cRng}$ の充満部分圏を $\mathbf{Fld}$ と表記する．$K \in \mathbf{Fld}$ に対して，K 加群よりも，K ベクトル空間という名称のほうがよく知られている．この場合，$\mathbf{Vect}_K$ は，$\mathbf{Mod}_K$ の別名にすぎない．$\mathbf{Vect}_{\mathbb{C}}$ を $\mathbf{Vect}$ と略記する．ベクトル空間は，ベクトル空間として有限次元ならば，まさに加群として有限射影的である．$\mathbf{fpMod}_K$ は，$\mathbf{fdVect}_K$ とも表記する．

対合的体（対合付き体）とは，関数 $\ddagger\colon K \to K$ を伴う体 K で，$k^{\ddagger\ddagger} = k$ が成り立ち，$\ddagger$ が加法および乗法と可換になるようなものである．対合的体の射は，対合を保つような体準同型写像である．これらによって構成される圏を $\mathbf{InvFld}$ と表記する．

対合的体 K 上の**前ヒルベルト空間**とは，**内積** $\langle \_ \,|\, \_ \rangle\colon X \times X \to K$ を備えた K ベクトル空間 X で，次の関係が成り立つものである．

- $\langle x \,|\, k \cdot y \rangle = k \cdot \langle x \,|\, y \rangle$
- $\langle x \,|\, y + z \rangle = \langle x \,|\, y \rangle + \langle x \,|\, z \rangle$
- $\langle x \,|\, y \rangle = \langle y \,|\, x \rangle^{\ddagger}$
- ある k に対して $\langle x \,|\, x \rangle = k^{\ddagger} \cdot k$
- $\langle x \,|\, x \rangle = 0$ となるのは，$x = 0$ であるとき，そしてそのときに限る．

前ヒルベルト空間の射は，**随伴可能**関数，すなわち，$f\colon X \to Y$ に対して次の式が成り立つ関数 $f^\dagger\colon Y \to X$ が存在するようなものとする．

$$\langle f(x) \,|\, y\rangle_Y = \langle x \,|\, f^\dagger(y)\rangle_X \tag{2.1}$$

このような関数 f は，自動的に線形になり，いわゆる**随伴** $f^\dagger$ は自動的に一意に決まる．このようにして，圏 $\mathbf{preHilb}_K$ と有限次元前ヒルベルト空間による充満部分圏 $\mathbf{fdpreHilb}_K$ が得られる．$\mathbf{preHilb}_{\mathbb{C}}$ を $\mathbf{preHilb}$ と略記する．

例 2.1.3 前ヒルベルト空間の内積は，$\|x\| = \sqrt{\langle x \,|\, x\rangle}$ によって標準的なノルムを定義し，そこから $d(x,y) = \|x-y\|$ によって距離を定義する．K を実数体 $\mathbb{R}$，複素数体 $\mathbb{C}$，四元数体 $\mathbb{H}$ のいずれかとする．K 上の前ヒルベルト空間は，その標準的な距離に関して完備ならば，**ヒルベルト空間**と呼ぶ．ヒルベルト空間の射は，連続な線形関数である．この結果として得られる圏を $\mathbf{Hilb}_K$ と表記する．$\mathbf{Hilb}_{\mathbb{C}}$ を $\mathbf{Hilb}$ と略記する．ヒルベルト空間の間の線形関数 f は，ある $F \in \mathbb{R}$ が存在して $\|f(x)\| \leq F \cdot \|x\|$ となるという意味で**有界**ならば，連続という．このような F の下限を $\|f\|$ と表記する．有限次元ヒルベルト空間の間の任意の線形関数は有界かつ随伴可能である．それゆえ，$\mathbf{fdpreHilb}_K$ を $\mathbf{fdHilb}_K$ と書くこともある．場合によっては，$\mathbf{preHilb}_K^{\mathrm{bd}}$ を得るために，$\mathbf{preHilb}_K$ の射を有界なものだけに制限する．

例 2.1.4 ヒルベルト空間の間の有界線形写像の圏 $\mathbf{PHilb}$ は大域位相を無視すれば $\mathbf{Hilb}$ と同じ対象をもつが，その hom 集合は円周群 $U(1) = \{z \in \mathbb{C} \mid \|z\| = 1\}$ の作用による商をとったものである．すなわち，連続線形変換 $f, g\colon X \rightrightarrows Y$ は，ある $z \in U(1)$ とすべての $x \in X$ に対して $f(x) = z \cdot g(x)$ となるときに同一視する．これは充満関手 $P\colon \mathbf{Hilb} \to \mathbf{PHilb}$ を与える．

例 2.1.5 （小さい）集合と関数の圏を $\mathbf{Set}$ と表記し，（小さい）圏と関手の圏を $\mathbf{Cat}$ と表記する．

例 2.1.6 集合は，$\mathbf{Rel}$ と表記される別の圏の対象にもなる．ここでは，X から Y への射は，**関係** $R \subseteq X \times Y$ である．関係 $R \subseteq X \times Y$ と $S \subseteq Y \times Z$ の合成は，次の公式を用いる．

$$S \circ R = \{(x, z) \mid \exists_{y \in Y}.(x, y) \in R \text{ かつ } (y, z) \in S\}$$

そして，X の恒等関係は対角関数 $\{(x, x) \mid x \in X\}$ である．

例 2.1.7　対象である集合の間の射としてまた別のもの，具体的には**部分単射**を用いると，圏 **PInj** ができる．部分単射 $X \to Y$ は，部分集合 $\mathrm{dom}(f) \subseteq X$ と単射 $f\colon \mathrm{dom}(f) \to Y$ から構成される．$\mathrm{dom}(g) \subseteq Y$ であるときに，$f\colon \mathrm{dom}(f) \to Y$ と $g\colon \mathrm{dom}(g) \to Z$ の合成は，関数の合成 $g \circ f$ を $\{x \in \mathrm{dom}(f) \mid f(x) \in \mathrm{dom}(g)\}$ に制限することで与えられる．また，**PInj** は，**Rel** の部分圏とみることもできる．なぜなら，関係 $R \subseteq X \times Y$ は，すべての $x \in X$ に対してたかだか一つの $y \in Y$ が $(x, y) \in R$ となり，すべての $y \in Y$ に対してたかだか一つの $x \in X$ が $(x, y) \in R$ となるときには，部分単射（のグラフ）とみなすことができるからである．

2.2　テンソル積とモノイド

この節では，モノイダル圏，モノイド，そしてこれらの概念の間の関係を調べる．

2.2.1　最初に，表記を固定しておく．**モノイダル圏**は，双関手 $\otimes\colon \boldsymbol{C} \times \boldsymbol{C} \to \boldsymbol{C}$，対象 $I \in \boldsymbol{C}$，自然同型 $\lambda_X\colon I \otimes X \to X$，$\rho_X\colon X \otimes I \to X$，$\alpha_{X,Y,Z}\colon (X \otimes Y) \otimes Z \to X \otimes (Y \otimes Z)$ を備えた圏で，お馴染みのコヒーレンス等式が成り立つものである．（[163] を参照のこと．）混乱が生じない場合には，しばしば図式や等式からコヒーレンス同型射を省略する．モノイダル圏は，そのコヒーレンス同型射が恒等射ならば，**狭義のモノイダル圏**（ストリクトモノイダル圏）と呼ぶ．すべてのモノイダル圏は，あるストリクトモノイダル圏とモノイドとして同値になる．さらに，自然同型 $\gamma_{X,Y}\colon X \otimes Y \to Y \otimes X$ が $\gamma \circ \gamma = \mathrm{id}$ を満たし，そのほかのコヒーレンス同型射と両立するならば，**対称**という．

例 2.2.2　（対称）モノイダル構造の一般的な例として次のものがある．

- 任意の 1 元集合 $1 = \{*\}$ を単位元とする，圏 **Set** 上のデカルト積 $\times$

- 任意の1元集合を単位元とする，圏 **Rel** 上のデカルト積 $\times$
- 単対象圏 **1** を単位元とする，圏 **Cat** 上の積 $\times$
- 空集合を単位元とする，**Set** 上の直和 $+$
- 空集合を単位元とする，**PInj** 上の直和 $+$

この節では，さらにいくつかの込み入った例を示す．

2.2.3 **モノイド**は，モノイダル圏の内部版とみることもできる．その定式化には，モノイダル周囲圏が必要になる．モノイドは，対象 M と，次の単位元と結合則の等式を満たす射 $\mu\colon M \otimes M \to M$，$\eta\colon I \to M$ で構成される．

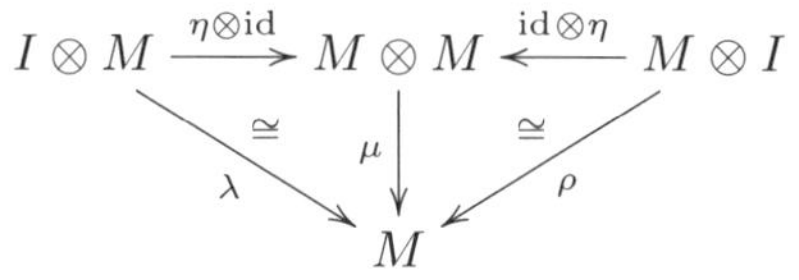

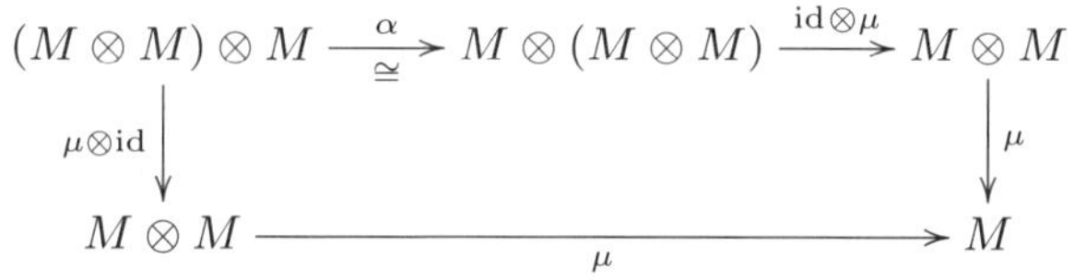

（対称モノイダル圏の中の）モノイドは，次の図式が可換であるとき，**可換**という．

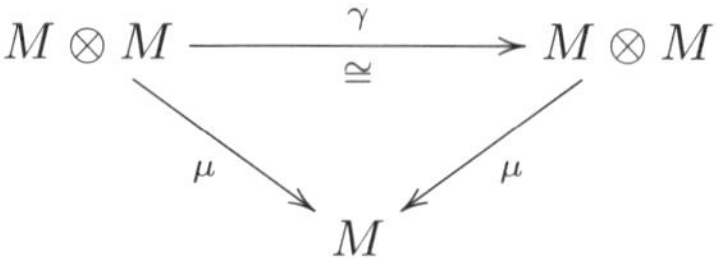

双対的に，$\boldsymbol{C}$ の中の**コモノイド** M は，$\boldsymbol{C}^{\mathrm{op}}$ の中のモノイドそのものである．M の射は $\nu\colon M \to I$ および $\delta\colon M \to M \otimes M$ と表記する．

例 2.2.4 モノイダル圏 $\boldsymbol{C}$ の中のモノイドは，それ自体で圏を組織化し，それを $\mathbf{Mon}(\boldsymbol{C})$ と表記する．この圏の射 $(M, \mu, \eta) \to (M', \mu', \eta')$ は，$\boldsymbol{C}$ の中の射 $f\colon M \to M'$ で，$f \circ \mu = \mu' \circ (f \otimes f)$ および $f \circ \eta = \eta'$ が成り立つものである．$\boldsymbol{C}$ が対称モノイダル圏ならば，可換モノイドによる充満部分圏を $\mathbf{cMon}(\boldsymbol{C})$ と表記する．$\mathbf{Mon}(\mathbf{Set})$ を **Mon** と略記し，$\mathbf{cMon}(\mathbf{Set})$ を **cMon** と略記する．

$\boldsymbol{C}$ が対称モノイダル圏ならば，圏 $\mathbf{cMon}(\boldsymbol{C})$ もまた対称モノイダル圏になる．モノイド (M, μ, η) と (M', μ', η') のテンソル積は，$M \otimes M'$ を台対象として，単位元

$$I \xrightarrow{\cong} I \otimes I \xrightarrow{\eta \otimes \eta'} M \otimes M'$$

と乗法

$$(M \otimes M') \otimes (M \otimes M') \xrightarrow{\mathrm{id} \otimes \gamma \otimes \mathrm{id}} (M \otimes M) \otimes (M' \otimes M') \xrightarrow{\mu \otimes \mu'} M \otimes M' \tag{2.2}$$

をもつ．$\boldsymbol{C}$ のモノイダル単位元 I は，単位元 $\mathrm{id}\colon I \to I$ および乗法 $\lambda\colon I \otimes I \to I$ を備えているならば，$\mathbf{cMon}(\boldsymbol{C})$ の中でモノイダル単位元になる．コヒーレンス同型射は $\boldsymbol{C}$ から継承する．

例 2.2.5　狭義のモノイダル圏は，$(\mathbf{Cat}, \times, \mathbf{1})$ のモノイドにほかならない．狭義のモノイダル圏は，モノイダル圏として対称ならば，モノイドとして可換である．実際，モノイダル圏は，まさに $(\mathbf{Cat}, \times, \mathbf{1})$ のいわゆる**擬似モノイド**である．しかしながら，本書では2圏の理論を多用することは控えたいし，しばしば狭義のモノイダル構造に限定する．

逆に，一つの対象とモノイドの乗法によって与えられる合成に関する射の集合とみると，$\mathbf{Set}$ の中のモノイドは狭義のモノイダル圏である．この単対象圏は，このモノイドが可換であるとき，そしてそのときに限り，対称モノイダル圏になる．

2.2.6　$\mathbf{Mon}(\mathbf{Cat})$ の対象としてのモノイダル圏の特徴づけは，次のような**豊穣モノイダル圏**への一般化に役立つ．

$\boldsymbol{V}$ を対称モノイダル圏とする．$\boldsymbol{V}$ 圏とそれらの間の $\boldsymbol{V}$ 関手による圏を $\boldsymbol{V}$-$\mathbf{Cat}$ と表記する [141]．$\boldsymbol{V}$-$\mathbf{Cat}$ 自体も対称モノイダル圏であり [34, 命題 6.2.9]，その構造を明示的に記述する．$\boldsymbol{V}$ 圏 $\boldsymbol{C}$ と $\boldsymbol{D}$ に対して，$\boldsymbol{C} \otimes \boldsymbol{D}$ の対象は $\boldsymbol{C}$ の対象 X と $\boldsymbol{D}$ の対象 Y の対 (X, Y) である．hom 対象 $(\boldsymbol{C} \otimes \boldsymbol{D})((X, Y), (X', Y'))$ は $\boldsymbol{C}(X, X') \otimes \boldsymbol{D}(Y, Y')$ である．ただし，テンソル積は $\boldsymbol{V}$ のテンソル積である．合成は次の式で与えられる．

$$
\begin{array}{c}
(\boldsymbol{C}\otimes\boldsymbol{D})((X,Y),(X',Y'))\otimes(\boldsymbol{C}\otimes\boldsymbol{D})((X',Y'),(X'',Y''))\\
\big\downarrow{\scriptstyle \mathrm{id}}\\
\boldsymbol{C}(X,X')\otimes\boldsymbol{D}(Y,Y')\otimes\boldsymbol{C}(X',X'')\otimes\boldsymbol{D}(Y',Y'')\\
\big\downarrow{\scriptstyle \mathrm{id}\otimes\gamma\otimes\mathrm{id}}\\
\boldsymbol{C}(X,X')\otimes\boldsymbol{C}(X',X'')\otimes\boldsymbol{D}(Y,Y')\otimes\boldsymbol{D}(Y',Y'')\\
\big\downarrow{\scriptstyle \circ_{\boldsymbol{C}}\otimes\circ_{\boldsymbol{D}}}\\
\boldsymbol{C}(X,X'')\otimes\boldsymbol{D}(Y,Y'')\\
\big\downarrow{\scriptstyle \mathrm{id}}\\
(\boldsymbol{C}\otimes\boldsymbol{D})((X,Y),(X'',Y''))
\end{array}
$$

ただし，$\circ_{\boldsymbol{C}}$ および $\circ_{\boldsymbol{D}}$ は，それぞれ $\boldsymbol{V}$ 圏 $\boldsymbol{C}$ と $\boldsymbol{D}$ の合成を表す．これは，実際には (2.2) の特別な場合であることに注意しよう．

これで，$\mathbf{Mon}(\boldsymbol{V}\text{-}\mathbf{Cat})$ の対象として狭義のモノイダル $\boldsymbol{V}$ 圏の説明をする準備ができた．まず，このような $\boldsymbol{C}\in\mathbf{Mon}(\boldsymbol{V}\text{-}\mathbf{Cat})$ は，$|\boldsymbol{C}|$ を対象とする $\boldsymbol{V}$ 豊穣圏であり，それゆえ $\boldsymbol{V}$「恒等射」$i\colon I_{\boldsymbol{V}}\to\boldsymbol{C}(X,X)$ と「合成」$\circ_{\boldsymbol{C}}\colon\boldsymbol{C}(X,X')\otimes_{\boldsymbol{V}}\boldsymbol{C}(X',X'')\to\boldsymbol{C}(X,X'')$ を備えている．さらに，これは，$\boldsymbol{V}$ 関手 $\otimes_{\boldsymbol{C}}$ があることを意味する．明示的には，$\mathbf{Set}$ の射 $\otimes_{\boldsymbol{C}}\colon|\boldsymbol{C}|\times|\boldsymbol{C}|\to|\boldsymbol{C}|$ と，$\boldsymbol{V}$ の射 $\otimes_{\boldsymbol{C}}\colon\boldsymbol{C}(X,X')\otimes_{\boldsymbol{V}}\boldsymbol{C}(Y,Y')\to\boldsymbol{C}(X\otimes_{\boldsymbol{C}}X',Y\otimes_{\boldsymbol{C}}Y')$ が与えられている．これで，ようやく対象 $I_{\boldsymbol{C}}\in|\boldsymbol{C}|$ が得られた．これらの式は，$I_{\boldsymbol{C}}\otimes_{\boldsymbol{C}}X=X$ のように，（ストリクト）モノイドの条件を満たす．

同様にして，$\mathbf{cMon}(\boldsymbol{V}\text{-}\mathbf{Cat})$ の対象とし，加えて $X\otimes_{\boldsymbol{C}}Y=Y\otimes_{\boldsymbol{C}}X$ が成り立つものとして，**豊穣対称モノイダル圏**を定義する．

2.2.7 （モノイダル圏 $\boldsymbol{C}$ の対象 X に対する）モノイド M の**左作用**は，次の図式が可換という意味で $\boldsymbol{C}$ のテンソル積と両立する射 $\bullet\colon M\otimes X\to X$ である．

$$
\begin{array}{ccccccc}
M\otimes(M\otimes X) & \xrightarrow[\cong]{\alpha} & (M\otimes M)\otimes X & \xrightarrow{\mu\otimes\mathrm{id}} & M\otimes X & \xleftarrow{\eta\otimes\mathrm{id}} & I\otimes X\\
\big\downarrow{\scriptstyle \mathrm{id}\otimes\bullet} & & & & \big\downarrow{\scriptstyle \bullet} & \swarrow{\scriptstyle \lambda} & \\
M\otimes X & & \xrightarrow{\quad\quad\bullet\quad\quad} & & X & &
\end{array}
$$

右作用も同じように定義される．$\boldsymbol{C}$ が対称モノイダル圏ならば，すべての左作用には一意に右作用が対応するので，単に**作用**という．M による作用の射 $(X,\bullet)\to(X',\bullet')$ は，$\boldsymbol{C}$ の射 $f\colon X\to X'$ で，$\bullet'\circ(\mathrm{id}\otimes f)=f\circ\bullet$ となるも

のである．これで，M の左作用の圏 ${}_M\mathbf{Act}(\boldsymbol{C})$ と，右作用の圏 $\mathbf{Act}_M(\boldsymbol{C})$ が得られた．$\boldsymbol{C} = \mathbf{Set}$ の場合には，これらをそれぞれ ${}_M\mathbf{Act}$ および $\mathbf{Act}_M$ と略記する．自明な忘却関手 $\mathbf{Act}_M(\boldsymbol{C}) \to \boldsymbol{C}$ が存在する．（[163, VII.4 節] も参照のこと．）

こうして，$R \in \mathbf{Rng}$ に対して，例 2.1.1 を $\mathbf{Mod}_R = \mathbf{Act}_R(\mathbf{Ab})$ として書き直すことができた．ただし，$\mathbf{Ab}$ は可換群の圏である．

例 2.2.8　例 2.2.5 において，圏 $\boldsymbol{C}$ の任意の対象 X に関する自己射 $\boldsymbol{C}(X, X)$ は，（$\mathbf{Set}$ の中の）モノイドを構成することに注意しよう．モノイド $\boldsymbol{C}(I, I)$ には特別の注意を払い，その要素を**スカラー**と呼ぶ．なぜなら，このモノイドは，hom 集合に関する作用を伴い，その作用は**スカラー乗法**と呼ばれるからである．この作用 $\bullet\colon \boldsymbol{C}(I, I) \times \boldsymbol{C}(X, Y) \to \boldsymbol{C}(X, Y)$ は，スカラー $s\colon I \to I$ と任意の射 $f\colon X \to Y$ からなる対から次のような合成を作る関数として定義される．

$$X \xrightarrow{\cong} I \otimes X \xrightarrow{s \otimes f} I \otimes Y \xrightarrow{\cong} Y$$

$\mathrm{id} \bullet f = f$ と $r \bullet (s \bullet f) = (r \circ s) \bullet f$ を容易に確かめられるので，これが実際に作用を定義していることが分かる．

「スカラー乗法」という名称は，${}_R\mathbf{Mod}$ に属するスカラーが R の要素と 1 対 1 対応していて，$r \bullet f$ が実際には点ごとの（左からの）スカラー乗法になるという事実によって説明される．次の補題は，点ごとのスカラー乗法のよく知られた性質の多くは，任意のモノイダル圏でも保持されていることを示す．

補題 2.2.9　スカラー $r, s \in \boldsymbol{C}(I, I)$ とモノイダル圏の射 f, g に対して，次の (a)–(d) が成り立つ．

(a)　s は，X において $s \bullet \mathrm{id}_X$ をコンポーネントとする自然変換 $\mathrm{Id}_{\boldsymbol{C}} \Rightarrow \mathrm{Id}_{\boldsymbol{C}}$ を誘導する．

(b)　$r \bullet s = r \circ s$

(c)　$(r \bullet f) \circ (s \bullet g) = (r \circ s) \bullet (f \circ g)$

(d)　$(r \bullet f) \otimes (s \bullet g) = (r \circ s) \bullet (f \otimes g)$

証明　[77, 補題 2.33] および [77, 系 2.34] を参照のこと．　□

2.2.10　I は $\otimes$ を合成とする $\boldsymbol{C}$ のモノイダル単位元であり，同様に，$\mathrm{Id}\colon \boldsymbol{C} \to \boldsymbol{C}$ は，テンソル積を合成とする関手圏 $[\boldsymbol{C}, \boldsymbol{C}]$ のモノイダル単位元である．2.2.5 の特別な場合として，自然変換 $\mathrm{Id}_{\boldsymbol{C}} \Rightarrow \mathrm{Id}_{\boldsymbol{C}}$ の集合 $\mathbf{Nat}(\mathrm{Id}_{\boldsymbol{C}}, \mathrm{Id}_{\boldsymbol{C}})$ は，合成の下でモノイドである．なぜなら，$\widehat{\mathrm{id}} = \mathrm{id}$ および $\widehat{r \bullet s} = \widehat{r} \circ \widehat{s}$ を容易に確認できるからである．

モノイダル圏におけるスカラーはつねに可換である [142]．これから，次の補題を直接証明できる．

補題 2.2.11　$\boldsymbol{C}$ がモノイダル圏ならば，$\boldsymbol{C}(I, I)$ は可換モノイドである．このとき，$\boldsymbol{C} \mapsto \boldsymbol{C}(I, I)$ は関手 $\mathbf{cMon}(\boldsymbol{V}\text{-}\mathbf{Cat}) \to \mathbf{cMon}(\boldsymbol{V})$ に拡張される．

証明　次の図式は可換性が成り立つことを直接示し，豊穣圏の場合に容易に持ち込むことができる．

$$
\begin{array}{ccccccc}
I & \xrightarrow[\lambda]{\cong} & I \otimes I & = & I \otimes I & \xrightarrow[\rho^{-1}]{\cong} & I \\
{\scriptstyle s}\uparrow & & \uparrow{\scriptstyle s \otimes \mathrm{id}} & & \downarrow{\scriptstyle \mathrm{id} \otimes t} & & \downarrow{\scriptstyle t} \\
I & \xrightarrow[\lambda = \rho]{\cong} & I \otimes I & \xrightarrow{s \otimes t} & I \otimes I & \xrightarrow[\lambda^{-1} = \rho^{-1}]{\cong} & I \\
{\scriptstyle t}\downarrow & & \downarrow{\scriptstyle \mathrm{id} \otimes t} & & \uparrow{\scriptstyle s \otimes \mathrm{id}} & & \uparrow{\scriptstyle s} \\
I & \xrightarrow[\rho]{\cong} & I \otimes I & = & I \otimes I & \xrightarrow[\lambda^{-1}]{\cong} & I
\end{array}
$$

この図式では，コヒーレンス性 $\lambda_I = \rho_I$ が本質的に使われていることに注意しよう [133]．　□

2.4 節および 3.6 節のスカラーとスカラー乗法についてさらに調べる．以降では，場合によっては，よく知られたベクトル空間のテンソル積を，アンデール・コックとブライアン・デイによる一般的な構成法 [144]（[124] も参照のこと）の特別な例として扱う．

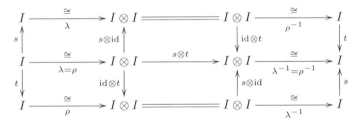

2.2.12　圏 $\boldsymbol{C}$ におけるモナドは，$\boldsymbol{C}$ の自己関手とそれらの間の（テンソルを合成とする）自然変換の圏 $[\boldsymbol{C}, \boldsymbol{C}]$ の中のモノイドにほかならない．対称モノイダル圏の自己関手 T は，適切なコヒーレント条件の成り立つ「強度」自然変換 $\mathrm{st}\colon X \otimes TY \to T(X \otimes Y)$ があるとき，ストロングという [145]．とくに，モナ

ドは，強度がモナド構造と両立するならば，ストロングである [124]．これは，簡潔に定式化することができる．$\boldsymbol{C}$ におけるストロングモナドは，まさに，ストロング関手 $\boldsymbol{C} \to \boldsymbol{C}$ とこれらの間の自然変換で強度と可換なものの圏の中のモノイドである．（[115] も参照のこと．）

強度写像とその対称的双対 $\mathrm{st}' = T(\gamma) \circ \mathrm{st} \circ \gamma \colon TX \otimes Y \to T(X \otimes Y)$ は，写像 $TX \otimes TY \rightrightarrows T(X \otimes Y)$ として2通りに組み合わせることができる．

$$\mathrm{dst} = \mu \circ T(\mathrm{st}') \circ \mathrm{st}$$
$$\mathrm{dst}' = \mu \circ T(\mathrm{st}) \circ \mathrm{st}'$$

モナド T は，これら二つの「二重強度」写像が一致するならば，**可換**と呼ばれる．

定義 2.2.13　これで，**コック–デイ・テンソル積**を定義するところまできた．T を $\boldsymbol{V}$ 上の可換モナドとし，その（アイレンバーグ–ムーア）代数の圏 $\mathrm{Alg}(T)$ が反射的対の余等化子をもつとする．二つの平行な射 $f, g \colon X \rightrightarrows Y$ は，共通の右逆射があるとき，すなわち，射 $h \colon Y \to X$ で，$f \circ h = \mathrm{id}_Y = g \circ h$ が成り立つものがあるとき，反射的と呼ぶことを思い出そう．代数 $\varphi \colon TX \to X$ と $\psi \colon TY \to Y$ に対して，$\varphi \otimes \psi$ を次のような余等化子と定義する．

$$\begin{pmatrix} T^2(TX\otimes TY) \\ \downarrow \mu \\ T(TX\otimes TY) \end{pmatrix} \underset{T(\varphi\otimes\psi)}{\overset{\mu\circ T(\mathrm{dst})}{\rightrightarrows}} \begin{pmatrix} T^2(X\otimes Y) \\ \downarrow \mu \\ T(X\otimes Y) \end{pmatrix} \dashrightarrow \begin{pmatrix} TZ \\ \downarrow \varphi\otimes\psi \\ Z \end{pmatrix}$$

さらに，$I_{\mathrm{Alg}(T)}$ を自由代数 $\mu \colon T^2(I_{\boldsymbol{V}}) \to T(I_{\boldsymbol{V}})$ と定義すると，$\mathrm{Alg}(T)$ 上の対称モノイダル構造が得られる．また，自由関手 $\boldsymbol{V} \to \mathrm{Alg}(T)$ は，モノイダル構造を保つ [124, 補題 5.2]．

次の補題によって，我々の状況でモナドを使うことができる．

補題 2.2.14　M がモノイダル圏 $\boldsymbol{V}$ のモノイドならば，$M \otimes (\_) \colon \boldsymbol{V} \to \boldsymbol{V}$ はモナドであり，代数の圏は $\mathbf{Act}_M(\boldsymbol{V})$ である．$\boldsymbol{V}$ が対称モノイダル圏ならば，モナド $M \otimes (\_)$ はストロングモナドである．モノイド M が可換であるとき，そしてそのときに限り，$M \otimes (\_)$ は可換である．

証明　モナドの単位元および乗法は次の式で与えられる．

$$\eta \colon X \xrightarrow{\cong} I \otimes X \xrightarrow{e\otimes\mathrm{id}} M \otimes X$$

$$\mu\colon M \otimes (M \otimes X) \xrightarrow{\cong} (M \otimes M) \otimes X \xrightarrow{m \otimes \mathrm{id}} M \otimes X$$

ただし，モノイド M の構造写像を e および m とする．$\boldsymbol{C}$ が対称モノイダル圏ならば，次の強度写像が存在する．

$$\mathrm{st} : X \otimes (M \otimes Y) \cong (X \otimes M) \otimes Y \xrightarrow{\gamma \otimes \mathrm{id}} (M \otimes X) \otimes Y \cong M \otimes (X \otimes Y)$$

二重強度写像は次のように分解される．

$$\begin{array}{ccccc}
(M \otimes X) \otimes (M \otimes Y) & & \xrightarrow{\quad\quad \mathrm{dst} \quad\quad} & & M \otimes (X \otimes Y) \\
\| & & & & \| \\
(M \otimes X) \otimes (M \otimes Y) & \xrightarrow{\cong} & (M \otimes M) \otimes (X \otimes Y) & \xrightarrow{m \otimes \mathrm{id}} & M \otimes (X \otimes Y) \\
\| & & \downarrow{\scriptstyle \gamma \otimes \mathrm{id}} & & \\
\| & & (M \otimes M) \otimes (X \otimes Y) & \xrightarrow[m \otimes \mathrm{id}]{} & M \otimes (X \otimes Y) \\
\| & & & & \| \\
(M \otimes X) \otimes (M \otimes Y) & & \xrightarrow[\quad\quad \mathrm{dst}' \quad\quad]{} & & M \otimes (X \otimes Y)
\end{array}$$

したがって，この二つの二重強度写像は，モノイド M が可換であるとき，そしてそのときに限り，一致する． □

定義 2.2.15 M をモノイダル圏 $\boldsymbol{V}$ の中のモノイドとする．$\boldsymbol{V}$ は，$\mathbf{Act}_M(\boldsymbol{V})$ が反射的対の余等化子をもつならば，M に対して**適している**という．$\boldsymbol{V}$ は，その中の任意のモノイドに対して適しているとき，適しているという．

これが，まさしく $\mathbf{Act}_M(\boldsymbol{V})$ 上のコック–デイ・テンソル積を簡単に構成するために必要なものである．この基準を満たす一般的な状況は，$\boldsymbol{V}$ が反射的対の余等化子をもち，$M \otimes (\_)$ が右随伴をもつ場合である．

例 2.2.16 典型的な場合として $\boldsymbol{V} = \mathbf{Set}$ がある．この圏は，その中の任意のモノイド M に対して適している．なぜなら，$\mathbf{Act}_M(\mathbf{Set})$ は，実際にはトポスだからである．（第 5 章を参照のこと．）$X, Y \in \mathbf{Act}_M(\mathbf{Set})$ に対して，コック–デイ・テンソル積 $X \otimes Y$ は，$X \times Y/\sim$ によって明示的に与えられる．ただし，$\sim$ は，$m \bullet [x, y] = [m \bullet x, y] = [x, m \bullet y]$ で与えられる作用に対して，$(m \bullet x, y) \sim (x, m \bullet y)$ によって定められる（最小）同値関係である．

このようにして，射 $X \otimes Y \to Z$ は，両方の変数が個別に M 同値である関数 $X \times Y \to Z$ に対応する．これは，コック–デイ・テンソル積の一般的な特性であり，特別な場合であるベクトル空間と比較することによって，以降の例でもそれが成り立つことが分かる．

例 2.2.17　（複素）ベクトル空間，すなわち $\mathbf{Mod}_{\mathbb{C}}$ の対象 X, Y, Z を考える．線形関数，すなわち $\mathbf{Mod}_{\mathbb{C}}$ の射 $f\colon X \times Y \to Z$ は，それぞれの変数に対して個別に線形であるとき，双線形と呼ぶことを思い出そう．ベクトル空間のよく知られたテンソル積 $X \otimes Y$ は，線形関数 $X \otimes Y \to Z$ が双線形関数 $X \times Y \to Z$ に対応する一意なベクトル空間である．

このとき，$T(X) = \{\varphi\colon X \to \mathbb{C} \mid \mathrm{supp}(\varphi)$ は有限 $\}$ は，2.5.3 で調べる可換モナドを定義する．ただし，**台**は $\mathrm{supp}(\varphi) = \{i \in I \mid \varphi(i) \neq 0\}$ とする．X, Y, Z を，それぞれ代数 $\varphi\colon TX \to X$，$\psi\colon TY \to Y$，$\theta\colon TZ \to Z$ と同一視すると，双線形関数を次のように特徴づけることができる．射 $f\colon X \otimes Y \to Z$ が双線形となるのは，

$$\theta \circ Tf \circ \mathrm{dst} = f \circ (\varphi \otimes \psi)$$

であるとき，そしてそのときに限る．任意の可換モナドの代数の圏において，この等式を満たす射を**双射** $[\varphi, \psi] \to \theta$ という．

この特徴づけによって，任意の可換モナドの代数の圏におけるベクトル空間のテンソル積の普遍性を定式化することができる．$\mathrm{Alg}(T)$ 上のモノイダル構造 $\otimes$ は，それぞれの二つの代数 φ, ψ に対して双射 $[\varphi, \psi] \to \varphi \otimes \psi$ があり，これによって任意の双射 $[\varphi, \psi] \to \theta$ が一意に分解されるとき，**双射に対して普遍的**という．特別な場合として，ベクトル空間のよく知られたテンソル積は双射に対して普遍的である．

コック–デイ・テンソル積は，双射に対して普遍的である [124, 補題 5.1].

例 2.2.18　可換モノイドの圏 $\mathbf{cMon}$ は，次の式で与えられる可換モナド $\widehat{\mathbb{N}}\colon \mathbf{Set} \to \mathbf{Set}$ に対する（アイレンバーグ–ムーア）代数の圏である．

$$\widehat{\mathbb{N}}(X) = \{\varphi\colon X \to \mathbb{N} \mid \mathrm{supp}(\varphi) \text{ は有限 } \}$$

このモナドについては，2.5.3 でさらに徹底的に論じる．このようにして，コック–デイ・テンソル積の特別な場合として，双射に対して普遍的な $\mathbf{cMon}$ 上のモノイダル構造が得られた．このモノイダル構造は，一般には，2.2.4 で論じられ

たような**Set**から継承されるものとは異なる．たとえば，このモノイダル構造の単位元は1上の自由可換モノイド$(\mathbb{N}, +, 0)$である．

例 2.2.19 ヒルベルト空間の圏**Hilb**には2種類の対称モノイダル構造がある．それは，デカルト積$\oplus$（2.3節も参照のこと）と，テンソル積$\otimes$であるが，後者だけが圏**PHilb**に受け継がれる．たとえば，**Hilb**の射$f, g\colon X \rightrightarrows Y$に対して，$f' = i \cdot f$および$g' = -g$と定義すると，$f \sim f'$および$g \sim g'$が成り立つ．しかし，任意の$u \in U(1)$に対して

$$(f' \oplus g')(x, y) = (i \cdot f(x), -g(y)) \neq (u \cdot f(x), u \cdot g(y)) = (u \cdot (f \oplus g))(x, y)$$

であるので，$f \oplus g \not\sim f' \oplus g'$となる．それゆえ，**Hilb**のデカルト積$\oplus$は，**PHilb**上のモノイダル構造をうまく定義できない．

一方，**Hilb**上のテンソル積$\otimes$は，双射に対して普遍的なので，矛盾なく**PHilb**上のモノイダル構造を誘導する．なぜなら，$f \sim f'$かつ$g \sim g'$であれば，$u, v \in U(1)$に対して$f = u \cdot f'$および$g = v \cdot g'$となるので，

$$f \otimes g = (u \cdot f') \otimes (v \cdot g') = u \cdot v \cdot (f' \otimes g')$$

が成り立つからである．その結果として，$f \otimes g \sim f' \otimes g'$となる．

この節は，ピーター・ヒルトンとベノ・エックマンによる次の論証で終えよう．彼らは，$\boldsymbol{C} = \mathbf{Set}$に対してこれを証明した[78]．（[163, 練習問題II.5.5]も参照のこと．）これは，ある対象が2種類のモノイド構造をもち，一方の乗法写像がもう一方に関してモノイド準同型ならば，この2種類のモノイド構造は一致し，実際には可換になると述べている．

補題 2.2.20（ヒルトン–エックマン） Xを対称モノイダル圏$\boldsymbol{C}$の対象とし，$\mu_1, \mu_2\colon X \otimes X \rightrightarrows X$と$\eta_1, \eta_2\colon I \rightrightarrows X$を射とする．$(X, \mu_1, \eta_1)$と$(X, \mu_2, \eta_2)$がともにモノイドで，次の図式が可換ならば，$(X, \mu_1, \eta_1) = (X, \mu_2, \eta_2)$は実際には可換モノイドである．

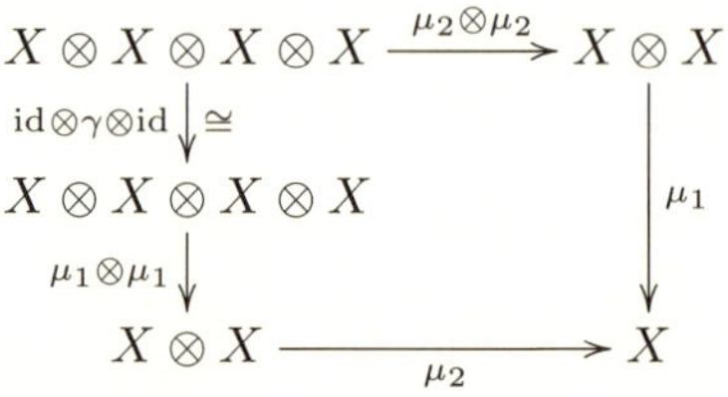

$$\begin{array}{ccc} X \otimes X \otimes X \otimes X & \xrightarrow{\mu_2 \otimes \mu_2} & X \otimes X \\ {\scriptstyle \mathrm{id} \otimes \gamma \otimes \mathrm{id}} \downarrow \cong & & \\ X \otimes X \otimes X \otimes X & & \downarrow \mu_1 \\ {\scriptstyle \mu_1 \otimes \mu_1} \downarrow & & \\ X \otimes X & \xrightarrow{\mu_2} & X \end{array} \quad (2.3)$$

証明 まず，$\eta_1 = \eta_2$ を示す．

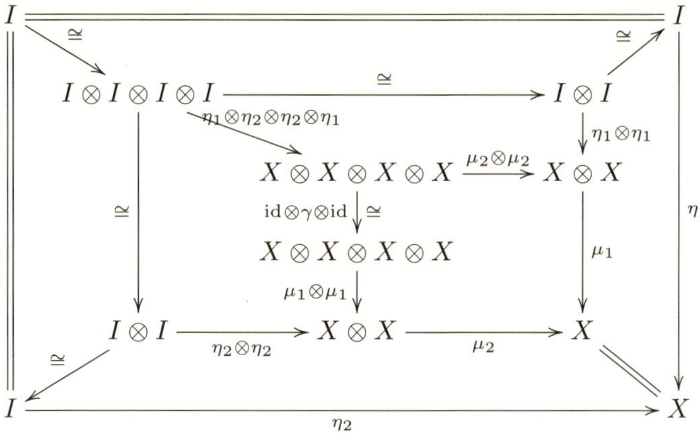

図式が複雑になることを防ぐために，以降は（[78] と同じように）$C = \mathbf{Set}$ の場合を証明する．読者は，これを任意の対称モノイダル圏に一般化して確かめることができる．さらに，ここでは，$\eta_1 = \eta_2$, $\mu_1(x,y)$, $\mu_2(x,y)$ をそれぞれ 1, $x \cdot y$, $x \odot y$ と略記する．

$$x \cdot y = (1 \odot x) \cdot (y \odot 1) \stackrel{(2.3)}{=} (1 \cdot y) \odot (x \cdot 1) = y \odot x$$
$$= (y \cdot 1) \odot (1 \cdot x) \stackrel{(2.3)}{=} (y \odot 1) \cdot (1 \odot x) = y \cdot x \qquad \square$$

これは，補題 2.2.11 の別証明を与えることに注意しよう．補題 2.2.9(b) によって，スカラーは●および○いずれの下でもモノイドである．補題 2.2.9(c) は図式 (2.3) が可換であることを意味するので，補題 2.2.20 から補題の結果が得られる．

2.3 双積

この節では，**双積**と呼ばれる特別な種類のモノイダル構造を考える．

2.3.1 前節で注意したように，（有限）積および余積は，圏上のモノイダル構造の個別の実例である．たとえば，余積は，普遍的余錐であるようなモノイダル積である．この普遍的余錐の足である余射影を κ と表記する．たとえば，$X_1 \xrightarrow{\kappa_1} X_1 + X_2 \xleftarrow{\kappa_2} X_2$，$X \xrightarrow{\kappa_X} X + Y \xleftarrow{\kappa_Y} Y$，さらには $X \xrightarrow{\kappa} X + X' \xleftarrow{\kappa'} X'$ のように記述する．モノイダル構造の単位元対象 0 は始対象，すなわち，すべての対象 X に対して一意な射 $0 \to X$ が存在する．余対角写像，すなわち余タプル $[\mathrm{id}\,,\mathrm{id}]\colon X + X \to X$ を ∇ と表記する．

同じように，積 $X_1 \times X_2$ は，$X_1 \xleftarrow{\pi_1} X_1 \times X_2 \xrightarrow{\pi_2} X_2$ のように，π と表記する射影になっている．モノイダル構造の単位元対象 1 は終対象である．すなわち，すべての対象 X に対して一意な射 $X \to 1$ が存在する．対角写像，すなわちタプル $\langle \mathrm{id}\,,\mathrm{id}\rangle\colon X \to X \times X$ を Δ と表記する．

次の定理は，普遍性に言及することなく，[87] とよく似たやり方で，モノイダル構造が余積である場合を代数的に特徴づける．（[84] も参照のこと．）

定理 2.3.2 圏 $\boldsymbol{C}$ 上の対称モノイダル構造 $(\oplus, 0)$ が有限余積を与えるのは，忘却関手 $\mathbf{cMon}(\boldsymbol{C}) \to \boldsymbol{C}$ が圏の同型となるとき，そしてそのときに限る．

証明 $(\oplus, 0)$ が有限余積を与えるとし，その余積から誘導されるコヒーレンス写像を α, λ, ρ とする．忘却関手 $\mathbf{cMon}(\boldsymbol{C}) \to \boldsymbol{C}$ を U と表記し，$F\colon \boldsymbol{C} \to \mathbf{cMon}(\boldsymbol{C})$ を対象 X に対して $F(X) = (X, \nabla, u)$ と定義する．ただし，$\nabla = [\mathrm{id}_X\,,\mathrm{id}_X]\colon X \oplus X \to X$ であり，u は一意な射 $0 \to X$ である．射 f に対しては，$F(f) = f$ のように作用する．すると，あきらかに $U \circ F = \mathrm{Id}$ となる．$F \circ U = \mathrm{Id}$ であることも証明するためには，$(\oplus, 0)$ に関して $X \in \boldsymbol{C}$ 上の（可換）モノイド構造がただ一つだけ存在しうる，すなわち，任意の $(X, \mu, \eta) \in \mathbf{cMon}(\boldsymbol{C})$ に対して $\mu = [\mathrm{id}\,,\mathrm{id}]$ であることを示す．これで十分なのは，η は必然的に一意な射 $0 \to X$ であるからである．$\kappa_1\colon X \to X \oplus 0$ はコヒーレンス同型 ρ^{-1} に等しいので

$$\mu \circ \kappa_1 = \mu \circ [\kappa_1\,,\,\kappa_2 \circ u] \circ \kappa_1 = \mu \circ (\mathrm{id} \oplus u) \circ \kappa_1 = \rho \circ \kappa_1 = \mathrm{id}$$

が得られる．同様にして，$\mu \circ \kappa_2 = \mathrm{id}$ であり，したがって，求める $\mu = [\mathrm{id}\,,\,\mathrm{id}]$ が得られた．

逆に，$\mathbf{cMon}(\boldsymbol{C}) \underset{F}{\overset{U}{\rightleftarrows}} \boldsymbol{C}$ が同型であると仮定する．定義によって $U(X, \mu, \eta) = X$ なので，モノイド $F(X)$ は X によって持ち込まれる．F は関手なので，そのモノイド構造写像，すなわち $\nabla_X \colon X \oplus X \to X$ および $u_X \colon 0 \to X$ は，X において自然である．まず，0 が始対象であることを証明する．$(0, \nabla_0, u_0)$ と $(0, \lambda_0, \mathrm{id}_0)$ はともに（$\boldsymbol{C}$ の中の）モノイドであることは分かっている．さらに，これらはヒルトン–エックマン条件 (2.3) を満たすので，補題 2.2.20 によって $u_0 = \mathrm{id}_0$ が得られる．u の自然性から，任意の $f \colon 0 \to X$ に対して

$$f = f \circ \mathrm{id}_0 = f \circ u_0 = u_X$$

が成り立つ．したがって，u_X は一意な射 $0 \to X$ であり，0 は実際に始対象である．最後に，$X \oplus Y$ が X と Y の余積であることを示す．余射影として $\kappa_X \colon X \xrightarrow{\rho^{-1}} X \oplus 0 \xrightarrow{\mathrm{id} \oplus u_Y} X \oplus Y$ および $\kappa_Y \colon Y \xrightarrow{\lambda^{-1}} 0 \oplus Y \xrightarrow{u_X \oplus \mathrm{id}} X \oplus Y$ を定義する．与えられた $f \colon X \to Z$ および $g \colon Y \to Z$ に対して，$[f\,,\,g] = \nabla_Z \circ (f \oplus g) \colon X \oplus Y \to Z$ とする．このとき，次の式が成り立つ．

$$\begin{aligned}
[f\,,\,g] \circ \kappa_X &= \nabla_Z \circ (f \oplus g) \circ (\mathrm{id} \oplus u_Y) \circ \rho \\
&= \nabla_Z \circ (\mathrm{id} \oplus (g \circ u_Y)) \circ (f \oplus \mathrm{id}) \circ \rho && (u\text{ は自然}) \\
&= \nabla_Z \circ (\mathrm{id} \oplus u_Y) \circ (f \oplus \mathrm{id}) \circ \rho && (\nabla, u\text{ はモノイド}) \\
&= \rho \circ (f \oplus \mathrm{id}) \circ \rho^{-1} = f && (\rho\text{ は自然})
\end{aligned}$$

同様にして，$[f\,,\,g] \circ \kappa_Y = g$ も成り立つ．さらに，

$$\begin{aligned}
[\kappa_X\,,\,\kappa_Y] &= (\nabla_X \oplus \nabla_Y) \circ (\mathrm{id} \oplus \gamma \oplus \mathrm{id}) \circ (\mathrm{id} \oplus u_Y \oplus \mathrm{id}) \\
&\quad \circ (\rho^{-1} \oplus \mathrm{id}) \circ (\mathrm{id} \oplus u_X \oplus \mathrm{id}) \circ (\mathrm{id} \oplus \lambda^{-1}) \\
&= (\nabla_X \oplus \mathrm{id}) \circ (\mathrm{id} \oplus \nabla_Y) \circ (\mathrm{id} \oplus u_Y \oplus \mathrm{id}) \circ (\mathrm{id} \oplus \gamma \oplus \mathrm{id}) \\
&\quad \circ (\rho^{-1} \oplus \mathrm{id}) \circ (\mathrm{id} \oplus u_X \oplus \mathrm{id}) \circ (\mathrm{id} \oplus \lambda^{-1}) \\
&= (\nabla_X \oplus \mathrm{id}) \circ (\mathrm{id} \oplus \lambda) \circ (\mathrm{id} \oplus \gamma \oplus \mathrm{id}) \\
&\quad \circ (\rho^{-1} \oplus \mathrm{id}) \circ (\mathrm{id} \oplus u_X \oplus \mathrm{id}) \circ (\mathrm{id} \oplus \lambda^{-1})
\end{aligned}$$

$$= (\nabla_X \oplus \mathrm{id}) \circ (\mathrm{id} \oplus u_X \oplus \mathrm{id}) \circ (\mathrm{id} \oplus \lambda^{-1})$$
$$= (\mathrm{id} \oplus \lambda) \circ (\mathrm{id} \oplus \lambda^{-1}) = \mathrm{id}$$

であるから，$[f\,,\,g]$ はそのような唯一の写像である． □

双対的に，圏 $\boldsymbol{C}$ 上の対称モノイダル構造 $(\oplus, 0)$ は，$\boldsymbol{C}^{\mathrm{op}}$ が $\boldsymbol{C}$ の中の可換コモノイドの圏と同型であるとき，そしてそのときに限り，有限積を与える．

2.3.3 ヌル対象 0 は，始対象であると同時に終対象でもある．すなわち，任意の対象 X に対して，写像 $X \to 0$ および $0 \to X$ が一意に存在する．これらの写像をそれぞれ，$0_{X,0}$ および $0_{0,X}$ と表記する．これらは，それぞれ自動的にエピ射およびモノ射になる．任意の二つの対象 X, Y に対して，**ゼロ射** $0_{X,Y}\colon X \xrightarrow{0_{X,0}} 0 \xrightarrow{0_{0,Y}} Y$ が一意に存在する．混同する恐れのない場合には，ゼロ射を単に $X \xrightarrow{0} Y$ と略記する．

2.3.4 対象 X_1 と X_2 の**双積**は，射影 $\pi_i\colon X_1 \oplus X_2 \to X_i$ による積であると同時に，余射影 $\kappa_i\colon X_i \to X_1 \oplus X_2$ による余積であり，次の等式が成り立つ．

$$\pi_i \circ \kappa_i = \mathrm{id} \tag{2.4}$$
$$\pi_i \circ \kappa_j = 0 \qquad (i \neq j) \tag{2.5}$$

ヌル対象を選び，そして，それぞれの対象の対に対する双積を選んだ圏は，**有限双積**をもつという．したがって，有限双積は，圏の対称モノイダル構造の特別な場合である．実際，式 (2.4) および式 (2.5) は，$f_i\colon X_i \to Y_i$ に対して $f_1 \oplus f_2 = f_1 + f_2 = f_1 \times f_2\colon X_1 \oplus X_2 \to Y_1 \oplus Y_2$ によって，それぞれの対象の対に対して双積を選ぶと，それをカノニカルに双関手へと拡張できることを保証する．ただし，$f_1 + f_2$ は通常のように $[\kappa_1 \circ f_1\,,\,\kappa_2 \circ f_2]$ と定義し，$f_1 \times f_2 = \langle f_1 \circ \pi_1\,,\,f_2 \circ \pi_2 \rangle$ と定義する．このためには $\langle f_1 \circ \pi_1\,,\,f_2 \circ \pi_2 \rangle \circ \kappa_i = \kappa_i \circ f_i$ が成り立てば十分である．なぜなら，これは $f_1 + f_2$ を定義する性質だからである．式 (2.4) および式 (2.5) によって，$\langle f_1 \circ \pi_1\,,\,f_2 \circ \pi_2 \rangle \circ \kappa_1 = \langle f_1 \circ \pi_1 \circ \kappa_1\,,\,f_2 \circ \pi_2 \circ \kappa_1 \rangle = \langle f_1\,,\,0 \rangle$ が得られる．$\pi_i \circ \langle f_1\,,\,0 \rangle = \pi_i \circ \kappa_1 \circ f_1$ であり，射影のデカルト対 $\langle \pi_1\,,\,\pi_2 \rangle$ はモノ射なので，実際，$i = 1$ に対して $\langle f_1 \circ \pi_1\,,\,f_2 \circ \pi_2 \rangle \circ \kappa_i = \kappa_i \circ f_i$ となる．$i = 2$ の場合も同様である．

積と余積のように，有限双積も，普遍性に言及することなく代数的に特徴づけられる．

定義 2.3.5　圏 $\boldsymbol{C}$ に対して，$\boldsymbol{C}_{\leftrightarrows}$ を，対象 (X, X) から構成される充満部分圏 $\boldsymbol{C}^{\mathrm{op}} \times \boldsymbol{C}$ と定義する．$\boldsymbol{C}_{\leftrightarrows}$ の対象を $\boldsymbol{C}$ の対象と同一視すると，$\boldsymbol{C}_{\leftrightarrows}$ の射 $f\colon X \to Y$ は，$\boldsymbol{C}$ の射 $f_{\leftarrow}\colon Y \to X$ と $f_{\rightarrow}\colon X \to Y$ の対になる．この構成法は，$\boldsymbol{V}$ 豊穣化圏に対しても同じようにうまくいく．

圏 $\boldsymbol{C}_{\leftrightarrows}$ は，$(f_{\leftarrow}, f_{\rightarrow}) \otimes (g_{\leftarrow}, g_{\rightarrow}) = (f_{\leftarrow} \otimes g_{\leftarrow}, f_{\rightarrow} \otimes g_{\rightarrow})$ によって $\boldsymbol{C}$ から（対称）モノイド構造 $(\otimes, I)$ を継承する．したがって，$\mathbf{cMon}(\boldsymbol{C}_{\leftrightarrows})$ の中の対象は，$\boldsymbol{C}$ の中の同じ対象で作られる可換モノイドおよび可換コモノイドから構成される．

系 2.3.6　圏 $\boldsymbol{C}$ 上の対称モノイダル構造 $(\oplus, 0)$ は，忘却関手 $\mathbf{cMon}(\boldsymbol{C}_{\leftrightarrows}) \to \boldsymbol{C}_{\leftrightarrows}$ が圏の同型であるとき，そしてそのときに限り，有限双積を与える．

証明　この忘却関手が同型だと仮定する．このとき，0 は，定理 2.3.2 によって始対象であり，その定理の双対によって終対象である．したがって，0 はヌル対象である．式 (2.4) を確かめるために，定理 2.3.2 の表記法を多用して，$i \in \{1, 2\}$ に対して $n_i = (u_{X_i})_{\leftarrow}\colon X_i \to 0$ および $u_i = (u_{X_i})_{\rightarrow}\colon 0 \to X_i$ とし，$j \in \{1, 2\}$ を $i \neq j$ であるものとすると

$$\pi_i \circ \kappa_i = \rho \circ (\mathrm{id} \oplus n_j) \circ (\mathrm{id} \oplus u_j) \circ \rho^{-1} = \rho \circ (\mathrm{id} \oplus u_j) \circ \rho^{-1} = \mathrm{id}$$

が成り立つ．また，$i \neq j$ に対して

$$\begin{aligned} \pi_2 \circ \kappa_1 &= \lambda \circ (n_1 \oplus \mathrm{id}) \circ (\mathrm{id} \oplus u_2) \circ \rho^{-1} \\ &= \lambda \circ (\mathrm{id} \oplus u_2) \circ (n_1 \oplus \mathrm{id}) \circ \rho^{-1} \\ &= 0 \end{aligned}$$

となるので，(2.5) が成り立つ．

逆は，定理 2.3.2 とその双対から自明である．すなわち，$\boldsymbol{C}$ の有限積と有限余積が一致すれば，忘却関手は同型になる．□

2.3.7　系 2.3.6 によって，$\boldsymbol{V}$ の積構造や重み付き（余）極限を用いることなく，$\boldsymbol{V}$ 豊穣化圏の有限双積について述べることができる．とくに，$\boldsymbol{V}$ が

有限積をもつことを要請する通常の $\boldsymbol{V}$ 余積の概念よりも一般的である．$\boldsymbol{V}$ が有限積をもつ圏ならば，$\boldsymbol{C} \in \boldsymbol{V}\text{-}\mathbf{Cat}$ 上の有限余積構造は，$\boldsymbol{V}$ 自然同型 $\boldsymbol{C}(X \oplus Y, \_) \cong \boldsymbol{C}(X, \_) \times \boldsymbol{C}(Y, \_)$ および $\boldsymbol{C}(0, \_) \cong 1$ と伝統的にみなされる [141].

有限双積とそれを保つ関手をもつすべての豊穣化圏を集めて圏 $\mathbf{BP}(\boldsymbol{V}\text{-}\mathbf{Cat})$ とすると，これは，すべての $\boldsymbol{V}$ 圏 $\boldsymbol{C}$ からなる $\mathbf{cMon}(\boldsymbol{V}\text{-}\mathbf{Cat})$ の充満部分圏として定義される．ここで，忘却関手 $\mathbf{cMon}(\boldsymbol{C}_{\leftrightarrows}) \to \boldsymbol{C}_{\leftrightarrows}$ は同型になる．$\mathbf{BP}(\mathbf{Cat})$ を $\mathbf{BP}$ と略記する．

2.3.8 二つの対象の双積の定義は，容易に任意の（集合を添字とする）対象の族に一般化することができる．添字の集合 I と対象の族 (X_i) $(i \in I)$ に対して，それらの**双積**は対象 $\bigoplus_{i \in I} X_i$ で，射影 $\pi_j \colon \bigoplus_{i \in I} X_i \to X_j$ によって積となると同時に，余射影 $\kappa_j \colon X_j \to \bigoplus_{i \in I} X_i$ によって余積となり，式 (2.4) および式 (2.5) が成り立つものである．

$I = \emptyset$ の場合には，この双積はヌル対象になり，さらに，有限双積をもつことは $I = \{1, 2\}$ となる特別な場合であることに注意せよ．

例 2.3.9 圏 $\mathbf{Rel}$ は，直和および空集合によって，任意の双積をもつ．I を添字とする集合 X_i の族が与えられたとき，双積 $\bigoplus_{i \in I} X_i$ は，直和 $\{\varphi \colon I \to \bigcup_{i \in I} X_i \mid \varphi(i) \in X_i\}$ であり，射影 $\pi_j = \{(\varphi, \varphi(j)) \mid \varphi \in \bigoplus_{i \in I} X_i\} \subseteq \bigoplus_{i \in I} X_i \times X_j$ および余射影 $\kappa_j = \{(\varphi(j), \varphi) \mid \varphi \in \bigoplus_{i \in I} X_i\} \subseteq X_j \times \bigoplus_{i \in I} X_i$ をもつ．

例 2.3.10 圏 $\mathbf{cMon}$ は任意の積をもつ．I を添字とする可換モノイド X_i の族に対して，その積は，それぞれのモノイドの基礎となる集合のデカルト積 $\prod_{i \in I} X_i$ に点別演算を伴ったものである．この圏 $\mathbf{cMon}$ は任意の余積ももつ．X_i の族の余積は，直和 $\{\varphi \colon I \to \bigcup_{i \in I} X_i \mid \varphi(i) \in X_i,\ \mathrm{supp}(\varphi)$ は有限$\}$ である．そして，余射影 $\kappa_j \colon X_j \to \bigoplus_{i \in I} X_i$ は，$\mathrm{supp}(\kappa_j(x)) = \{j\}$ と $\kappa_j(x) = x$ によって決まる．

有限の族に対しては，積と余積は一致する．そして，実際，$\mathbf{cMon}$ は有限双積をもつ．そのヌル対象は，自明なモノイド $\{0\}$ である．

例 2.3.11 圏 $\mathbf{Vect}_K$ は，無限積と無限余積をもつが，双積については，圏

cMon と同じように有限双積だけである．双積 $X_1 \oplus X_2$ は，点別演算を伴った集合 $X_1 \times X_2$ である．射影は，$\pi_i(x_1, x_2) = x_i$ によって与えられ，余射影は $\kappa_1(x) = (x, 0)$ および $\kappa_2(x) = (0, x)$ によって与えられる．ヌル対象は，0 次元ベクトル空間 $\{0\}$ である．

例 2.3.12　圏 $\mathbf{preHilb}_K$ および $\mathbf{Hilb}_K$ は，$\mathbf{Vect}_K$ から有限双積を継承する．$X_1 \oplus X_2$ 上の内積は

$$\langle (x_1, x_2) \mid (y_1, y_2) \rangle_{X_1 \oplus X_2} = \langle x_1 \mid y_1 \rangle_{X_1} + \langle x_2 \mid y_2 \rangle_{X_2}$$

で与えられる．この内積の定義から，無限双積では問題が生じそうなことが分かる．実際，次の補題が示すように，$\mathbf{Hilb}_K$ は無限双積をもちえない．

補題 2.3.13　圏 **Hilb** は，無限余積をもたない．

証明　次のような反例を考える．$\mathbb{N}$ を添字とする **Hilb** の対象 $X_n = \mathbb{C}$ の族を定義する．族 (X_n) は余積 X をもつと仮定し，その余射影を $\kappa_n \colon X_n \to X$ とする．$f_n \colon X_n \to \mathbb{C}$ を $f_n(z) = n \cdot \|\kappa_n\| \cdot z$ と定義すると，$\|f_n\| = n \cdot \|\kappa_n\|$ なので，これらは有界写像である．このとき，すべての $n \in \mathbb{N}$ に対して，(f_n) の余タプル $f \colon X \to \mathbb{C}$ のノルムは次の式を満たさなければならない．

$$n \cdot \|\kappa_n\| = \|f_n\| = \|f \circ \kappa_n\| \leq \|f\| \cdot \|\kappa_n\|$$

したがって，$n \leq \|f\|$ となる．これは，f が有界であることに矛盾する．　□

2.3.14　補題 2.3.13 から，**Hilb** は有向余極限（4.2.13 を参照のこと）ももたないことが分かる．たとえば，

$$\mathbb{C} \xrightarrow{\kappa} \mathbb{C}^2 \xrightarrow{\kappa} \mathbb{C}^3 \xrightarrow{\kappa} \cdots$$

の余極限はどのようなものであれ，可算個の $\mathbb{C}$ の複製の余積でもなければならないが，それは存在しえない．これは，[112] の補題 5.3 が成り立たないことを示している．この考察は，ピーター・ジョンストンによるものである．したがって，その論文では，**Hilb** をダガー・コンパクト到達可能圏と呼んでいるが，実際にはそうではない．

2.3.15 補題 2.3.13 にもかかわらず，**Hilb** には無限余積に似た対象がある．ただし，それらの普遍性は，部分的にのみ成り立つ．

I を任意の添字集合とし，すべての $i \in I$ に対して $X_i \in \mathbf{Hilb}$ とする．**Vect** の積を用いて

$$X = \{(x_i)_{i \in I} \in \prod_{i \in I} X_i \mid \sum_{i \in I} \|x_i\|^2 < \infty\}$$

とする．このとき，任意の（非可算でもよい）添字集合 I に対する和 $\sum_{i \in I} a_i$ を，J が I の有限部分集合の上を動くときの $\sum_{i \in J} a_i$ の上限と定義する．a_i がすべて正ならば，これは矛盾なく定義できる [135]．内積を

$$\langle (x_i)_i \mid (y_i)_i \rangle_X = \sum_{i \in I} \langle x_i \mid y_i \rangle_{X_i}$$

と定義すると，X はヒルベルト空間になる [135]．

その対象 X は，対象 X_i の双積のように見える．実際，$(\kappa_i(x))_i = x$ および $i \neq j$ に対する $(\kappa_i(x))_j = 0$ によって定義される単射 $\kappa_i \colon X_i \to X$ があることがすぐに分かる．また，$\pi_i((x_j)_j) = x_i$ によって定まる射影 $\pi_i \colon X \to X_i$ があることもすぐに分かる．これらは，式 (2.4) および式 (2.5) を満たす．しかしながら，X は，補題 2.3.13 が示しているように，（双）積に対する普遍性の要請を満たさない．ただし，つぎに示すように，限定的な意味で普遍的である．

錐 $g_i \colon Y \to X_i$ は，$\sum_{i \in I} \|g_i\|^2 < \infty$ ならば**有界**と呼ぶことにする．このとき，タプル $g \colon Y \to X$ は，$g(y) = (g_i(y))_{i \in I}$ によって矛盾なく定義され，$\pi_i \circ g = g_i$ を満たす唯一の射である．同様にして，余錐 $f_i \colon X_i \to Y$ は，$\sum_{i \in I} \|f_i\|^2 < \infty$ ならば**有界**と呼ぶことにすると，余タプル $f \colon X \to Y$ は，$f(x) = \sum_{i \in I} f_i(x_i)$ によって矛盾なく定義され，$f \circ \kappa_i = f_i$ を満たす唯一の射である．このことから，**Hilb** は有限双積はもたないが，**有界双積**をもつといえる．しかしながら，射影からなる錐それ自体は有界ではないことに注意しよう．また，余射影からなる余錐も有界ではない．

2.3.16 同様の現象は，圏 **preHilb** においてすでに生じている．I を任意の添字集合とし，すべての $i \in I$ に対して $X_i \in \mathbf{preHilb}$ とする．このとき，ベクトル空間の余積 $\coprod_{i \in I} X_i = \{\varphi \colon I \to \bigcup_{i \in I} X_i \mid \varphi(i) \in X_i,\ \mathrm{supp}(\varphi)$ は有限$\}$ で，

カノニカルな内積

$$\langle\varphi\,|\,\psi\rangle_{\coprod_{i\in I}X_i} = \sum_{i\in I}\langle\varphi(i)\,|\,\psi(i)\rangle_{X_i}$$

を備えたものは，**preHilb** の対象として矛盾なく定義される．これは余射影 κ_j を **Vect** から継承する．なぜなら，κ_j は随伴可能（具体的には，π_j を随伴とする）だからである．しかしながら，すべての余タプルが存在するというわけではない．与えられた $f_i\colon X_i \to Y$ に対して，$\varphi \mapsto \sum_{i\in I} f_i(\varphi(i))$ によって定義される関数 $[f_i]_{i\in I}\colon \coprod_{i\in I} X_i \to Y$ がある．この関数が随伴可能であれば，その随伴は，$\coprod_{i\in I} X_i$ において $g(y)(i) = f_i^\dagger(y)$ で与えられる関数 $g\colon Y \to \coprod_{i\in I} X_i$ でなければならない．しかし，この関数の台は有限とは限らないので，うまく定義できない．

preHilb や **Hilb** におけるこれらの現象の間の関係は，3.1.14 で論じる．

2.3.17　有限双積をもつ圏において，射 $f, g\colon X \rightrightarrows Y$ を追加し，$f+g$ を合成

$$X \xrightarrow{\ \Delta\ } X\oplus X \xrightarrow{f\oplus g} Y\oplus Y \xrightarrow{\ \nabla\ } Y$$

と定義することができる．ゼロ射 $0\colon X \to Y$ を単位元とすると，すべての hom 集合は可換モノイドになる．次の定理は，（**Set** 圏の代わりに）有限積をもつ $\boldsymbol{V}$ 豊穣化圏から始めてもうまくいくことを示している．さらに，この「豊穣化への持ち上げ」は関手的である．

定理 2.3.18　関手 $(\_)^{\oplus}\colon \mathbf{BP}(\boldsymbol{V}\text{-}\mathbf{Cat}) \longrightarrow (\mathbf{cMon}(\boldsymbol{V}))\text{-}\mathbf{Cat}$ が存在する．

証明　$(\boldsymbol{C}, \oplus, 0) \in \mathbf{BP}(\boldsymbol{V}\text{-}\mathbf{Cat})$ とする．これは次の写像を備えている．

$$\Delta_X\colon I_{\boldsymbol{V}} \to \boldsymbol{C}(X, X\oplus X)$$
$$\nabla_X\colon I_{\boldsymbol{V}} \to \boldsymbol{C}(X\oplus X, X)$$
$$u_X\colon I_{\boldsymbol{V}} \to \boldsymbol{C}(0, X)$$
$$n_X\colon I_{\boldsymbol{V}} \to \boldsymbol{C}(X, 0)$$

$\boldsymbol{C}^{\oplus}$ の対象は，$\boldsymbol{C}$ の対象である．hom 対象 $\boldsymbol{C}^{\oplus}(X,Y)$ の台は $\boldsymbol{C}(X,Y) \in \boldsymbol{V}$ である．モノイドの単位元 $0_{XY}\colon I_{\boldsymbol{V}} \to \boldsymbol{C}(X,Y)$ は

$$0_{XY}\colon I_{\boldsymbol{V}} \xrightarrow{\ \cong\ } I_{\boldsymbol{V}}\otimes I_{\boldsymbol{V}} \xrightarrow{n_X\otimes u_Y} \boldsymbol{C}(X,0)\otimes\boldsymbol{C}(0,Y) \xrightarrow{\ \circ_{\boldsymbol{C}}\ } \boldsymbol{C}(X,Y)$$

で与えられる．hom 対象 $\boldsymbol{C}(X,Y)$ のモノイドの乗法 $+\colon \boldsymbol{C}(X,Y)\otimes\boldsymbol{C}(X,Y) \to \boldsymbol{C}(X,Y)$ は次の図式で与えられる．

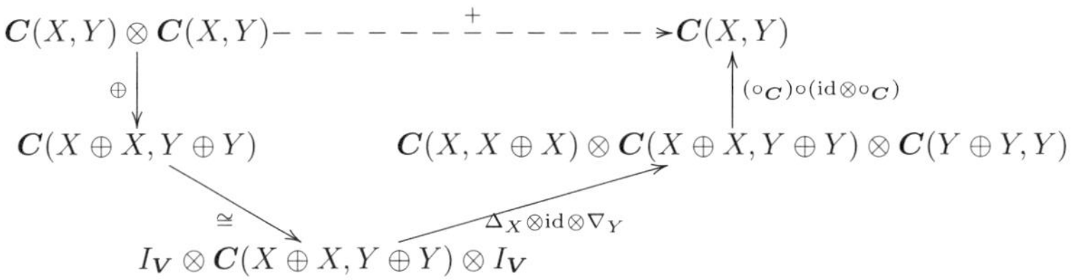

$\oplus$ は $\boldsymbol{V}$ 関手なので，合成 $\circ_{\boldsymbol{C}}$ はこの構造のモノイドの射である．これによって実際に可換モノイドが定義されることを示すのは読者に委ねる．本質的に，これは **Set** 圏に対する証明を豊穣化したものである．

BP$(\boldsymbol{V}$-**Cat**$)$ の射は双積構造を厳密に保つ $\boldsymbol{V}$ 関手であり，Δ, ∇, n, u は自然なので，対応 $\boldsymbol{C} \mapsto \boldsymbol{C}^{\oplus}$ は関手的である． □

2.4 スカラー

それでは，例 2.2.8 で導入したスカラーをさらに詳しく見てみよう．双積が **Set** 豊穣化を **cMon** 豊穣化に持ち上げるように，テンソル積が **Set** 豊穣化を **Act**(**Set**) 豊穣化にすることが分かる．次節では，この豊穣化の 2 種類の持ち上げが組み合わされることを示す．本節では，とくに，スカラーにはモノイドの構造以外のほかの構造もあることを示す．

2.4.1　半環は，$(+, 0)$ と加法的に書かれる可換なモノイド構造と，$(\bullet, 1)$ と乗法的に書かれるモノイド構造という 2 種類をもつ集合 R である．この 2 種類のモノイド構造は，次の等式が成り立つという意味で互いに分配的である．

$$s \bullet 0 = 0 \tag{2.6}$$

$$0 \bullet s = 0 \tag{2.7}$$

$$r \bullet (s + t) = r \bullet s + r \bullet t \tag{2.8}$$

$$(s + t) \bullet r = s \bullet r + t \bullet r \tag{2.9}$$

半環は，その乗法が可換であるとき，可換という．半環は **rig** (= riNg without Negative elements) とも呼ばれる [94].

半環の射は，2 種類のモノイド構造を保つ関数である．これから，半環の圏 **Rg** と可換半環による充満部分圏 **cRg** が得られる．

例 2.4.2　半環の例は数多くある．$\mathbb{Z}$ などのすべての（可換）環は，あきらかに（可換）半環である．しかし，通常の加法と乗法をもつ $\mathbb{N}$ は，環ではない半環の例である．実際，$\mathbb{N}$ は，圏 **cRg** の始対象である．

また，すべての有界な分配束は，0 を最小元，1 を最大元，$+$ を結び，$\bullet$ を交わりとする可換半環である．

そして，集合 $\mathbb{B} = \{0, 1\}$ は，$1 + 1 = 1$ によって定まる演算をもつ**ブール半環**と呼ばれる．

圏がテンソル積と有限双積をもつならば，それぞれの関手 $X \otimes \_$ は右随伴をもち，テンソル積は次の同型 τ によって自動的に双積上に分配的になる．

$$\tau = \langle \mathrm{id} \otimes \pi_1\,, \mathrm{id} \otimes \pi_2 \rangle \colon X \otimes (Y \oplus Z) \xrightarrow{\cong} (X \otimes Y) \oplus (X \otimes Z) \tag{2.10}$$

$$\tau^{-1} = [\mathrm{id} \otimes \kappa_1\,, \mathrm{id} \otimes \kappa_2] \tag{2.11}$$

この分配則はスカラーに受け継がれ，スカラーは次の補題のように半環のまた別の例となる．

命題 2.4.3　有限双積をもつモノイダル圏の中のスカラーは，半環をなす．

証明　モノイダル圏 $\boldsymbol{C}$ の中のスカラー $\boldsymbol{C}(I, I)$ はモノイド $(\bullet, \mathrm{id})$ を構成することは，すでに補題 2.2.11 で示した．また，$\boldsymbol{C}$ が有限双積をもつならば，そのスカラーは $(+, 0)$ の下で可換モノイドを構成することも，定理 2.3.17 で示した．したがって，等式 (2.7)–(2.9) が成り立つことを確かめれば十分である．式 (2.8) は，次の可換図式によって成り立つ．

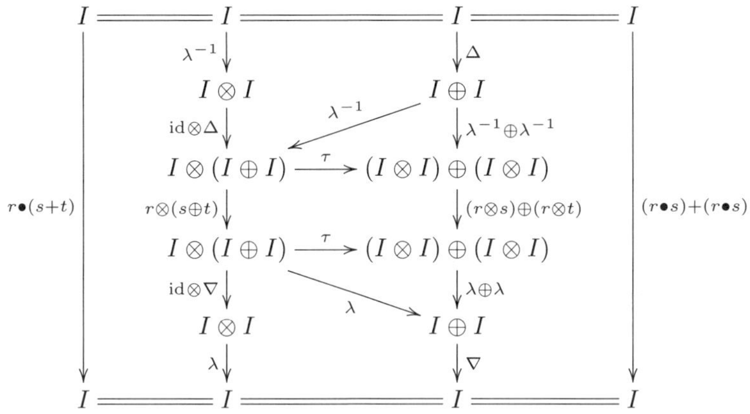

式 (2.9) も同様にして成り立つことが証明される．最後に，式 (2.7) は，次の図式により成り立つ（式 (2.6) も同様）．

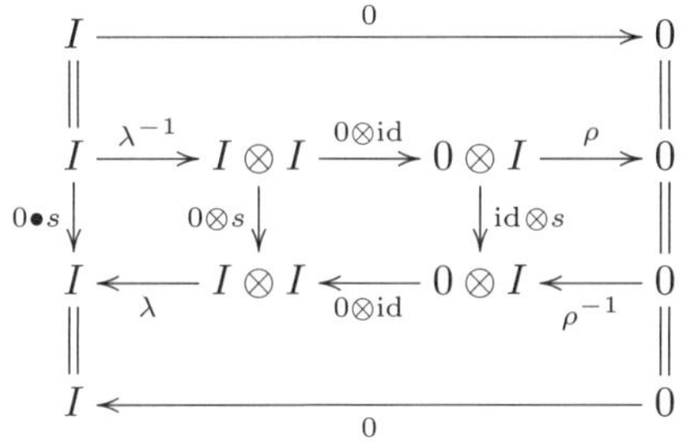

□

2.4.4 例 2.2.18 で述べたように，**cMon** は（対称）モノイダル圏である．すると，その中にモノイドを考えることができる．まず，**Mon**(**cMon**) の対象 R は，可換モノイドであり，それを $(R, +, 0)$ と加法的に書くことにする．この内部的なモノイドは，圏 **cMon** の中のモノイド構造 $\mathbb{N} \longrightarrow R \longleftarrow R \otimes R$ を持ち込む．後者は，双射である 2 項演算 $\bullet\colon R \times R \to R$ に対する単位元 $1 \in R$ から構成される．これは，$\bullet$ が一つ目の変数についてモノイドの射，すなわち，式 (2.7) および式 (2.8) が成り立ち，同時に，二つ目の変数についてもモノイドの射，すなわち，式 (2.6) および式 (2.9) が成り立つことを意味する．こうして，半環を可換モノイドの圏の中のモノイド，すなわち $\mathbf{Rg} = \mathbf{Mon}(\mathbf{cMon})$ として特徴づけることができる．また，$\mathbf{cRg} = \mathbf{cMon}(\mathbf{cMon})$ も成り立つ．

それでは，双積によって圏が可換モノイド上で豊穣化されるのと同様の方法で，スカラー乗法によって圏が作用上で豊穣化されることの証明に着手する．

2.4.5　任意の対象モノイダル圏 $\boldsymbol{C}$ の中のスカラーモノイド $M = \boldsymbol{C}(I, I)$ によって与えられるモナド $M \otimes (\_)$ に対して，コック–デイ・テンソル積を使うことができる．このモナドは，補題 2.2.14 によって可換である．なぜなら，補題 2.2.11 によってこのスカラーモノイドが可換だからである．次の定理は，スカラー乗法が実際に豊穣化を与える，すなわち，合成がコック–デイ・テンソル積に関して $\mathbf{Act}_M$ の射になることを示す．さらに，豊穣圏 $\boldsymbol{C}$ と豊穣化に用いる圏 $\mathbf{Act}_M$ は「同じスカラー」をもつ．

定理 2.4.6　圏 $\boldsymbol{C}$ が対称モノイダル圏ならば，それは $\boldsymbol{V} = \mathbf{Act}_M$ 上に豊穣化されたものである．ただし，$M = \boldsymbol{C}(I, I)$ であり，$I_{\boldsymbol{V}} \cong \boldsymbol{C}(I, I)$ となる．

証明　hom 対象 $\boldsymbol{C}(X, Y) \in \boldsymbol{V}$ を，集合 $\boldsymbol{C}(X, Y)$ に，$(s, f) \mapsto s \bullet f$ としてスカラー乗法が与える作用 $\boldsymbol{C}(I, I) \times \boldsymbol{C}(X, Y) \to \boldsymbol{C}(X, Y)$ を合わせたものとする．これで，合成射 $\boldsymbol{C}(X, Y) \otimes \boldsymbol{C}(Y, Z) \to \boldsymbol{C}(X, Z)$ は，$(f, g) \mapsto g \circ f$ によって決まる双射 $\boldsymbol{C}(X, Y) \times \boldsymbol{C}(Y, Z) \to \boldsymbol{C}(X, Z)$ がそれを通るように分解する唯一のものである．それは，$\boldsymbol{V}$ の射である．恒等射 $1 \to \boldsymbol{C}(X, X)$ は $* \mapsto \mathrm{id}_X$ によって与えられる．1 は自明な作用を実行するので，これもまた $\boldsymbol{V}$ の射である．これらが豊穣圏の要件を満たすことは容易に確かめることができる．最後に，自由関手 $\boldsymbol{V} \to \mathbf{Act}_M(\boldsymbol{V})$ はモノイダル構造を保つので，モノイドの同型 $I_{\mathbf{Act}_M(\boldsymbol{V})} \cong M \otimes I_{\boldsymbol{V}} \cong M$ が存在する． □

2.4.7　前の定理は $\mathbf{Set}$ 豊穣圏の場合を扱っているが，次の定理は一般的な構成法を与える．これは関手性に立脚しているが，まず $\mathbf{Act}_M(\boldsymbol{V})$ の中の添字となるモノイド M を取り除く必要がある．添字付き圏 $\mathbf{cMon}(\boldsymbol{V})^{\mathrm{op}} \to \mathbf{Cat}$ のグロタンディック完備化 $\int_{M \in \mathbf{cMon}(\boldsymbol{V})} \mathbf{Act}_M(\boldsymbol{V})$ を $\mathbf{Act}(\boldsymbol{V})$ と表記する．明示的には，$\mathbf{Act}(\boldsymbol{V})$ の対象は，$M \in \mathbf{cMon}(\boldsymbol{V})$ と $\alpha \in \mathbf{Act}_M(\boldsymbol{V})$ の対 (M, α) である．$\mathbf{Act}(\boldsymbol{V})$ における $(M, \alpha \colon M \otimes X \to X)$ から $(N, \beta \colon N \otimes Y \to Y)$ への射は，射 $f \colon M \to N$ と $\boldsymbol{V}$ の射 $g \colon X \to Y$ の対で，$\beta \circ (f \otimes g) = g \circ \alpha$ が成り立つ [99]．$\boldsymbol{V}$ が対称モノイダル圏ならば，$\mathbf{Act}(\boldsymbol{V})$ も対称モノイダル圏であ

り，その結果として，$\mathbf{Act}(\boldsymbol{V})$ 豊穣圏について語ることに意味がある．

定理 2.4.8 $\boldsymbol{V}$ が適切な対称モノイダル圏ならば，次の関手が存在する．

$$(\_)^{\otimes}\colon \mathbf{cMon}(\boldsymbol{V}\text{-}\mathbf{Cat}) \longrightarrow (\mathbf{Act}(\boldsymbol{V}))\text{-}\mathbf{Cat}$$

証明 まず，$(\_)^{\otimes}$ がどのように対象に作用するかを記述する．$\boldsymbol{C} \in \mathbf{cMon}(\boldsymbol{V}\text{-}\mathbf{Cat})$ とする（*cf.* 2.2.6）．$\boldsymbol{V}$ 圏 $\boldsymbol{C}$ と $\mathbf{Act}(\boldsymbol{V})$ 圏 $\boldsymbol{C}^{\otimes}$ の対象は同じである．この hom 対象は，スカラー乗法の作用により決まる．すなわち，$\boldsymbol{C}^{\otimes}(X,Y)$ は，作用

$$\boldsymbol{C}(I,I) \otimes_{\boldsymbol{V}} \boldsymbol{C}(X,Y) \xrightarrow{\otimes_{\boldsymbol{C}}} \boldsymbol{C}(I \otimes_{\boldsymbol{C}} X, I \otimes_{\boldsymbol{C}} Y) = \boldsymbol{C}(X,Y)$$

である．X の恒等作用は，$\boldsymbol{V}$ の射

$$\boldsymbol{C}(I,I) \xrightarrow{\cong} \boldsymbol{C}(I,I) \otimes I_{\boldsymbol{V}} \xrightarrow{\mathrm{id}\otimes i_X} \boldsymbol{C}(I,I) \otimes \boldsymbol{C}(X,X) \xrightarrow{\otimes_{\boldsymbol{C}}} \boldsymbol{C}(X,X)$$

である．これは，作用 $I_{\mathbf{Act}_{\boldsymbol{C}(I,I)}(\boldsymbol{V})} \to \boldsymbol{C}^{\otimes}(X,X)$ の射である．なぜなら，$I_{\mathbf{Act}_M(\boldsymbol{V})}$ は作用 $\mu\colon M \otimes M \longrightarrow M$ だからである．$\mathbf{Act}_M(\boldsymbol{V})$ のコック–デイ・テンソル積を用いた長くなるが分かりやすい計算によって，ここまでの事実は実際に豊穣化を与えることを示している．

つぎに，射に対する $(\_)^{\otimes}$ の作用を考えよう．F を $\mathbf{cMon}(\boldsymbol{V}\text{-}\mathbf{Cat})$ の射 $\boldsymbol{C} \to \boldsymbol{D}$ とする．対象 $X \in \boldsymbol{C}^{\otimes}$ に対する像 $F^{\otimes}$ を $F^{\otimes}(X) = F(X)$ と定義する．これは，射に対しても F として作用する．なぜなら，F は「（ストリクト）モノイダル $\boldsymbol{V}$ 関手」なので，自動的に（スカラー乗法）作用射だからである．

$$\begin{array}{ccccc}
\boldsymbol{C}(I,I) \otimes_{\boldsymbol{V}} \boldsymbol{C}(X,Y) & \xrightarrow{\otimes_{\boldsymbol{C}}} & \boldsymbol{C}(I \otimes_{\boldsymbol{C}} X, I \otimes_{\boldsymbol{C}} Y) & = & \boldsymbol{C}(X,Y) \\
\Big\downarrow{\scriptstyle F_{II} \otimes_{\boldsymbol{V}} F_{XY}} & & \Big\downarrow{\scriptstyle F_{XY}} & & \Big\downarrow{\scriptstyle F_{XY}} \\
\boldsymbol{D}(I,I) \otimes_{\boldsymbol{V}} \boldsymbol{D}(FX,FY) & \xrightarrow[\otimes_{\boldsymbol{D}}]{} & \boldsymbol{D}(I \otimes_{\boldsymbol{D}} FX, I \otimes_{\boldsymbol{D}} FY) & = & \boldsymbol{D}(FX,FY)
\end{array}$$

すなわち，$F^{\otimes}_{XY}$ は実際に $\mathbf{Act}(\boldsymbol{V})$ の射である． □

2.4.9 次のモノイダル関手の可換図式が示すように，定理 2.4.8 の豊穣化による拡張は，それを通るように任意の対称モノイダル $\boldsymbol{V}$ 豊穣圏 $\boldsymbol{C}$ の忘却関手 $\boldsymbol{C}(I,\_)\colon \boldsymbol{C} \to \boldsymbol{V}$ が分解されるという意味で，共始である．

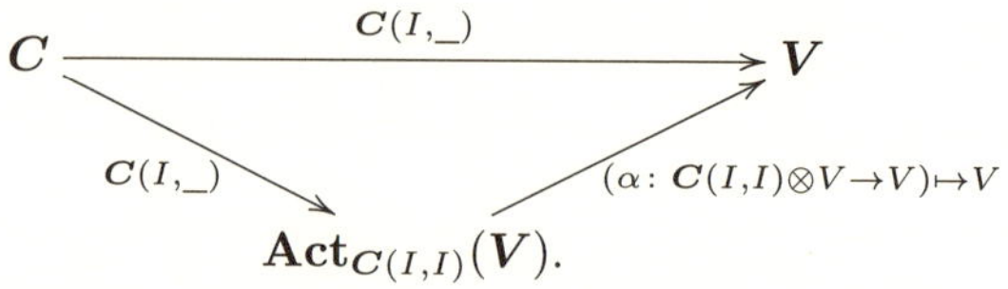

2.4.10　補題 2.2.14 によって，$\boldsymbol{C}(I,I)$ が可換であるときに，コック–デイ・テンソル積を $\mathbf{Act}_{\boldsymbol{C}(I,I)}$ に持ち込むことに意味がある．したがって，この場合にのみ豊穣化について述べることができる．それにもかかわらず，$\boldsymbol{C}$ のテンソル積が対称でないときにも関手 $\boldsymbol{C}(I,\_)$ を考えることができる．実際，次の補題は，テンソル積が使えないときにも，ある hom 集合にはスカラー乗法作用の面影があることを示す．

補題 2.4.11　$\boldsymbol{C}$ がモノイダル圏で，$s\colon I \to I$ と $f\colon X \to I$ が射ならば，$s \bullet f = s \circ f$ が成り立つ．したがって，$\boldsymbol{C}$ がモノイダル圏でない場合にも，$\boldsymbol{C}(X,I) \in \mathbf{Act}_{\boldsymbol{C}(I,I)}$ となり，同様にして，$\boldsymbol{C}(I,X) \in {}_{\boldsymbol{C}(I,I)}\mathbf{Act}$ となる．

証明　左作用の場合を証明する．右作用の場合も同様にして証明できる．

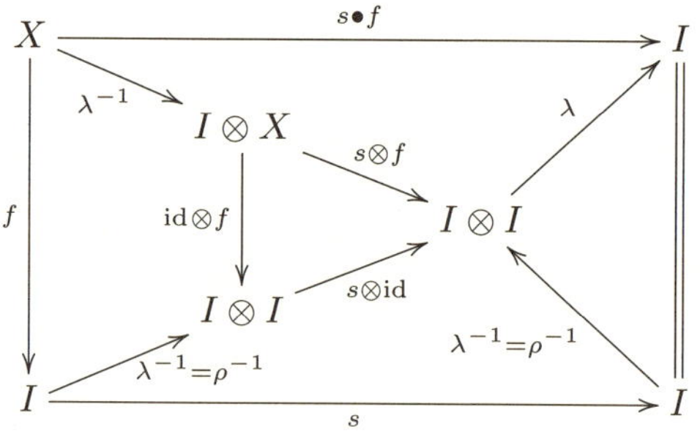

補題 2.2.11 とほぼ同じやり方で $\lambda_I = \rho_I$ を使っていることに注意されたい．□

2.5　半環上の加群

前節で示したような，この圏からスカラーに受け継がれる構造の一部は，すべての hom 集合に当てはまる．この節では，テンソル積と双積の両方をもつ圏は，半環上の加群に豊穣化されることを示し，これを用いて補助的な埋め込み定理を証明する．

2.5.1 **半環 R 上の左加群**は，これまでに何度も出てきた等式を満たす，可換な加法 $(+,0)$ とスカラー乗法 $\bullet\colon R\times X\to X$ を備えた集合 X である．**右 R 加群**や，加群 R,S に対する**左 R 右 S 加群**も同じように定義できる（*cf.* 例 2.1.1）．半環 R 上の加群の間の線形関数を射とすると，それぞれ ${}_R\mathbf{Mod}$，$\mathbf{Mod}_R$，${}_R\mathbf{Mod}_S$ と表記される圏が得られる．R が環の場合には前に定義した圏と一致することから，これらに同じ表記を用いることは妥当である．半環上の加群は，**半加群**としても知られている [94].

例 2.5.2 $\mathbb{Z}$ 加群は，単なる可換群，すなわち，$\mathbf{Mod}_{\mathbb{Z}}\cong\mathbf{Ab}$ であることはよく知られている．$\mathbb{Q}$ 加群は，ねじれ元を含まない完備（加除）アーベル群にほかならない．すなわち，$\mathbf{Mod}_{\mathbb{Q}}\cong\mathbf{divtfAb}$ である．可換モノイド上での $\mathbb{N}$ の作用は，そのモノイド構造によって完全に決定されているので，$\mathbf{Mod}_{\mathbb{N}}\cong\mathbf{cMon}$ であることが分かる．ブール半環については，可換モノイド L 上の $\mathbb{B}=(\{0,1\},\max,0,\min,1)$ の作用をべき零可換モノイドと同一視することができる．なぜなら，$l=1\cdot l=\max(1,1)\cdot l=\max(1\cdot l,1\cdot l)=\max(l,l)$ となるからである．したがって，$\mathbf{Mod}_{\mathbb{B}}\cong\mathbf{SLat}$（有界半束の圏）となる．

2.5.3 $R\in\mathbf{cRg}$ に対して，$\mathbf{Mod}_R$ の振る舞いの多くは，それが代数的であるという事実によって説明される．関手 $\widehat{R}\colon\mathbf{Set}\to\mathbf{Set}$ は，対象に対して

$$\widehat{R}(X)=\{\varphi\colon X\to R\mid \mathrm{supp}(\varphi)\text{ は有限}\}$$

と定義され，関数 $f\colon X\to Y$ に

$$\widehat{R}(f)(\varphi)(y)=\sum_{x\in f^{-1}(y)}\varphi(x)$$

と作用すると考える．$\widehat{R}$ は $\mathbf{Set}$ のモナドである．その単位元 $\eta\colon X\to\widehat{R}(X)$ は，クロネッカー関数

$$\eta(x)(x')=\begin{cases}1 & (x=x'\text{ の場合})\\ 0 & (\text{それ以外の場合})\end{cases}$$

によって与えられる．また，乗法 $\mu\colon \widehat{R}(\widehat{R}(X)) \to \widehat{R}(X)$ は行列の乗法

$$\mu(\Phi)(x) = \sum_{\varphi \in \widehat{R}(X)} \Phi(\varphi) \cdot \varphi(x)$$

である．実際，$\widehat{(\_)}$ は，**Rg** から **Set** 上のモナドの圏への関手である．$\widehat{R}$ の（アイレンバーグ–ムーア）代数の圏は $\mathbf{Mod}_R$ である．すなわち，後者は完備であり [23, 定理 3.4.1]，余完備である [23, 命題 9.3.4].

とくに，この圏は，**核**，すなわち，射とゼロ射の等化子をもち，**余核**，すなわち，射とゼロ射の余等化子をもつ．さらに，環 R 上の $\mathbf{Mod}_R$ における有限双積の構成にはスカラーの引き算は不要で，それが半環 R 上の $\mathbf{Mod}_R$ にも受け継がれる．

2.5.4　しかしながら，半環 R 上の $\mathbf{Mod}_R$ のモノ射およびエピ射は，スカラーの引き算がないことによって，期待したようには振る舞わない．

射は，単射であるときには，まさにモノ射である．しかしながら，すべてのモノ射が核であるわけではない．$Y \in \mathbf{Mod}_R$ の部分加群 X は，すべての $y, y' \in Y$ に対して $y + y' \in X$ かつ $y' \in X$ ならば $y \in X$ となるとき，**減法的**と呼ぶ．$\mathbf{Mod}_R$ の中のモノ射 $m\colon X \to Y$ は，$m(X)$ が減法的であるとき，そしてそのときに限り，核になる．核でない単射関数の例として，$\mathbf{Mod}_{\mathbb{N}}$ における包含関数 $\mathbb{N} \to \mathbb{Z}$ がある．

モノ射よりもエピ射は特徴づけが難しい．しかしながら，正則エピ射，すなわち，余等化子を識別することはできる．正則エピ射は，全射的射にほかならない．$f\colon X \to Y$ が全射的であるのは，それがエピ射であり，$f(X)$ が減法的であるとき，そしてそのときに限る．正則でないエピ射の例として，$\mathbf{Mod}_{\mathbb{N}}$ における包含関数 $\mathbb{N} \to \mathbb{Z}$ がある．余核でない正則エピ射の例として，$f(\emptyset) = 0$ および $f(\{0\}) = f(\{1\}) = f(\{0,1\}) = 1$ によって定まる $f\colon \mathcal{P}\{0,1\} \to \{0,1\}$ がある．

定義 2.5.5　対象 G は，すべての $x\colon G \to X$ に対して $f \circ x = g \circ x$ ならば $f = g\colon X \rightrightarrows Y$ となるとき，**生成元**という．これは，$\mathbf{C}(G, \_)$ が忠実になるためにまさに必要なことである．たとえば，半環 R 自体は，$\mathbf{Mod}_R$ の生成元である．

対象 $P \in \boldsymbol{C}$ は，すべての正則エピ射 $X \twoheadrightarrow Y$ に対して，任意の射 $P \to Y$ を X を通るように

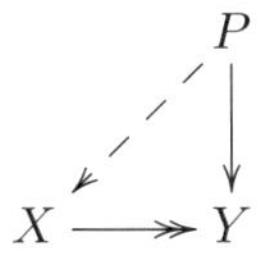

と分解できるならば，**射影的**という．したがって，$\boldsymbol{C}(P, \_)$ が正則エピ射を保つときには，P はまさに射影的である．半環 R 上の $\mathbf{Mod}_R$ の射影的対象は，射影的加群，すなわち，自由加群の引き込みにほかならない．とくに，半環 R そのものは，（自由）加群としてみると，射影的対象である．

対象 X は，射影的生成元 G，ある自然数 n，正則エピ $\bigoplus_{i=1}^{n} G \twoheadrightarrow X$ があるならば，**有限射影的**と呼ぶ．

2.5.6　2.4.4 と同じように，半環上の加群を圏論的に特徴づけることができる．半環 R は $\mathbf{Mon}(\mathbf{cMon})$ の対象なので，その作用 ${}_R\mathbf{Act}(\mathbf{cMon})$ の圏を考える．この圏の対象は，作用 $\bullet\colon R \otimes X \to X$ をもつ可換モノイド $(X, +, 0)$ から構成される．この作用は $\mathbf{cMon}$ の射であり，したがって，$\mathbf{Set}$ の双射 $\bullet\colon R \times X \to X$ に対応する．これは，左準同型として，次の等式を満たす．

$$1 \bullet x = x \tag{2.12}$$

$$(r \bullet s) \bullet x = r \bullet (s \bullet x) \tag{2.13}$$

また，右準同型として次の等式が成り立つ．

$$0 \bullet x = 0 \tag{2.14}$$

$$(r \bullet x) + (s \bullet x) = (r + s) \bullet x \tag{2.15}$$

$$r \bullet 0 = 0 \tag{2.16}$$

$$(r \bullet x) + (r \bullet y) = r \bullet (x + y) \tag{2.17}$$

言い換えると，$(X, +, 0, \bullet)$ は，半環 R 上の加群にほかならない．またこの圏の射は，まさしく線形関数である．したがって，${}_R\mathbf{Mod} = {}_R\mathbf{Act}(\mathbf{cMon})$ となる．すると，任意の半環上の加群の圏として $\mathbf{Mod} = \mathbf{Act}(\mathbf{cMon})$ を定義できる．

これで，双積とテンソル積の両方をもつ圏は，実際にそれらのスカラー上の加群に豊穣化されることが示され，定理 2.3.18 および定理 2.4.8 を組み合わせる

ことができる．手元にある例は，圏 $\mathbf{Mod}_R$ そのものである．この hom 集合は，点別加法とスカラー乗法によってまた R 加群になる．式 (2.10) によって，有限双積をもつ狭義のモノイダル圏を $\mathbf{Mon(BP)}$ の対象として語ることができる．

定理 2.5.7　関手

$$(\_)^{\oplus\otimes}\colon \mathbf{cMon(BP)} \longrightarrow \mathbf{Mod\text{-}Cat}$$

が存在する．

証明　まず，定理 2.3.18 の関手 $(\_)^{\oplus}$ はストロングモノイダル関手である．すなわち，$\boldsymbol{C}, \boldsymbol{D} \in \mathbf{cMon(BP)}$ に対して，$(\boldsymbol{C} \times \boldsymbol{D})^{\oplus} \cong \boldsymbol{C}^{\oplus} \times \boldsymbol{D}^{\oplus}$ が成り立つ．さらに，$\mathbf{1}^{\oplus} = \mathbf{1}$ である [34]．したがって，$(\_)^{\oplus}$ を関手

$$\mathbf{cMon}((\_)^{\oplus})\colon \mathbf{cMon(BP)} \longrightarrow \mathbf{cMon(cMon\text{-}Cat)}$$

に制限する．求める関手は，定理 2.4.8 の関手との合成 $(\_)^{\oplus\otimes} = (\_)^{\otimes} \circ \mathbf{cMon}((\_)^{\oplus})$ である．□

2.5.8　ここまでのすべての関手を忘却関手と組み合わせると，定理 2.3.18, 2.4.8, 2.5.7 は次の図式に要約することができる．

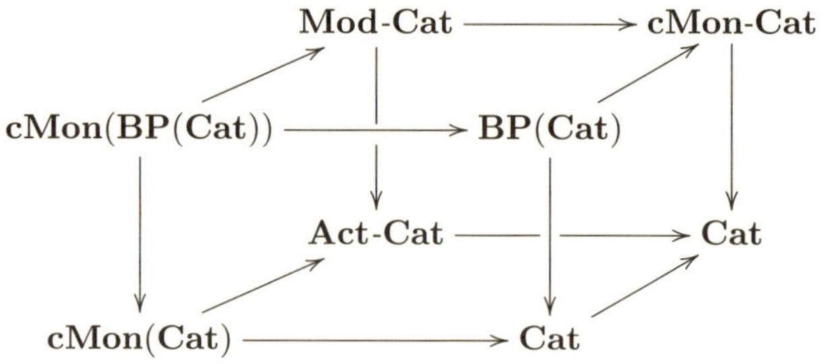

次の系は，いくつかの埋め込み定理の基礎をなすものである．

系 2.5.9　$\boldsymbol{C}$ が双積をもつ対称モノイダル圏ならば，関手 $\boldsymbol{C}(I, \_)\colon \boldsymbol{C} \to {}_R\mathbf{Mod}$ が存在する．ただし，$R = \boldsymbol{C}(I, I)$ である．この関手は，I が生成元であるとき，そしてそのときに限り，忠実である．□

補題 2.4.11 を使うと，系 2.5.9 を $\boldsymbol{C}$ がテンソル積をもたない状況にも拡張することができる．

定理 2.5.10 $\boldsymbol{C}$ が双積をもつならば，任意の対象 $I \in \boldsymbol{C}$ に対して関手 $\boldsymbol{C}(I, \_)\colon \boldsymbol{C} \to {}_R\mathbf{Mod}$ が存在する．ただし，$R = \boldsymbol{C}(I, I)$ とする．この関手に対して，次の (a)–(e) が成り立つ．

(a) I が生成元であるとき，そしてそのときに限り，この関手は忠実である．

(b) I が射影的生成元で，$\boldsymbol{C}$ のすべての対象が有限射影的であるとき，この関手は充満関手である．

(c) この関手は有限双積を保つ．

(d) I が射影的であるとき，そしてそのときに限り，この関手は余等化子を保ち，したがって，すべての有限余極限を保つ．

(e) $\boldsymbol{C}$ がモノイダル圏で I がそのモノイダル単位元であるとき，この関手はモノイダルである．

証明 $\boldsymbol{C}(I, \_)$ は，${}_R\mathbf{Act}(\mathbf{Set})$ への関手であるだけでなく，$\mathbf{cMon}$ への関手とみなせることも分かっている．したがって，これが ${}_R\mathbf{Mod}$ への関手であることを証明するためには，$\boldsymbol{C}(I, X)$ が分散則 (2.14)–(2.17) をもつことを示せば十分である．式 (2.14) および式 (2.16) は，$0 \bullet x = x \circ 0 = 0$ から直接示せる．式 (2.15) および式 (2.17) は双積の性質から示すことができる．

$$
\begin{aligned}
(r \bullet x) + (s \bullet x) &= (x \circ r) + (x \circ s) \\
&= \nabla \circ ((x \circ r) \oplus (x \circ s)) \circ \Delta \\
&= \nabla \circ (x \oplus x) \circ (r \oplus s) \circ \Delta \\
&= x \circ \nabla \circ (r \oplus s) \circ \Delta \\
&= x \circ (r + s) \\
&= (r + s) \bullet x
\end{aligned}
$$

右側の分散則も同様である．

(b) を証明するために，ここでは，射に対する $\boldsymbol{C}(I, \_)$ の作用を $T\colon \boldsymbol{C}(X, Y) \to {}_R\mathbf{Mod}(\boldsymbol{C}(I, X), \boldsymbol{C}(I, Y))$ と書くことにする．$\Phi\colon \boldsymbol{C}(I, X) \to \boldsymbol{C}(I, Y)$ を

${}_R\mathbf{Mod}$ の射とする．このとき，$\boldsymbol{C}$ の射 $\varphi\colon X \to Y$ で，すべての $x\colon I \to X$ に対して $\Phi(x) = \varphi \circ x$ となるものを見つけなければならない．

まず，$I = X$ の場合を考える．すると，Φ は左 R 加群の射なので，$\Phi(x) = \Phi(\mathrm{id}_I \circ x) = \Phi(\mathrm{id}_I) \circ x$ となる．したがって，$\varphi = \Phi(\mathrm{id}_I)$ は，すべての $x\colon I \to X$ に対して $\Phi(x) = \varphi \circ x$ が成り立つ．

一般の場合には，X は有限射影的なので，ある $n \in \mathbb{N}$ と正則エピ射 $p\colon \bigoplus_{i=1}^n I \twoheadrightarrow X$ が存在する．${}_R\mathbf{Mod}$ の射 Φ_i を，次のような合成とする．

$$\Phi_i\colon \boldsymbol{C}(I,I) \xrightarrow{T(\kappa_i)} \boldsymbol{C}(I, \textstyle\bigoplus_{i=1}^n I) \xrightarrow{T(p)} \boldsymbol{C}(I,X) \xrightarrow{\Phi} \boldsymbol{C}(I,Y)$$

すると，$I = X$ の場合によって，それぞれの $i \in I$ について，$\varphi_i \in \boldsymbol{C}(I,Y)$ で，すべての $x \in S$ に対して $\Phi_i(x) = \varphi_i \circ x$ となるものが存在する．$\bar{\varphi} = [\varphi_i]_{i=1}^n\colon \bigoplus_{i=1}^n I \to Y$ と定義し，$\bar{\Phi} = \Phi \circ T(p)\colon \boldsymbol{C}(I, \bigoplus_{i=1}^n I) \to \boldsymbol{C}(I,Y)$ とする．このとき，$x \in \boldsymbol{C}(I, \bigoplus_{i=1}^n I)$ に対して

$$\begin{aligned}\bar{\Phi}(x) = \Phi(p \circ x) = \Phi(p \circ (\sum_{i \in I} \kappa_i \circ \pi_i) \circ x) &= \sum_{i=1}^n \Phi(p \circ \kappa_i \circ \pi_i \circ x) \\ = \sum_{i=1}^n \Phi_i(\pi_i \circ x) = \sum_{i=1}^n \varphi_i \circ \pi_i \circ x &= \bar{\varphi} \circ x\end{aligned}$$

となる．p は正則エピ射なので，余等化子，すなわち，

$$M \overset{m'}{\underset{m}{\rightrightarrows}} \textstyle\bigoplus_{i=1}^n I \overset{p}{\twoheadrightarrow} X$$

である．このとき，

$$\bar{\varphi} \circ m = \bar{\Phi}(m) = \Phi(p \circ m) = \Phi(p \circ m') = \bar{\Phi}(m') = \bar{\varphi} \circ m'$$

であるから，（唯一の）$\varphi\colon X \to Y$ で，$\bar{\varphi} = \varphi \circ p$ となるものが存在する．$x\colon I \to X$ とすると，I は射影的なので，$x'\colon I \to \bigoplus_{i=1}^n I$ で $x = p \circ x'$ となるものが存在する．最後に，

$$\Phi(x) = \Phi(p \circ x') = \bar{\Phi}(x') = \bar{\varphi} \circ x' = \varphi \circ p \circ x' = \varphi \circ x$$

となるので，$\boldsymbol{C}(I, \_)$ は充満関手である．

(c) に関しては，双積は積なので，積の普遍性によって，$\boldsymbol{C}(I, X \oplus Y) \cong \boldsymbol{C}(I, X) \oplus \boldsymbol{C}(I, Y)$ が得られる．すると，ここから (d) がすぐに得られる．

最後に，(e) を証明するために，$\boldsymbol{C}$ がモノイダル圏であると仮定する．定義によって，$R = \boldsymbol{C}(I, I)$ が得られる．${}_R\mathbf{Mod}$ の $\boldsymbol{C}(I,X) \otimes \boldsymbol{C}(I,Y) \to \boldsymbol{C}(I, X \otimes Y)$ をコンポーネントとする自然変換を具体的に示す必要がある．すなわち，双射 $\boldsymbol{C}(I,X) \times \boldsymbol{C}(I,Y) \to \boldsymbol{C}(I, X \otimes Y)$ が必要である．しかし，それは簡単で，$x\colon I \to X$ および $y\colon I \to Y$ をその合成 $I \xrightarrow{\cong} I \otimes I \xrightarrow{x \otimes y} X \otimes Y$ に写像すればよい．これが自然かつ双線形で，必要なコヒーレンス条件を満たすことを確かめるのは容易である． □

確立された文献という観点から，さらにいくつかの条件が追加された状況でのよく知られた結果を要約し，定理 2.5.10 につながる展開を示すことで，この節を終える．

2.5.11　有限双積をもち，ある種のよい振る舞いをする圏 $\boldsymbol{C}$ に対して，有限双積と射影的生成元をもつ圏に $\boldsymbol{C}$ を埋め込む関手から始めて，定理 2.5.10 を強めることができる．これは，サウル・ラブキンが始めてマイケル・バールがさらに発展させた**ラブキン完備化**によって遂行できる [19, 34, 159]．これは，**正則圏**，すなわち，正則エピ射が引き戻しの下で安定であるような核の対に対して余等化子をもつ圏に使うことができる．2.5.4 から予想しうるかもしれないが，2.5.3 に対する系として，$R \in \mathbf{Rg}$ 上の圏 $\mathbf{Mod}_R$ は正則である．ここで，この構成法の概略を示す．次章で原理的にラブキン完備化が遂行できないような圏に対する新種の埋め込み定理を考えるので，詳細を完全に追うことはしない．

定理 2.5.12 (Lubkin-Barr)　$\boldsymbol{C}$ が小さい正則圏ならば，小さい $\mathbf{cMon}$ 豊穣正則圏 $\boldsymbol{D}$ と，有限極限と余等化子を保つ充満忠実関手 $\boldsymbol{C} \to [\boldsymbol{D}, \mathbf{cMon}]$ が存在する[1]．

---

[1] 定理 2.5.10(e) および次章の定義 3.6.1 の文脈では，$\boldsymbol{C}$ が等化子をもつ場合には，つねに $\boldsymbol{D}$ の対象は終対象の部分対象と 1 対 1 対応する．このことは注目に値する [19, 定理 III.1.6]．

さらに$\boldsymbol{C}$が有限双積をもつならば，この関手はすべての有限余極限も保つ．

証明　例 2.2.18によって，圏**cMon**は，[19, III.5.12] で提示された条件を満たす．したがって，[19, 定理III.1.3] から定理の主張が導かれる．　□

次のいくつかの補題は，定理 2.5.12の**cMon**圏$[\boldsymbol{D}, \mathbf{cMon}]$が射影的生成元をもつことを明示的に示す．具体的には，それは次の関手である．

$$U = \coprod_{X \in \boldsymbol{D}} \boldsymbol{D}(X, \_)\colon \boldsymbol{D} \to \mathbf{cMon}$$

補題 2.5.13　Uは$[\boldsymbol{D}, \mathbf{cMon}]$の射影的対象である．

証明　射影的対象の余積はまた射影的である [33, 命題4.6.7] ので，$X \in \boldsymbol{D}$に対して，表現可能関手$\boldsymbol{D}(X, _)$が$[\boldsymbol{D}, \mathbf{cMon}]$において射影的であることを示せば十分である．$F, G \in [\boldsymbol{D}, \mathbf{cMon}]$に対して，$\alpha\colon \boldsymbol{D}(X, _) \to F$とし，$\beta\colon G \twoheadrightarrow F$を正則エピ射とする．$\alpha$は自然変換なので，（豊穣化された）米田の補題を介して$f \in F(X)$と対応する．同様に，βは自然変換なので，そのコンポーネント$\beta_Y\colon G(Y) \to F(Y)$は**cMon**での正則エピ射である．なぜなら，関手圏の余極限は点ごとに計算されるからである．すなわち，すべてのβ_Yは全射的モノイド準同型である．$g \in \beta_X^{-1}(f) \subseteq G(X)$を一つ選ぶ．再び米田の補題を介して，$g$は自然変換$\gamma\colon \boldsymbol{C}(X, _) \to G$と対応し，$\beta \circ \gamma = \alpha$となる．したがって，$\boldsymbol{D}(X, _)$は射影的である．　□

補題 2.5.14　$\boldsymbol{D}$を正則圏とし，Pをその中の射影的対象とする．相異なる部分対象$r\colon R \rightarrowtail Y$と$s\colon S \rightarrowtail Y$に対して，$r$を通るように分解できない$y\colon P \to S$（または，$s$を通るように分解できない$y\colon P \to R$）があるならば，$P$は生成元である．

証明　任意の正則圏において，任意の射$f\colon X \to Y$は，正則エピとモノの合成$X \twoheadrightarrow \mathrm{Im}(f) \rightarrowtail Y$として書くことができる（例 3.4.13を参照のこと）．このとき，与えられた$f \neq g\colon X \rightrightarrows Y$に対して，その像$\mathrm{Im}(f) \rightarrowtail Y$と$\mathrm{Im}(g) \rightarrowtail Y$は相異なる．したがって，$\mathrm{Im}(g)$を通るように分解できない$y\colon P \to \mathrm{Im}(f)$が存在する．

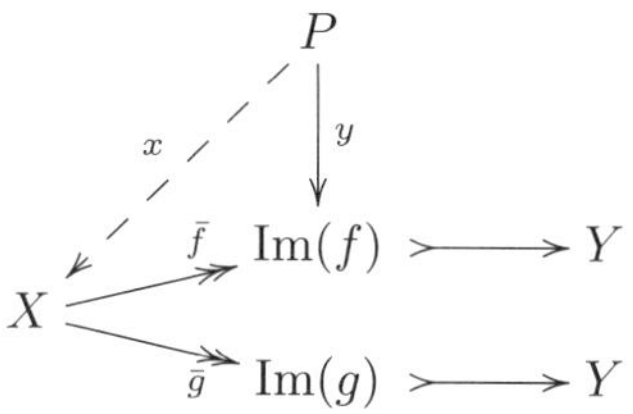

したがって，$x\colon P \to X$ で，$\mathrm{Im}(f) \circ y = \mathrm{Im}(f) \circ \bar{f} \circ x = f \circ x$ となるものが存在する．$f \circ x = g \circ x$ ならば，$\mathrm{Im}(f) \circ y = \mathrm{Im}(g) \circ \bar{g} \circ x$ であり，y は $\mathrm{Im}(g)$ を通るように分解される．それゆえ，$f \circ x \neq g \circ x$ であり，P は生成元である．□

補題 2.5.15 U は $[\boldsymbol{D}, \mathbf{cMon}]$ に対する生成元である．

証明 前の補題によって，相異なる部分対象 $\alpha\colon S \Rightarrow F$ と $\beta\colon T \Rightarrow F$ に対して，T を通るように分解できない $\gamma\colon U \Rightarrow S$ があることを証明すれば十分である．$\alpha \neq \beta$ なので，$Z \in \boldsymbol{D}$ で，$\alpha_Z\colon S(Z) \rightarrowtail F(Z)$ が $\beta_Z\colon T(Z) \rightarrowtail F(Z)$ を通るように分解できないものがあると仮定してよい．要素 $w \in \alpha_Z(S(Z))$ で，$w \notin \beta_Z(T(Z))$ となるものを選ぶ．具体的には，$z \in S(Z)$ に対して $w = \alpha_Z(z)$ とすればよい．$c \in \prod_{X \in \boldsymbol{C}} S(X)$ を，$\pi_Z(c) = z$ および $\mathrm{supp}(c) = \{X\}$ と定義する．このとき，米田の補題によって次の式が成り立つ．

$$[\coprod_{X \in \boldsymbol{C}} \boldsymbol{C}(X, \_), S] \cong \prod_{X \in \boldsymbol{C}} [\boldsymbol{C}(X, \_), S] \cong \prod_{X \in \boldsymbol{C}} S(X)$$

c に対応する自然変換を $\gamma\colon \coprod_{X \in \boldsymbol{C}} \boldsymbol{C}(X, \_) \Rightarrow S$ と表記し，$\prod_{X \in \boldsymbol{C}} [\boldsymbol{C}(X, \_), S]$ に対応する要素を γ' と表記する．γ が T を通るように分解されるとしたら，$\gamma'_Z\colon \boldsymbol{C}(Z, \_) \Rightarrow S$ は T を通るように分解される．とくに，このとき，$\pi_Z(\gamma'_Z)\colon \boldsymbol{C}(Z, Z) \to S(Z)$ は $T(Z)$ を通るように分解され，その結果として，$\pi_Z(c) = z \in S(Z)$ は β_Z を介して $T(Z)$ を通るように分解される．しかし，これは矛盾している．したがって，γ は T を通るように分解されない．□

定理 2.5.12 の関手の構成法は，その像が有限射影的対象で構成されている [19, 命題 III.5.10] ので，次の定理によって締めくくることができる．

定理 2.5.16 有限双積をもつ任意の小さい正則圏は，半環上の加群の圏への充

満埋め込みで，すべての有限余極限を保つものをもつ．□

2.6 コンパクト対象

この節では，ある意味で「逆転」させることのできる対象を調べる．量子論において，このような「可逆」な対象とその双対の間の関係は，絡み合った粒子の間の情報の流れを構成する．3.3 節では，この見方に対する実例を示す．標準的な場合には，前節の埋め込み定理の下で，コンパクト対象が有限次元加群に対応することが分かる．

2.6.1 コンパクト対象の概念を形式的に定義する前に，対象が「コンパクト」であるという用語や，すべての対象がコンパクトである圏を「コンパクト閉圏」という用語について論じておく．例 3.2.14 で分かるように，与えられた群 G の有限次元ユニタリ表現の圏 $[G, \mathbf{fdHilb}]$ は，コンパクト閉圏である．コンパクト性という用語は，この例から生まれたもののように見える．群 G は，コンパクトであれば，$[G, \mathbf{fdHilb}]$ から再構成することができる [132, 149, 207]．そして，この群から「コンパクト」という名称が $[G, \mathbf{fdHilb}]$ に似た圏に持ち込まれた．

あるいは，ハウスドルフ空間として，（ノルムから導かれる位相を入れた）ヒルベルト空間の単位球は，有限次元であれば，コンパクトであることが見てとれる．そして，ヒルベルト空間は，有限次元であるとき，そしてそのときに限り，局所コンパクトである [104, 問題 10]．

コンパクト閉圏は，コヒーレンス問題の文脈における一連の例として 1972 年に初めて導入された [140]．続いて，コンパクト閉圏は，まず圏代数の視点から研究され [65, 142]，そのあとで，線形論理との関連で研究された [195]．本書で用いている量子計算のコンパクト閉圏モデル [2, 197] という見方が見つかったことによって，コンパクト閉圏に対する関心は再び高まった．しかしながら，これらの文献はどれも「コンパクト」という名称の由来を説明していない．

コンパクト閉圏と，それに密接に関連する必ずしも対称ではない変種は，文献中ではさまざまな異なる名前で呼ばれている．剛圏，中枢圏，自律圏，自足圏，球面圏，リボン圏，ねじれ圏，均衡圏，共役付き圏などである [200]．

定義 2.6.2 対称モノイダル圏の対象 X は，それが**コンパクト構造**をもつならば，すなわち，ある対象 Y と射 $\eta : I \to Y \otimes X$，$\varepsilon : X \otimes Y \to I$ が存在して，次の図式が可換となるならば，**コンパクト**という．

$$
\begin{array}{ccccc}
X & \xrightarrow{\rho^{-1}} & X \otimes I & \xrightarrow{\mathrm{id} \otimes \eta} & X \otimes (Y \otimes X) \\
\Vert & & & & \downarrow {\scriptstyle \alpha^{-1}} \\
X & \xleftarrow[\lambda]{} & I \otimes X & \xleftarrow[\varepsilon \otimes \mathrm{id}]{} & (X \otimes Y) \otimes X
\end{array}
\qquad
\begin{array}{ccccc}
Y & \xrightarrow{\lambda^{-1}} & I \otimes Y & \xrightarrow{\eta \otimes \mathrm{id}} & (Y \otimes X) \otimes Y \\
\Vert & & & & \downarrow {\scriptstyle \alpha} \\
Y & \xleftarrow[\rho]{} & Y \otimes I & \xleftarrow[\mathrm{id} \otimes \eta]{} & Y \otimes (X \otimes Y)
\end{array}
\tag{2.18}
$$

コンパクト閉圏は，対象がコンパクトである対称モノイダル圏である．

2.6.3 与えられたコンパクト対象 X に対して，定義 2.6.2 の対象 Y は X の**双対対象**と呼ばれる．このような双対対象は，同型を除いて一意に決まる [188, 2.5.4]．こうして決めた X の双対対象を通常は X^* と表記する．I は，任意のモノイダル圏においてコンパクト対象であり，$I^* = I$ が成り立つことに注意しよう．また，X がコンパクトならば，X^* もコンパクトである．さらに，任意のコンパクト対象 X は，二重双対 X^{**} と同型になる [188, 2.5.4.3]．

2.6.4 **双圏**は，同型を除けば合成が結合的になるという意味で，**Cat** 上の弱豊穣化された圏である．[26], [157] および [33, 7.7 節] を参照のこと．たとえば，圏 **Mod** は，対象が可換環であるような双圏とみなすこともできる．

任意のモノイダル圏は，単対象双圏とみなすこともできる．その唯一の hom 対象は，与えられた圏であり，合成はモノイダル構造によって与えられる．これは，任意の 2 圏と同じように，双圏の中の随伴を考えるとつじつまが合う．対称モノイダル圏の二つのコンパクト対象は，誘導された単対象双圏の射として互いに他方の右随伴および左随伴となるならば，まさしく互いに双対である．この同一視の下で，η と ε は，随伴の単位元および余単位元である [65, 158]．

例 2.6.5 対称モノイダル半順序圏では，図式 (2.18) によって，$X^* \otimes X = I = X \otimes X^*$ となる X^* があれば，対象 X はまさにコンパクトであることが分かる．任意の可換順序モノイドはこのような圏である．ただし，順序は射を誘導し，そのモノイドの乗法と単位元は対称モノイダル構造を与える．したがって，可換順序モノイドのコンパクト対象は，半順序圏としてみると，可逆な要素にほかならない．このようにして，任意の可換順序群はコンパクト閉圏を誘導する．可換群は，ねじれ元を含まないならば，半順序集合になる [171, 定理 1.3.3]．この例は，一般的には「ラムベック前群」という名前で研究されている [189].

例 2.6.6　圏 **Vect** において，任意の有限次元ベクトル空間 X はコンパクト対象であり，コンパクト構造は次のようになる．X^* を双対ベクトル空間 $\{f\colon X \to \mathbb{C} \mid f \text{ は線形}\}$ とする．(e_i) が X の基底ならば，$\theta^i(e_i) = 1$ および $i \neq j$ に対する $\theta^i(e_j) = 0$ によって定まる汎関数 θ^i は X^* の基底を構成する．η_X および ε_X を，それぞれ

$$\eta_X(1) = \sum_{i=1}^{\dim(X)} \theta^i \otimes e_i$$

$$\varepsilon_X(e_i \otimes \theta^j) = \theta^j(e_i)$$

の線形拡張と定義する．図式 (2.18) が可換であることは，簡単に分かる．

無限次元ベクトル空間は，その二重双対と同型にはなりえない．なぜなら，濃度を用いたよく知られた論証 [127, 定理 IX.2] があるからで，その概略を簡単に示す．X を無限次元ベクトル空間とし，その基底 B を選ぶ．このとき，$X \cong \coprod_B \mathbb{C}$ であり，したがって，$X^* \cong \prod_B \mathbb{C}$ である [8, 命題 20.2]．すると，$\dim(X) \lneqq \dim(X^*) \lneqq \dim(X^{**})$ となり，その結果，$X \ncong X^{**}$ であり，X は **Vect** のコンパクト対象ではない．完璧を期するために，有限次元ベクトル空間 X に対してでさえ，$X \cong X^{**}$ であるにもかかわらず，同型 $X \cong X^*$ は自然ではないことに注意しよう [163, VII.4 節]．このようにして，有限次元ベクトル空間から構成される，**Vect** の充満部分圏 **fdVect** は，**Vect** の最大コンパクト閉部分圏である．

次の補題は，この例を可換半環 R 上の加群の圏に一般化する．この圏のコンパクト対象は，有限射影的な加群にほかならない．例 2.1.1 から，R 上の加群は，ある $X \in \mathbf{Set}$ に対して R^X の形をしていれば，**自由**と呼ばれることを思い出そう．X の濃度がこの加群の**次元**である．加群は，それが自由加群の引き込みならば，**射影的**と呼ばれ，有限次元自由加群の引き込みならば，**有限射影的**と呼ばれる．

補題 2.6.7 可換半環 R に対して，対象 $X \in \mathbf{Mod}_R$ がコンパクトになるのは，X が有限射影的であるとき，そしてそのときに限る．

証明 [103, 補題 1.3] 圏 $\mathbf{Mod}_R$ はそれ自体の豊穣化である．したがって，X がコンパクトならば，$\mathbf{Mod}_R$ の中に同型 $a\colon \mathbf{Mod}_R(X,X) \to X \otimes \mathbf{Mod}_R(X,R)$ が存在する．$\mathbf{Mod}_R$ のテンソル積の構造によって，ある $x_i \in X$ および $\varphi^i\colon X \to R$ $(i = 1,\ldots,n)$ を使って $a(\mathrm{id}_X) = \sum_{i=1}^n x_i \otimes \varphi^i$ と書くことができる．$f\colon X \to R^n$ を $f(x) = (\varphi^1(x),\ldots,\varphi^n(x))$ と定義し，$g : R^n \to X$ を $g(r_1,\ldots,r_n) = \sum_{i=1}^n r_i \cdot x_i$ と定義する．すると，図式 (2.18) から $\sum_{i=1}^n \varphi^i(x) \cdot x_i = x$ となるので，$g \circ f = \mathrm{id}_X$ が得られる．したがって，X は有限次元自由加群 R^n の引き込みである． □

ここで，のちほど役に立つコンパクト対象の基本性質をいくつか確認しておく．次の命題は，コンパクト閉圏が実際に閉であることを示す．

命題 2.6.8 [158] $\boldsymbol{C}$ を対称モノイダル圏とする．

(a) $X \in \boldsymbol{C}$ がコンパクトならば，すべての $Y \in \boldsymbol{C}$ に対して $\boldsymbol{C}(X,Y) \cong \boldsymbol{C}(I, X^* \otimes Y)$ となる．

(b) $Y \in \boldsymbol{C}$ がコンパクトならば，すべての $X \in \boldsymbol{C}$ に対して $\boldsymbol{C}(X,Y) \cong \boldsymbol{C}(X \otimes Y^*, I)$ となる．

(c) 対象 $X \in \boldsymbol{C}$ がコンパクトになるのは，$Y \in \boldsymbol{C}$ で $\boldsymbol{C}(X \otimes Y, I) \cong \boldsymbol{C}(X,X) \cong \boldsymbol{C}(I, Y \otimes X)$ となるものがあるとき，そしてそのときに限る．

(d) 対象 $X \in \boldsymbol{C}$ がコンパクトになるのは，$Y \in \boldsymbol{C}$ で $X \otimes (\_)$ が $Y \otimes (\_)$ の左随伴になるものがあるとき，そしてそのときに限る．この場合，$X \otimes (\_)$ は，$Y \otimes (\_)$ の右随伴でもある． □

2.6.9 あとで参照できるように，命題 2.6.8 の (a) および (b) の同型を詳しく調べておこう．(a) では，射 $f\colon X \to Y$ はそのネーム $\ulcorner f \urcorner = (f \otimes \mathrm{id}) \circ \eta\colon I \to X^* \otimes Y$ に対応する．ネームは，次の吸収則を満たす [77, 補題 2.18]．

$$(\mathrm{id} \otimes g) \circ \ulcorner f \urcorner = \ulcorner g \circ f \urcorner = (f^* \otimes \mathrm{id}) \circ \ulcorner g \urcorner \tag{2.19}$$

同様に，(b) では，f はその**余ネーム** $\llcorner f \lrcorner = \varepsilon \circ (f \otimes \mathrm{id})\colon X \otimes Y^* \to I$ に対応する．

コンパクト閉圏の顕著な性質として，双対対象 X^* を選ぶと，それを次の命題のように関手的に拡大できるというものがある．

命題 2.6.10　[142] コンパクト閉圏 $\boldsymbol{C}$ の射 $f\colon X \to Y$ に対して，$f^*\colon Y^* \to X^*$ を次のような合成と定義する．

$$Y^* \cong Y^* \otimes I \xrightarrow{\mathrm{id} \otimes \eta_X} Y^* \otimes (X \otimes X^*) \xrightarrow{\mathrm{id} \otimes f \otimes \mathrm{id}} (Y^* \otimes Y) \otimes X^* \xrightarrow{\varepsilon_Y \otimes \mathrm{id}} I \otimes X^* \cong X^*$$

これは，「双対選択」関手 $(\_)^*\colon \boldsymbol{C}^{\mathrm{op}} \to \boldsymbol{C}$ を定義している．実際，$(\_)^{**} \cong \mathrm{Id}$ なので，$(\_)^*$ は同値である．　□

定理 2.5.10 の埋め込みの下でコンパクト対象の像を考えることによって，標準的な場合にはコンパクト対象が「有限次元的に振る舞う」という洞察を明確にして，この章を終えよう．

命題 2.6.11　$\boldsymbol{C}$ を有限双積をもつ対象モノイダル圏とし，そのスカラーを $R = \boldsymbol{C}(I, I)$ と表記する．定理 2.5.10 のモノイダル関手 $\boldsymbol{C}(I, \_)\colon \boldsymbol{C} \to \mathbf{Mod}_R$ がストロングモノイダルだと仮定する．このとき，X が $\boldsymbol{C}$ のコンパクト対象ならば，$\boldsymbol{C}(I, X)$ は有限射影的である．

証明　ストロングモノイダル関手はコンパクト対象を保ち [158, 命題 3]，補題 2.6.7 によって $\mathbf{Mod}_R$ のコンパクト対象は，有限射影的 R 加群にほかならない．　□

2.6.12　関手 $\boldsymbol{C}(I, \_)$ がストロングモノイダルであるという事実は，カノニカルなコヒーレント射

$$\boldsymbol{C}(I, X) \otimes \boldsymbol{C}(I, Y) \cong \boldsymbol{C}(I, X \otimes Y) \tag{2.20}$$

が同型であることを意味する．ここで，左辺のテンソル積は R 加群のテンソル積，すなわち，例 2.2.18 のコック–デイ・テンソル積である．したがって，命

題 2.6.11 の要件は，$\boldsymbol{C}$ のテンソル積が「双線形的に振る舞う」ことを意味する．これは，極めて自然な制限である．

第3章

ダガー圏

本章では，射を逆向きにできる圏を調べる．すなわち，いわゆるダガーによる明示的な自己双対性をもつ圏である．それに加えて前章で調べたテンソル積や双積のような構造をもつ場合には，それらはこのダガーと両立することが求められる．ダガーの存在によって，重要な結果が得られることがわかる．たとえば，双積とテンソル積をもつ一種のダガー圏であるヒルベルト圏におけるスカラーが複素数による部分体を構成し，この圏全体がヒルベルト空間の圏に埋め込まれることを証明する．この章の題材は [114] と [116] に基づいている．

3.1 例

この節では，調べようとする対象を形式的に定義したのち，まずは具体的な例を，そして，そのあとでより一般的な例を検討する．

定義 3.1.1 **ダガー**は，反変かつ，対象については恒等写像になる，対合的自己関手である．すなわち，圏 $\boldsymbol{D}$ 上の関手 $\dagger\colon \boldsymbol{D}^{\mathrm{op}} \to \boldsymbol{D}$ で，対象については $X^\dagger = X$ となり，射については $f^{\dagger\dagger} = f$ となるものである．$f^\dagger$ を，f の**随伴射**，あるいは，略して f の**随伴**と呼ぶ．ダガーを備えている圏は，**ダガー圏**と呼ばれる．**ダガー関手**，すなわち，$F(f^\dagger) = F(f)^\dagger$ を満たす関手 F と組み合わせると，ダガー圏は（大きな）圏 **DagCat** を構成する．

3.1.2 ダガーの使用は，多くの場合にはさらに前提が追加されているが，[162,

179] にまで遡る．近年，これらは独立に，この章で描写される形式の量子物理学の文脈において，公理化の特徴と考えられている（[2, 197], また，仮定を追加した同様の状況については [12, 93, 105] も参照のこと）．

一般に，概念に対してある表記に従った名前をつけることよりも，記述的な名前をつけるほうがよい．なぜなら，表記を変更することの影響を受けやすいからである．しかしながら，「ダガー」ではなく「対合的」を使ってもそれほど柔軟ではない．なぜなら，例 3.1.8 でみるように，厳密に何が対合的であるのか，すなわち，対象が対合的なのか，射が対合的なのか，それともその両方なのかが，あきらかでないからである．本書では，[199] に従って，3.2 節で定義する「ダガー関手」,「ダガー双積」,「ダガー核」のように，「ダガー」をそれと両立することを表す接頭辞として用いる．

例 3.1.3　任意の亜群はダガー圏である．そこでは，射の随伴は，その逆射で与えられる．とくに，離散圏はダガー圏である．例にならないものとして，半順序集合を圏と考える．それがダガーをもつとしたら，その圏は潰れて離散圏になる．

例 3.1.4　例 2.1.6 で導入した集合と関係の圏 **Rel** はダガーをもつ．$R \subseteq X \times Y$ の随伴は，逆向きの関係である．

$$R^{\dagger} = \{(y, x) \mid (x, y) \in R\} \subseteq Y \times X$$

Rel の射 $R \subseteq X \times Y$ を写像の対 $\left(X \xleftarrow{r_1} R \xrightarrow{r_2} Y\right)$（の同値類）で，その射影のタプル $\langle r_1, r_2 \rangle \colon R \to X \times Y$ が単射的なものによって表現することは有益である．このとき，ダガーは，次のようになる．

$$\left(X \xleftarrow{r_1} R \xrightarrow{r_2} Y\right)^{\dagger} = \left(Y \xleftarrow{r_2} R \xrightarrow{r_1} X\right)$$

例 3.1.5　例 2.1.7 で導入した，集合と部分単射からなる **Rel** の部分圏 **PInj** は，**Rel** からダガーを継承する．**PInj** の射は，モノ射のスパンで表現することができ，慣例として次のように表記する．

$$\left(X \xrightarrow{f} Y\right) = \left(X \xleftarrowtail{f_1} F \rightarrowtail{f_2} Y\right)$$

ここで，関係と同じように，同型射 $\varphi\colon F \to G$ で $i = 1, 2$ に対して $g_i \circ \varphi = f_i$ となるものがあるならば，スパン $\left(X \xleftarrow{f_1} F \xrightarrow{f_2} Y\right)$ と $\left(X \xleftarrow{g_1} G \xrightarrow{g_2} Y\right)$ を同一視する．この表現では，ダガーは，前の例と同じように，単に射影を交換したものになる．

例 3.1.6 例 2.1.2 の前ヒルベルト空間の圏 **preHilb** には，その定義に組み込まれたダガーがある．その射は随伴可能関数なので，射のダガーとしてその随伴をとることができる．次の式によって，$f^{\dagger\dagger} = f$ が成り立つ．

$$\langle f^{\dagger\dagger}(x) \mid y\rangle = \langle y \mid f^{\dagger\dagger}(x)\rangle^{\ddagger} = \langle f^{\dagger}(y) \mid x\rangle^{\ddagger} = \langle x \mid f^{\dagger}(y)\rangle = \langle f(x) \mid y\rangle$$

本書の文脈において，例 **2.1.3** で論じたヒルベルト空間の圏 **Hilb** は，ダガー圏のもっとも重要な例である．ヒルベルト空間の完備性によって，ヒルベルト空間の間のすべての連続線形関数には，次の等式によって決まる随伴が一意に存在する [135, 定理 2.4.2]．

$$\langle f(x) \mid y\rangle = \langle x \mid f^{\dagger}(y)\rangle$$

Hilb のダガーは，例 2.1.4 の圏 **PHilb** に受け継がれる．なぜなら，ある $z \in U(1)$ に対して $f = z \cdot g$ であれば，

$$\langle f(x) \mid y\rangle = \bar{z} \cdot \langle g(x) \mid y\rangle = \bar{z} \cdot \langle x \mid g^{\dagger}(y)\rangle = \langle x \mid \bar{z} \cdot g^{\dagger}(y)\rangle$$

となり，$f^{\dagger} = \bar{z} \cdot g^{\dagger}$ が成り立つからである．

例 3.1.7 完全には説明しないが，文献中に現れるダガー圏の例をいくつか紹介しよう．

[93] の意味での*圏は，すべて（ある種の性質が追加された）ダガー圏である．たとえば，固定された C*環上のヒルベルト加群（第 5 章を参照のこと）は，ダガー圏をなす．さらに興味深いダガー圏の例として，次のものがある．それはある固定された単位的*代数 A に対する*射 $\rho\colon A \to A$ を対象とし，射 $\rho \to \sigma$ は，$a \in A$ で $a = a \cdot \rho(1)$ およびすべての $b \in A$ に対して $a \cdot \rho(b) = \sigma(b) \cdot a$ となるものである．

すべての n 次元多様体は，射がいわゆる**コボルディズム**である圏の対象になる．この射は，$n+1$ 次元多様体で，その境界がドメインおよびコドメインである多様体の直和になる．この圏はダガー圏である．コボルディズムのダガーは，コボルディズムの向きを逆にしたものである [147].

例 3.1.8　この例は，「すべてのダガー圏の生みの親」を記述している．

関手 $*\colon \mathbf{C}^{\mathrm{op}} \to \mathbf{C}$ は，$* \circ * = \mathrm{Id}$ であるとき，対合的と呼ばれる．（ダガーは，これに加えて対象を動かさない特別な場合である．）圏 $\mathbf{InvAdj}$ を次のように定義する．その対象は，圏と対合の対 $(\mathbf{C}, *)$ である．射 $(\mathbf{C}, *) \to (\mathbf{D}, *)$ は，左随伴をもつ関手 $F\colon \mathbf{C}^{\mathrm{op}} \to \mathbf{D}$ で，そのような二つの関手は，それらが自然同型であれば，同一視する．$(\mathbf{C}, *)$ の恒等射は，関手 $*\colon \mathbf{C}^{\mathrm{op}} \to \mathbf{C}$ であり，その左随伴は $*^{\mathrm{op}}\colon \mathbf{C} \to \mathbf{C}^{\mathrm{op}}$ である．$F\colon \mathbf{C}^{\mathrm{op}} \to \mathbf{D}$ と $G\colon \mathbf{D}^{\mathrm{op}} \to \mathbf{E}$ の合成は，$G \circ *^{\mathrm{op}} \circ F\colon \mathbf{C}^{\mathrm{op}} \to \mathbf{E}$ によって定義され，その左随伴は，$F' \dashv F$ および $G' \dashv G$ とするときに，$F' \circ * \circ G'$ である．

右随伴ではなく左随伴を要求しているのは，恣意的ではないことを示す．$\mathbf{C}$ から $\mathbf{D}$ への反変関手は，(共変) 関手 $F\colon \mathbf{C}^{\mathrm{op}} \to \mathbf{D}$ として書くこともできるし，(共変）関手 $F^{\mathrm{op}}\colon \mathbf{C} \to \mathbf{D}^{\mathrm{op}}$ として書くこともできる．$\mathbf{C}(X, GY) \cong \mathbf{D}(Y, FX)$ であるとき，あるいは，それと同値な，前者が左随伴をもつとき，後者は右随伴 $G\colon \mathbf{D}^{\mathrm{op}} \to \mathbf{C}$ をもつ．（そのような随伴は「右側の随伴」とも呼ばれる [88].）したがって，反変関手の右随伴は，左随伴とみることもできる．

$\mathbf{InvAdj}$ はダガー圏である．射 $F\colon \mathbf{C}^{\mathrm{op}} \to \mathbf{D}$ の随伴は，$F^{\mathrm{op}}\colon \mathbf{C} \to \mathbf{D}^{\mathrm{op}}$ の右随伴である．$G \dashv F$ であるのは，$F^{\mathrm{op}} \dashv G^{\mathrm{op}}$ であるとき，そしてそのときに限るので，$F^{\mathrm{op}} \dashv F^{\dagger}$ が得られ，したがって $(F^{\dagger})^{\mathrm{op}} \dashv F$ となるが，また $(F^{\dagger})^{\mathrm{op}} \dashv F^{\dagger\dagger}$ でもある．随伴は自然同型を除いて一意に決まるので，同値類としては，$[F] = [F^{\dagger\dagger}]$ である．

例 3.1.9　**直交半順序集合**は，$x^{\perp\perp} = x$，および $x \leq y$ のときに $y^{\perp} \leq x^{\perp}$ を満たす関数 $\perp\colon L \to L$ をもつ半順序集合 L である．直交半順序集合は，圏 $\mathbf{InvGal}$ の対象を構成する．この圏の射 $L \to M$ は，L と M の間の反単調**ガロア接続**，すなわち，二つの関数 $f_*\colon L \to M$ と $f^*\colon M \to L$ の対で，$f^*(y) \leq x$ となるのは，$y \leq f_*(x)$ であるとき，そしてそのときに限り，$x \leq x'$ のときには

$f_*(x) \geq f_*(x')$ となり，$y \leq y'$ のときには $f^*(y) \geq f^*(y')$ となるようなものである．L の恒等射は対 $(\perp, \perp)$ によって与えられ，(g_*, g^*) と (f_*, f^*) の合成は $(g_* \circ \perp \circ f_*, f^* \circ \perp \circ g^*)$ となる．

したがって，**InvGal** は **InvAdj** の充満部分圏である．これは，$(f_*, f^*)^\dagger = (f^*, f_*)$ と定義することによってダガー圏にすることができる．

より一般的な例をみる前に，ここまでにみたダガー圏の具体的な例の間の関係を調べてみよう．次の命題は，筆者の知る限り，新しい結果である．

命題 3.1.10 充満忠実かつ，対象については単射的なダガー関手 $\mathrm{Sub}\colon \mathbf{Rel} \to \mathbf{InvGal}$ が存在する．

証明 対象については，Sub は集合 X をその部分集合による直交半順序集合 $(\mathcal{P}(X), \subseteq)$ に写す．$R \subseteq X \times Y$ とするとき，$\mathrm{Sub}(R)$ は，$U \subseteq X$ を $\{y \in Y \mid \forall_{x \in U}.(x, y) \notin R\}$ に写す．したがって，$\mathrm{Sub}(R)\colon \mathcal{P}(X)^{\mathrm{op}} \to \mathcal{P}(Y)$ となる．$S \subseteq Y \times Z$ に関しては，この割り当ては関手的である．

$$
\begin{aligned}
(\mathrm{Sub}(S) \circ_{\mathbf{InvGal}} \mathrm{Sub}(R))(U) &= (\mathrm{Sub}(S) \circ \perp \circ \mathrm{Sub}(R))(U) \\
&= \mathrm{Sub}(S)(\{y \in Y \mid \exists_{x \in U}.(x, y) \in R\}) \\
&= \{z \in Z \mid \forall_{x \in U} \forall_{y \in Y}.(x, y) \notin R \vee (y, z) \notin S\} \\
&= \{z \in Z \mid \forall_{x \in U}.(x, z) \notin S \circ R\} \\
&= \mathrm{Sub}(S \circ R)(U)
\end{aligned}
$$

実際，$\mathrm{Sub}(R)$ は，下限を保つので（随伴関手定理によって）左随伴である．

$$
\begin{aligned}
\mathrm{Sub}(R)\Big(\bigcup_i U_i\Big) &= \{y \in Y \mid \forall_{x \in \bigcup_i U_i}.(x, y) \notin R\} \\
&= \bigcap_i \{y \in Y \mid \forall_{x \in U_i}.(x, y) \notin R\} = \bigcap_i \mathrm{Sub}(R)(U_i)
\end{aligned}
$$

Sub がダガーを保つことを示す．

$$
\begin{aligned}
& U \subseteq \mathrm{Sub}(R^\dagger)(V) = \{x \in X \mid \forall_{y \in V}.(x, y) \notin R\} \\
\Longleftrightarrow\ & \forall_{x \in U} \forall_{y \in V}.(x, y) \notin R \\
\Longleftrightarrow\ & V \subseteq \mathrm{Sub}(R)(U) = \{y \in Y \mid \forall_{x \in U}.(x, y) \notin R\}
\end{aligned}
$$

したがって，実際，$\mathrm{Sub}(R^\dagger) \dashv \mathrm{Sub}(R)$ であり，$\mathrm{Sub}(R^\dagger) = \mathrm{Sub}(R)^\dagger$ となる．

忠実性については，$R, R' \subseteq X, Y$ とし，$\mathrm{Sub}(R) \neq \mathrm{Sub}(R')$ と仮定する．このとき，定義によって，ある $U \subseteq X$ で $\{y \mid \forall_{x \in U}.(x,y) \notin R\} \neq \{y \mid \forall_{x \in U}.(x,y) \notin R'\}$ となるものが存在する．一般性を失うことなく，$U \subseteq X$ および $y \in Y$ で，$\forall_{x \in U}.(x,y) \notin R$ および $\exists_{x \in U}.(x,y) \notin R'$ が成り立つとしてよい．言い換えると，$x \in X$ および $y \in Y$ で，$(x,y) \in R'$ であるが $(x,y) \in R$ ではないものがある．したがって，$R \neq R'$ となり，Sub は忠実である．

充満性については，$f \colon \mathcal{P}(X) \to \mathcal{P}(Y)$ を $f(\bigcup_i U_i) = \bigcap_i f(U_i)$ となるものとする．$R = \{(x,y) \mid y \notin f(\{x\})\} \subseteq X \times Y$ と定義すると，

$$
\begin{aligned}
f(U) &= f\Big(\bigcup_{x \in U} \{x\}\Big) = \bigcap_{x \in U} f(\{x\}) = \bigcap_{x \in U} \{y \in Y \mid y \in f(\{x\})\} \\
&= \bigcap_{x \in U} \{y \in Y \mid (x,y) \notin R\} = \{y \in Y \mid \forall_{x \in U}.(x,y) \notin R\} = \mathrm{Sub}(R)(U)
\end{aligned}
$$

となり，Sub が充満であることが示せた．　□

次の命題が示すように，**Hilb** から **InvGal** にも非常によく似た関手がある．しかしながら，この関手は充満ではない．どちらの関手も第4章において重要な役割を演じる．

命題 3.1.11　対象については単射となる忠実ダガー関手 $\mathrm{ClSub} \colon \mathbf{Hilb} \to \mathbf{InvGal}$ が存在する．

証明　対象については，ClSub はヒルベルト空間 X をその閉部分空間による半順序集合に写す．この半順序集合は実際には直交半順序集合である．なぜなら，対合 $M^\perp = \{x \in X \mid \forall_{m \in M}.\langle x \mid m\rangle = 0\}$ は，$M \subseteq N$ に対して $N^\perp \subseteq M^\perp$ が成り立つからである．$f \colon X \to Y$ がヒルベルト空間の間の有界線形変換ならば，関手 $\mathrm{ClSub}(f) \colon \mathrm{ClSub}(X)^{\mathrm{op}} \to \mathrm{ClSub}(Y)$ は，部分空間 $M \subseteq X$ を $f(M)^\perp$ に写す．[174] から，f の随伴 $f^\dagger$ は，$\mathrm{ClSub}(f)$ の（左）随伴に写される．後述の定理 4.4.9 および定理 4.4.11 も参照のこと．忠実性を示すために，$f, f' \colon X \rightrightarrows Y$ とし，$\mathrm{ClSub}(f) \neq \mathrm{ClSub}(f')$ と仮定する．このとき，定義によって，$M \in \mathrm{ClSub}(X)$ で，$f(M)^\perp \neq f'(M)^\perp$ となるものが存

在する．一般性を失うことなく，$M \in \mathrm{ClSub}(X)$，$m \in M$，$y \in Y$ に対して $\langle f(m) \,|\, y\rangle = 0 \neq \langle f'(m) \,|\, y\rangle$ としてよい．すると，$f(m) \neq f'(m)$ となり，したがって，$f \neq f'$ が成り立つ．すなわち，ClSub は忠実である． □

3.1.12 すべてのヒルベルト空間は自動的に前ヒルベルト空間である．逆に，すべての前ヒルベルト空間は，**コーシーの完備化**の処理によって，それが稠密に埋め込まれるヒルベルト空間に完備化することができる [181, I.3]．このとき，前ヒルベルト空間の間の有界随伴可能関数は，完備化によって得られたヒルベルト空間の間の有界線形関数に拡張される [181, I.7]．これらの二つの関手は，反映 $\mathbf{preHilb}^{\mathrm{bd}} \underset{\longleftarrow}{\overset{\longrightarrow}{\perp}} \mathbf{Hilb}$ を構成する．

3.1.13 ダガー関手 $\ell^2\colon \mathbf{PInj} \to \mathbf{Hilb}$ が存在する．このダガー関手は，集合 X に対して，次のように作用する．

$$\ell^2(X) = \{\varphi\colon X \to \mathbb{C} \mid \sum_{x \in X} |\varphi(x)|^2 < \infty\}$$

これは，内積 $\langle \varphi \,|\, \psi\rangle = \sum_{x \in X} \overline{\varphi(x)} \cdot \psi(x)$ の下でヒルベルト空間になる [135]．この関手は，部分単射 $\left(X \overset{f_1}{\longleftarrow\!\!<} M \overset{f_2}{\rightarrowtail} Y\right)$ を線形関数 $\ell^2(f)\colon \ell^2(X) \to \ell^2(Y)$ に写す．この線形関数は，おおざっぱにいえば，$\ell^2(f) = (\_) \circ f^\dagger$ によって定まる．具体的には，$\ell^2(f)(\varphi)(y) = \sum_{m \in f_2^{-1}(y)} \varphi(f_1(m))$ となる．これは，矛盾なく定義された **Hilb** の射である．

$$\begin{aligned}\sum_{y \in Y} \left|\ell^2(f)(\varphi)(y)\right|^2 &= \sum_{y \in Y} \Big| \sum_{m \in f_2^{-1}(y)} \varphi(f_1(m))\Big|^2 \leq \sum_{y \in Y} \sum_{m \in f_2^{-1}(y)} |\varphi(f_1(m))|^2 \\ &= \sum_{m \in M} |\varphi(f_1(m))|^2 \leq \sum_{x \in X} |\varphi(x)|^2 < \infty\end{aligned}$$

この割り当てが関手的であることを確かめるために，$\left(Y \overset{g_1}{\longleftarrow\!\!<} N \overset{g_2}{\rightarrowtail} Z\right)$ を別の射とする．それらの合成 $g \circ f$ は，$\left(X \overset{p_1}{\longleftarrow\!\!<} P \overset{p_2}{\rightarrowtail} Z\right)$ で与えられる．ただし，$P = \{(m, n) \in M \times N \mid f_2(m) = g_1(n)\}$ とし，$p_1(m, n) = f_1(m)$ および $p_2(m, n) = g_2(n)$ である．したがって，

$$(\ell^2(g) \circ \ell^2(f))(\varphi)(z) = \sum_{n \in g_2^{-1}(z)} \sum_{m \in f_2^{-1}(g_1(n))} \varphi(f_1(m))$$

$$= \sum_{(m,n)\in P,\, g_2(n)=z} \varphi(f_1(m))$$
$$= \sum_{(m,n)\in p_2^{-1}(z)} \varphi(p_1(m,n)) = (\ell^2(g\circ f))(\varphi)(z)$$

が成り立つ．$\ell^2(\mathrm{id}) = \mathrm{id}$ は，定義から直接導くことができる．したがって，$\ell^2\colon \mathbf{PInj} \to \mathbf{Hilb}$ は実際に関手である．次の計算によって，これがダガー関手であることが示せる．$\varphi \in \ell^2(X)$ および $\psi \in \ell^2(Y)$ に対して

$$\langle \ell^2(f)(\varphi) \,|\, \psi\rangle_{\ell^2(Y)} = \sum_{y\in Y} \overline{\ell^2(f)(\varphi)(y)} \cdot \psi(y) = \sum_{y\in Y} \sum_{m\in f_2^{-1}(y)} \overline{\varphi(f_1(m))} \cdot \psi(y)$$
$$= \sum_{m\in M} \overline{\varphi(f_1(m))} \cdot \psi(f_2(m)) = \sum_{x\in X} \sum_{m\in f_1^{-1}(x)} \overline{\varphi(x)} \cdot \psi(f_2(m))$$
$$= \sum_{x\in X} \overline{\varphi(x)} \cdot \Big(\sum_{m\in f_1^{-1}(x)} \psi(f_2(m))\Big) = \langle \varphi \,|\, \ell^2(f^\dagger)(\psi)\rangle_{\ell^2(X)}$$

となる．

有限集合と部分単射への制限 $\ell^2\colon \mathbf{finPInj} \to \mathbf{fdHilb}$ は，関手 $\ell^2\colon \mathbf{finSet} \to \mathbf{fdHilb}$ に拡張されるが，関手 $\mathbf{finRel} \to \mathbf{fdHilb}$ や関手 $\mathbf{Set} \to \mathbf{Hilb}$ には拡張されない．これは，[21] で最初に言及され，[102] でさらに研究された．

3.1.14　関手 ℓ^2 は，3.1.12 の余反映によって $\mathbf{preHilb}^{\mathrm{bd}}$ を経由して分解されるので，一種の自由関手とみることもできる．

関手 $F\colon \mathbf{PInj} \to \mathbf{preHilb}^{\mathrm{bd}}$ を次のように定義する．集合 X は $F(X) = \{\varphi\colon X \to \mathbb{C} \mid \mathrm{supp}(\varphi)\ は有限\}$ に写され，$\langle \varphi \,|\, \psi\rangle_{FX} = \sum_{x\in X} \overline{\varphi(x)} \cdot \psi(x)$ が成り立つ．射 $f\colon X \to Y$ については，$Ff(\varphi)(y) = \sum_{m\in f_2^{-1}(y)} \varphi(f_1(m))$ と定義する．このとき，Ff は（随伴 $F(f^\dagger)$ によって）随伴可能であり，有界である．

$$\|Ff(\varphi)\| = \Big(\sum_{y\in Y} \Big| \sum_{x\in f^{-1}(y)} \varphi(x) \Big|^2\Big)^{\frac{1}{2}} \le \Big(\sum_{y\in Y} \sum_{x\in f^{-1}(y)} |\varphi(x)|^2\Big)^{\frac{1}{2}}$$
$$= \Big(\sum_{x\in \mathrm{Dom}(f)} |\varphi(x)|^2\Big)^{\frac{1}{2}} \le \Big(\sum_{x\in X} |\varphi(x)|^2\Big)^{\frac{1}{2}} = \|\varphi\|$$

F は，$\mathbf{PInj}$ に制限する必要があることを除いて，その出力にカノニカルな内積

を備えた自由ベクトル空間関手ということができる．そして，$\ell^2(X)$ は，$F(X)$ のコーシー完備化であり，$F(f)$ の拡大は $\ell^2(f)$ である．

ここまでの関係は，ダガー圏の次の可換図式によって要約することができる．

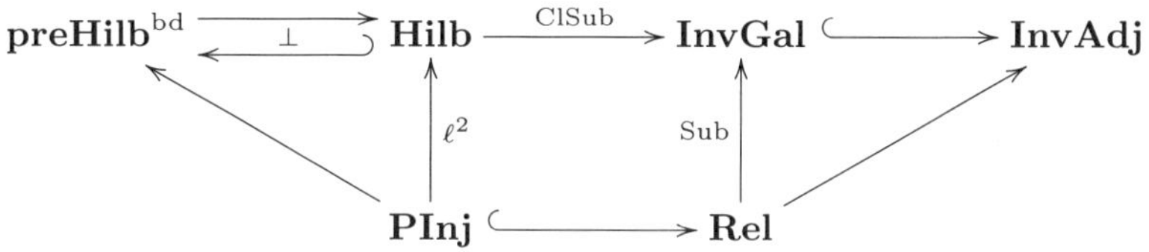

この節の残りの部分は，ダガー圏のさらに一般的な例に関するものである．

例 3.1.15 $\boldsymbol{D}$ および $\boldsymbol{E}$ がダガー圏ならば，ダガー関手と自然変換の圏 $[\boldsymbol{D}, \boldsymbol{E}]$ もダガー圏になる．自然変換 $\alpha\colon F \Rightarrow G$ の随伴 $\alpha^\dagger\colon G \Rightarrow F$ は，$(\alpha^\dagger)_X = (\alpha_X)^\dagger$ によってコンポーネントごとに定められる．これは，$\boldsymbol{D}$ に含まれる $f\colon X \to Y$ に対して，次の図式で確認することができる．

$$
\begin{aligned}
(\alpha^\dagger)_Y \circ G(f) &= (G(f)^\dagger \circ (\alpha^\dagger)_Y^\dagger)^\dagger = (G(f^\dagger) \circ \alpha_Y)^\dagger \\
&= (\alpha_X \circ F(f^\dagger))^\dagger = ((\alpha^\dagger)_X^\dagger \circ F(f)^\dagger)^\dagger = F(f) \circ (\alpha^\dagger)_X
\end{aligned}
$$

とくに重要な場合は，群 G に対する圏 $[G, \mathbf{Hilb}]$ である．この圏の対象は関手 $U\colon G \to \mathbf{Hilb}$ である．対象については，$U(*)$ はヒルベルト空間 H_U を与える．射については，$U(g)$ は有界線形変換 $U(g)\colon H_U \to H_U$ で，$U(h) \circ U(g) = U(h \circ g)$ となるものを与える．U がダガーを保たなければならないという事実は，$U(g^{-1}) = U(g)^\dagger$ を意味する．したがって，$[G, \mathbf{Hilb}]$ の対象は，G のユニタリ表現にほかならない．同様にして，$[G, \mathbf{Hilb}]$ の射は，ユニタリ表現の間の繋絡作用素（G 準同型写像）そのものである．表現論（たとえば [166] を参照のこと）は，すべて $[G, \mathbf{Hilb}]$ という形式の圏についての研究ということができる．

定義 3.1.16 定義 2.3.5 の構成 $\boldsymbol{C}_{\leftrightarrows}$ は，次のようにして，関手 $(\_)_{\leftrightarrows}\colon \mathbf{Cat} \to \mathbf{DagCat}$ に拡張することができる．与えられた関手 $F\colon \boldsymbol{C} \to \boldsymbol{D}$ に対して，$F_{\leftrightarrows}\colon \boldsymbol{C}_{\leftrightarrows} \to \boldsymbol{D}_{\leftrightarrows}$ を $F_{\leftrightarrows}(X) = F(X)$ および $F_{\leftrightarrows}(f_{\leftarrow}, f_{\to}) = (F(f_{\leftarrow}), F(f_{\to}))$ によって定義する．

次の定理は，$\boldsymbol{C}_{\leftrightarrows}$ が**余自由ダガー圏**であることを示す．関手 $(\_)_{\leftrightarrows}$ は，「対角」チュー構成 [20] に似ていて，可逆計算 [126] で用いられる．また，系 **2.3.6** にはこれと並行するものがある．圏 $\boldsymbol{C}$ は自己双対，すなわち，$\boldsymbol{C} \cong \boldsymbol{C}^{\mathrm{op}}$ となるのは，忘却関手 $\boldsymbol{C}_{\leftrightarrows} \to \boldsymbol{C}$ が同型であるとき，そしてそのときに限る．

定理 3.1.17　関手 $(\_)_{\leftrightarrows}$ は，自明な忘却関手 $\mathbf{DagCat} \to \mathbf{Cat}$ の右随伴である．

証明　次のような自然な対応があることを示したい．

$$
\begin{array}{cl}
(\boldsymbol{C}, \dagger) \xrightarrow{\;F\;} \boldsymbol{D}_{\leftrightarrows} & \quad (\mathbf{DagCat}\ \text{において}) \\
\hline\hline
\boldsymbol{C} \xrightarrow[G]{} \boldsymbol{D} & \quad (\mathbf{Cat}\ \text{において})
\end{array}
$$

F の転置を，$F^{\vee}(X) = F(X)$ および $F^{\vee}(f) = (F(f))_{\to}$ によって定義する．これは，矛盾なく定義された関手である．G の転置を，$G^{\wedge}(X) = G(X)$ および $G^{\wedge}(f) = (G(f^{\dagger}), G(f))$ によって定義する．これは，矛盾なく定義されたダガー関手である．さらに，

$$
\begin{aligned}
F^{\vee\wedge}(f) &= (F^{\vee}(f^{\dagger}), F^{\vee}(f)) \\
&= ((F(f^{\dagger}))_{\to}, (F(f))_{\to}) \\
&= ((F(f)^{\dagger})_{\to}, (F(f))_{\to}) \\
&= (F(f)_{\leftarrow}, F(f)_{\to}) \\
&= F(f)
\end{aligned}
$$

および

$$
G^{\wedge\vee}(f) = (G^{\wedge}(f))_{\to} = (G(f^{\dagger}), G(f))_{\to} = G(f)
$$

が成り立つ．　□

定義 3.1.18　圏 $\boldsymbol{C}$ が与えられているとする．$\boldsymbol{C}$ と対象を同じくする圏 $\mathbf{Zigzag}(\boldsymbol{C})$ を，次のように定義する．$\mathbf{Zigzag}(\boldsymbol{C})$ の X から Y への射は，自然数 $n = 1, 2, \ldots$，$\boldsymbol{C}$ の対象 $X_2, \ldots, X_n$ および $X^1, \ldots, X^n$，そして，射

$$
\left(
\begin{array}{ccccccccc}
 & & X^1 & & & & \cdots & & & & X^n & & \\
 & {}_1f \nearrow & & \nwarrow f_1 & & {}_2f \nearrow & & \nwarrow f_{n-1} & & {}_nf \nearrow & & \nwarrow f_n & \\
X & & & & X_2 & & & & X_n & & & & Y
\end{array}
\right)
$$

からなり，同一視

$$\left(\begin{array}{ccccc} & Z' & & Z & \\ {\scriptstyle f}\nearrow & & \diagdown\!\!\diagdown \quad {\scriptstyle g}\nearrow & & \nwarrow{\scriptstyle h} \\ X & & Z' & & Y \end{array}\right) \sim \left(\begin{array}{ccc} & Z & \\ {\scriptstyle g\circ f}\nearrow & & \nwarrow{\scriptstyle h} \\ X & & Y \end{array}\right) \tag{3.1}$$

および

$$\left(\begin{array}{ccccc} & Z & & Z' & \\ {\scriptstyle f}\nearrow & & \nwarrow{\scriptstyle g} \quad /\!\!/ & & \nwarrow{\scriptstyle h} \\ X & & Z' & & Y \end{array}\right) \sim \left(\begin{array}{ccc} & Z & \\ {\scriptstyle f}\nearrow & & \nwarrow{\scriptstyle g\circ h} \\ X & & Y \end{array}\right) \tag{3.2}$$

に従うものとする．このような「ジグザグ」射の合成は，並置によって定義する．X における単位元は $\big(X =\!=\!= X =\!=\!= X\big)$ である．こうして，圏 $\mathbf{Zigzag}(\boldsymbol{C})$ が得られた．実際，これは，

$$({}_1f, f_1, \ldots, {}_nf, f_n)^\dagger = (f_n, {}_nf, \ldots, f_1, {}_1f)$$

によってダガー圏になる．

$\mathbf{Zigzag}(\boldsymbol{C})$ の任意の射は，(3.1) と (3.2) を使って正規形として書くことができ，左から右の順に読む．このとき，f の正規形では，n はとりうる最小値で，${}_1f = \mathrm{id}$ と $f_n = \mathrm{id}$ を除いては，${}_if = \mathrm{id}$ または $f_i = \mathrm{id}$ となるものはない．

関手 $F\colon \boldsymbol{C} \to \boldsymbol{D}$ に対して，$\mathbf{Zigzag}(F)\colon \mathbf{Zigzag}(\boldsymbol{C}) \to \mathbf{Zigzag}(\boldsymbol{D})$ を

$$\mathbf{Zigzag}(F)(X) = F(X)$$
$$\mathbf{Zigzag}(F)({}_1f, f_1, \ldots, {}_nf, f_n) = (F({}_1f), F(f_1), \ldots, F({}_nf), F(f_n))$$

と定義する．こうして，関手 $\mathbf{Zigzag}\colon \mathbf{Cat} \to \mathbf{DagCat}$ が得られる．次の定理は，$\mathbf{Zigzag}(\boldsymbol{C})$ が自由ダガー圏であることを示す．

定理 3.1.19 関手 $\mathbf{Zigzag}(\_)$ は，自明な忘却関手 $\mathbf{DagCat} \to \mathbf{Cat}$ の左随伴である．

証明 次のような自然な対応があることを示したい．

$$\begin{array}{cl} \mathbf{Zigzag}(\boldsymbol{C}) \xrightarrow{\;F\;} (\boldsymbol{D}, \dagger) & (\mathbf{DagCat}\text{ において}) \\ \hline\hline \boldsymbol{C} \xrightarrow[\;G\;]{} \boldsymbol{D} & (\mathbf{Cat}\text{ において}) \end{array}$$

Fの転置を，$F^{\vee}(X) = F(X)$および$F^{\vee}(f) = F\big(X \xrightarrow{f} Y = Y\big)$によって定義する．これは，矛盾なく定義された関手である．Gの転置を，$G^{\wedge}(X) = G(X)$および$G^{\wedge}({}_1f, f_1, \ldots, {}_nf, f_n) = G(f_n)^{\dagger} \circ G({}_nf) \circ \cdots \circ G(f_1)^{\dagger} \circ G({}_1f)$によって定義する．これは，矛盾なく定義されたダガー関手である．さらに

$$
\begin{aligned}
&F^{\vee\wedge}\left(\begin{array}{ccccccc} & X^1 & & & & X^n & \\ {}_1f\nearrow & & \nwarrow f_1 & & {}_nf\nearrow & & \nwarrow f_n \\ X & & X_2 & \cdots & X_n & & Y \end{array}\right) \\
&= (F^{\vee}(f_n))^{\dagger} \circ F^{\vee}({}_nf) \circ \cdots \circ (F^{\vee}(f_1))^{\dagger} \circ F^{\vee}({}_1f) \\
&= F\left(\begin{array}{ccc} & X^n & \\ /\!/ & & \nwarrow f_n \\ X^n & & Y \end{array}\right) \circ F\left(\begin{array}{ccc} & X^n & \\ {}_nf\nearrow & & \backslash\!\backslash \\ X_n & & X^n \end{array}\right) \circ \cdots \circ F\left(\begin{array}{ccc} & X^1 & \\ /\!/ & & \nwarrow f_1 \\ X^1 & & X_2 \end{array}\right) \circ F\left(\begin{array}{ccc} & X^1 & \\ {}_1f\nearrow & & \backslash\!\backslash \\ X & & X^1 \end{array}\right) \\
&= F\left(\begin{array}{ccccccccccccc} & X^1 & & & & X^1 & & & & X^n & & & & X^n & \\ {}_1f\nearrow & & \backslash\!\backslash & & /\!/ & & \nwarrow f_1 & & {}_nf\nearrow & & \backslash\!\backslash & & /\!/ & & \nwarrow f_n \\ X & & & X^1 & & & & X_2 \ \cdots \ X_n & & & & X^n & & & Y \end{array}\right) \\
&= F\left(\begin{array}{ccccccc} & X^1 & & & & X^n & \\ {}_1f\nearrow & & \nwarrow f_1 & & {}_nf\nearrow & & \nwarrow f_n \\ X & & X_2 & \cdots & X_n & & Y \end{array}\right)
\end{aligned}
$$

および

$$G^{\wedge\vee}(f) = G^{\wedge}\big(X \xrightarrow{f} Y = Y\big) = G(\mathrm{id})^{\dagger} \circ G(f) = G(f)$$

が成り立つ． □

圏**Rel**および**PInj**は，ともに**Zigzag**(**Set**)の商圏である．これまでの二つの定理は，次の図式として要約することができる．

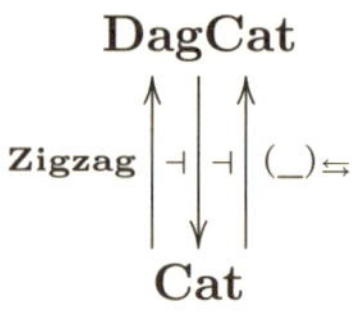

3.2　ダガー構造

ダガーの形式をした明示的な自己双対をもつ圏では，ダガーとすべての種類の

構造の両立性を考える意味がある．この節では，ダガーがモノ射，エピ射，テンソル積，双積，核，等化子とどのように相互作用するかを考える．

定義 3.2.1 ダガー圏におけるモノ射 f は，$f^\dagger \circ f = \mathrm{id}$，すなわち，それ自体の随伴によって分裂するとき，**ダガーモノ射**と呼ばれる．エピ射 f は，$f \circ f^\dagger = \mathrm{id}$，すなわち，その随伴がダガーモノ射であるとき，**ダガーエピ射**と呼ばれる．**ダガー同型射**は，ダガーモノ射でもありダガーエピ射でもある射である．すなわち，随伴が逆射になるような射である．

Hilb の用語を任意のダガー圏に転用している文献もある．たとえば，ダガーモノ射は，**等長変換**とも呼ばれる．なぜなら，それらは距離を保つ変換にほかならないからである．

$$\langle f(x) \,|\, f(y)\rangle = \langle x \,|\, (f^\dagger \circ f)(y)\rangle = \langle x \,|\, y\rangle$$

同様にして，ダガー同型射は，**ユニタリ**とも呼ばれる．しかしながら，**3.1.2** に従って，構造に接頭辞としてダガーをつけることを選択する．ただし，あきらかに等価なものがない二つだけはこの名前付けの例外とする．射 $f\colon X \to X$ は，$f^\dagger = f$ ならば，**自己随伴**である．**射影**は，自己随伴べき等射，すなわち，射 $f\colon X \to X$ で $f^\dagger = f = f \circ f$ を満たすものである．

いくつかの例において，たとえば，モノ射とダガーモノ射の違いを具体的に説明しよう．

例 3.2.2 **Rel** において射 $R \subseteq X \times Y$ がダガーモノ射であることの必要条件は，すべての $x, x' \in X$ に対して次の同値関係が成り立つことを意味する．

$$\exists_{y \in Y}.\, (x, y) \in R \wedge (x', y) \in R \quad \Longleftrightarrow \quad x = x'$$

これは，次の二つの条件に分割することができる．

$\forall_{x \in X}.\, \exists_{y \in Y}.\, (x, y) \in R$ および $\forall_{x, x' \in X, y \in Y}.\, (x, y) \in R \wedge (x', y) \in R \Rightarrow x = x'$

したがって，ダガーモノ射 R は，次の形式のスパンによって与えられる．

$$\left(X \xleftarrow{\;r_1\;} R \xrightarrow{\;r_2\;} Y \right)$$

ダガーエピ射も同じ形をしているが，X と Y の役割が入れ替わる．

ダガーモノ射ではないモノ射の例は，次のとおり．関係 $R \subseteq \{0,1\} \times \{a,b,c\}$ が $R = \{(0,a),(0,b),(1,b),(1,c)\}$ によって与えられていると考えよう．あきらかに，R の1番目の足は全射であり，2番目の足は単射でも全射でもない．R がモノ射であることを確かめるために，$S,T\colon X \rightrightarrows \{0,1\}$ は $R \circ S = R \circ T$ を満たすとする．$(x,0) \in S$ ならば，$(x,a) \in (R \circ S) = (R \circ T)$ となるので，$(x,0) \in T$ である．同様にして，$(x,1) \in S \Rightarrow (x,1) \in T$ である．

例 3.2.3　**PInj** における射 $f = \big(X \overset{f_1}{\longleftarrow\!\!\prec} F \overset{f_2}{\succ\!\!\longrightarrow} Y\big)$ を考える．$f^\dagger \circ f = \big(X \overset{f_1}{\longleftarrow\!\!\prec} F \overset{f_1}{\succ\!\!\longrightarrow} X\big)$ なので，射 f がダガーモノ射であるのは，その1番目の足 $f_1\colon F \rightarrowtail X$ が同型射であるとき，そしてそのときに限る．それゆえ，**Set** のモノ射 $m\colon M \rightarrowtail X$ を対応する **PInj** の中のダガーモノ射 $\big(M =\!\!= M \overset{m}{\succ\!\!\longrightarrow} X\big)$ と同一視する．実際，**PInj** の中でモノ射であることと，ダガーモノ射であることは，まったく同じことである．なぜなら，$m\colon X \to Y$ が **PInj** の中のダガーモノ射でないモノ射ならば，$x \in X$ で $x \notin m_1(M)$ となるものがあり，したがって，相異なる部分単射 $f,g\colon 1 \rightrightarrows X$ で $m \circ f = m \circ g$ となるものがあることになるが，これは矛盾しているからである．これとは双対に，**PInj** の中のダガーエピ射は，すべてエピ射と一致する．

例 3.2.4　**Hilb** の中のモノ射は単射連続線形変換そのものであることは，あまり難しくない．一方，3.1.2 において，**Hilb** のダガーモノ射は等長変換にほかならないことはすでに分かっている．等長変換 $f\colon X \to Y$ の値域 $\{f(x) \mid x \in X\}$ は，自動的に Y の閉部分空間になる．なぜなら，等長変換は単射だからである [10, 命題 4.5.2]．

これとは双対に，**Hilb** の中のダガーエピ射は，自動的に全射になる [10, 命題 4.6.1] が，**Hilb** の中のエピ射は値域が稠密な連続線形変換にほかならない．実際，$e\colon X \to Y$ の値域が稠密で，すべての $f,g\colon Y \to Z$ に対して $f \circ e = g \circ e$ を満たすならば，$y \in Y$ に対して $y = \lim_n e(x_n)$ と書くことができ，したがって，

$$f(y) = f(\lim_n e(x_n)) = \lim_n f(e(x_n)) = \lim_n g(e(x_n)) = g(\lim_n e(x_n)) = g(y)$$

が成り立つ．逆に，$e\colon X \twoheadrightarrow Y$ がエピ射だと仮定する．$\overline{e(X)}$ によって Y に

おける e の値域の閉包をあらわすことにすると，$Y/\overline{e(X)}$ もまたヒルベルト空間になり，誘導される射影 $p\colon Y \to Y/\overline{e(X)}$ は連続で線形になる．このとき，$p \circ e = 0 \circ e$ となり，したがって $p = 0$ であり，$\overline{e(X)} = Y$ が成り立つ．

ダガーモノでもダガーエピでもないがモノでかつエピである射の例は次のとおり．$f\colon \ell^2(\mathbb{N}) \to \ell^2(\mathbb{N})$ を $f(\varphi)(n) = \frac{1}{n}\varphi(n)$ によって定義する．これは単射かつ自己随伴，そして，それゆえ値域は稠密である．しかし，$\varphi(n) = \frac{1}{n}$ によって定まる $\varphi \in \ell^2(\mathbb{N})$ はその値域に属さないので，全射ではない．それゆえ，この値域は閉部分空間にはなりえない．

例 3.2.5　任意の圏 $\boldsymbol{C}$ に対して，$\boldsymbol{C}_{\leftrightarrows}$ の射 f は，$f_{\to}$ がモノ射で $f_{\leftarrow}$ がエピ射ならば，モノ射にほかならない．しかし，f がダガーモノ射となるのは，$(f_{\leftarrow}) \circ (f_{\to}) = \mathrm{id}_X$，すなわち，$f_{\leftarrow}$ が $f_{\to}$ によって分裂するモノ射であるとき，そしてそのときに限る．

これとは双対に，エピ射とダガーエピ射は，構成要素を入れ換えることで同じように特徴づけられる．とくに，f がダガー同型射になるのは，$(f_{\leftarrow}) = (f_{\to})^{-1}$ であるとき，そしてそのときに限る．

例 3.2.6　任意の圏 $\boldsymbol{C}$ に対して，$\mathbf{Zigzag}(\boldsymbol{C})$ の正規形の射 f がダガーモノ射であるのは，すべての $i = 1, \ldots, n$ に対して $f_i = \mathrm{id} = {}_i f$ であるとき，そしてそのときに限る．すなわち，ダガーモノ射だけが単位元であり，その双対として，ダガーエピ射だけが単位元である．しかし，単位元以外のモノ射もありうる．たとえば，$\boldsymbol{C}$ において ${}_1 f$ が同型射で f_1 がエピ射であるような正規形をもつ任意の f は，$\mathbf{Zigzag}(\boldsymbol{C})$ の中でモノ射である．これは，$f \circ g = f \circ h$ を仮定して，g と h の最後の足と，f の最初の足 ${}_1 f$ が恒等射かどうかを識別するようないくつかの場合に分けると分かる．また，${}_1 f$ が $\boldsymbol{C}$ においてモノ射かつ非分裂エピ射であるような正規形をもつ任意の f も，$\mathbf{Zigzag}(\boldsymbol{C})$ においてモノ射である．

つぎに，ダガーとモノイダル構造の相互作用に進もう．

定義 3.2.7　ダガー（対称）モノイダル圏とは，ダガー圏 $(\boldsymbol{D}, \dagger)$ で，すべての射 f, g に対して $(f \otimes g)^\dagger = f^\dagger \otimes g^\dagger$ となるような（対称）モノイダル構造 $(\boldsymbol{D}, \otimes, I)$

をもち，コヒーレンス同型射 α, ρ, λ（および γ）がダガー同型射になるものである．

ダガー（ストロング）モノイダル関手は，ダガーモノイダル圏の間の関手で，同時にダガーおよび（ストロング）モノイダルなものである．

例 3.2.8　対称モノイダル圏 $(\mathbf{Rel}, \times, 1)$, $(\mathbf{PInj}, \times, 1)$ および $(\mathbf{Hilb}, \otimes, \mathbb{C})$ は，例 3.1.4，3.1.5，および 3.1.6 それぞれに含まれるダガーをもつならば，すべてダガー対称モノイダル圏である．

定義 3.2.9　ダガー対称モノイダル圏の対象 X は，**ダガーコンパクト構造**，すなわち，コンパクト構造で $\eta_X = \varepsilon_X^\dagger \circ \gamma_{X^*,X}$ となるものをもつとき，**ダガーコンパクト**という．

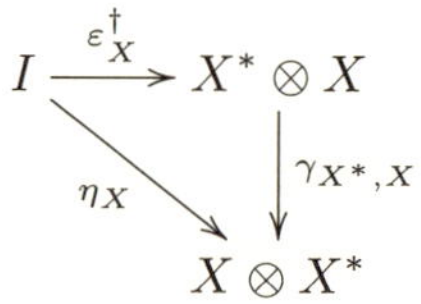

ダガーコンパクト閉圏は，対象がダガーコンパクトなダガー対称モノイダル圏である．

3.2.10　任意のダガーコンパクト閉圏 $\boldsymbol{D}$ において，命題 2.6.10 の双対選択関手は，ダガーと可換である [197, 定義 2.9]．したがって，対象については $X_* = X^*$ で定まり，$f_* = f^{*\dagger} = f^{\dagger *}$ として作用する共変関手 $(\_)_* : \boldsymbol{D} \to \boldsymbol{D}$ が存在する．**Hilb** においては，この関手は，射をその複素共役に写像する．

例 3.2.11　複素数体 $\mathbb{C}$ は距離空間を構成し，したがって，距離が hom 対象を与えるような（$[0, \infty)$ 豊穣）圏とみなすことができる [155]．これを例 2.6.5 と組み合わせると，$\mathbb{C}$ を次のようにダガーコンパクト閉圏とみなせることが分かる．対象は，複素数 $x \in \mathbb{C}$ そのものである．射 $x \to y$ は，$z \in \mathbb{C}$ で $|z| = y - x$ を満たすものである．単位元は $\mathrm{id}_x = 0$ によって定義される．$u\colon x \to y$ と $v\colon y \to z$ の合成は，$v \circ u = |v| + |u|$ で与えられる．これは，もちろん矛盾なく定義されている．なぜなら，

$$|v \circ u| = ||v| + |u|| = |v| + |u| = (z - y) + (y - x) = z - x$$

となるからである.

この圏は, 対象については $x \otimes y = x + y$ によって, 射については $u \otimes v = u + v$ によって与えられる対称モノイダル構造をもつ. この（狭義の）モノイダル構造の単位元は $I = 0$ である. この圏は, $y \multimap z = z - y$ によって対称モノイダル閉構造も与えられる. さらに, すべての対象 x は, $x^* = -x$ とすることによってコンパクトである. そして, 複素共役 $u^\dagger = \bar{u}$ によって与えられるダガーがある. こうして, 複素数体をダガーコンパクト閉圏とみなすことできた.

例 3.2.12　集合と関係の圏 **Rel** において, すべての対象 X は, コンパクトである. なぜなら, $X^* = X$ および

$$\eta_X = \{(*, (x, x)) \mid x \in X\}$$
$$\varepsilon_X = \{((x, x), *) \mid x \in X\}$$

と定義すると, 図式 (2.18) が可換であることを容易に確かめられるからである. 実際には, X はダガーコンパクトになる. したがって, **Rel** はダガーコンパクト閉圏である.

この例は, 自明なモノイドではなく任意の可換モノイド M に対して $\mathcal{P}(M \times -)$ とすることで, **Set** 上のモナドのクライスリ圏に一般化できる. また, 任意の正則圏上の関係の圏にも一般化できる [44]. このクライスリ圏とこの関係の圏の双方において, すべての対象はコンパクトである.

一見すると, 完備束と上限を保つ関数の圏 **Sup** はコンパクトだと予想するかもしれないが, そうではない [20, p. 99]. その最大コンパクト閉部分圏は, 完備原子ブール束と上限を保つ関数の圏である. この圏は **Rel** と等価である. 偶然にも, **Sup** はべき集合モナドに対するアイレンバーグ–ムーア代数の圏で, **Rel** は同じモナドのクライスリ代数の圏である.

3.2.13　2.6.12 に引き続き, **Rel** におけるテンソル積 $\times$ は「双線形に振る舞う」という要請を満たさないことに注意しよう. 実際には, (2.20) の左辺 $\mathbf{Rel}(1, X) \otimes \mathbf{Rel}(1, Y)$ は, $(\mathcal{P}(X) \times \mathcal{P}(Y))/\sim$ と同一視できる. ただし, $\sim$ は, $U \subseteq X$ と $V \subseteq Y$ に対して $(\emptyset, V) \sim (U, \emptyset)$ で定まる最小同値関係である. しかし, 右辺 $\mathbf{Rel}(1, X \times Y)$ は $\mathcal{P}(X \times Y)$ であるが, 一般にこれは左辺よりも

大きい濃度をもつ．これが，**Rel**のコンパクト対象が集合として無限になりうる理由を説明している．このため，コンパクト対象を「有限対象」と呼ばないようにしている．これは，例2.6.5，2.6.6や次の例の観点から意味がある．

例 3.2.14　例2.6.6を**Hilb**に拡張することができる．ヒルベルト空間Xに対して，X^*を双対空間$\mathbf{Hilb}(X, \mathbb{C}) = \{f : X \to \mathbb{C} \mid f$は有界線形$\}$の共役，すなわち，双対空間と同じ加群をもつが，スカラー乗算は共役になるものとする．一般に，$X^* \otimes X$は，すべてのヒルベルト–シュミット写像$X \to X$からなるヒルベルト空間と同型である[135]．有限次元のXに対しては，η_Xを，この同型の下で1を恒等写像に対応させ，それを線形かつ連続に拡大したものと定義し，ε_Xをη_Xの随伴として定義する．このとき，図式(2.18)は可換になる．したがって，有限次元ヒルベルト空間Xは，**Hilb**におけるダガーコンパクト対象である．

X上の恒等写像がヒルベルト–シュミット写像になるのは，Xが有限次元であるとき，そしてそのときに限るので，X上のコンパクト構造を得るこの手順は，有限次元のXに対してのみうまくいく．言い換えると，**fdHilb**は**Hilb**の充満コンパクト閉部分圏である．さらに，命題2.6.8(d)によって，**Hilb**の充満コンパクト閉部分圏は必ず閉になる．ヒルベルト–シュミット作用素だけが再びヒルベルト空間を構成する[135]ので，**Hilb**の充満コンパクト閉部分圏は，それらの間のすべての連続線形関数が自動的にヒルベルト–シュミットであるような対象で構成されなければならない．すなわち，**Hilb**の最大充満コンパクト閉部分圏は**fdHilb**である．

例3.1.15で論じたように，この例は，与えられた群Gのユニタリ表現の圏$[G, \mathbf{Hilb}]$に一般化できる．この圏におけるコンパクト対象は，有限次元の台空間の表現にほかならない．

定義 3.2.15　ダガー圏$(\boldsymbol{D}, \dagger)$は，（有限）双積で$\kappa_i = \pi_i^\dagger$となるものをもつならば，（有限）**ダガー双積**をもつ．系2.3.6の代数的特徴づけでは，これは$\Delta^\dagger = \nabla$かつ$u^\dagger = n$と同値である．

3.2.16　$(\mathbf{Rel}, \dagger, +, \emptyset)$と$(\mathbf{Hilb}, \dagger, \oplus, 0)$は，ともにダガー双積圏の例である．圏

PInj は, **Rel** からダガー対称モノイダル構造 $(+, \emptyset)$ を受け継ぐが, $(\mathbf{Rel}, \dagger, +, \emptyset)$ には双積はない. それにもかかわらず, 定理 3.1.14 によって,「自由ベクトル空間関手」$F\colon \mathbf{PInj} \to \mathbf{preHilb}^{\mathrm{bd}}$ は, ダガーモノイダル構造 $(+, \emptyset)$ を保つことが分かる. したがって, $\ell^2\colon \mathbf{PInj} \to \mathbf{Hilb}$ も同じダガーモノイダル構造を保つ. 2.3.15 と 2.3.16 を比較すると, **PInj** 上のダガー対称モノイダル構造 $(+, \emptyset)$ を調べることが示唆される. これは, **余アフィン**, すなわち, 単位元 $\emptyset$ が始対象になる（そして, ダガーの存在によって, 終対象にもなる）ということである.

命題 3.2.17 有限集合と部分単射の圏 **finPInj** は, 一つの対象に関する自由ダガー余アフィン圏である. より正確には, ある関手 $1\colon \mathbf{1} \to \mathbf{finPInj}$ で, すべてのダガー余アフィン圏 $\boldsymbol{D}$ とすべての関手 $G\colon \mathbf{1} \to \boldsymbol{D}$ に対して, $D \circ 1 \cong G$ がカノニカルになるダガーモノイダル関手 $D\colon \mathbf{finPInj} \to \boldsymbol{D}$ が一意に存在するようなものがある.

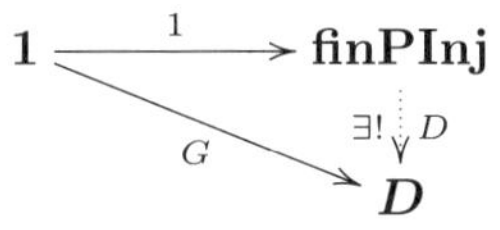

証明 **finPInj** から 1 元集合 $\{*\}$ を選んで, 関手 1 を定義する. 関手 G を圏 $\boldsymbol{D}$ の対象と同一視する. 関手 D を次のように定義する. 対象については, D は集合 X を $\oplus_{x \in X} G$ に写す. 射に対する作用を定義するために, 有限集合と単射の圏 **finInj** は一つの対象に関する自由余アフィン圏, すなわち, 関手 $D'\colon \mathbf{finInj} \to \boldsymbol{D}$ で, $D' \circ 1 \cong G$ であって対象に関して D と同じ作用となるものが一意に存在することを用いる [176]. 与えられた部分単射 $\left(X \overset{f_1}{\leftarrowtail} F \overset{f_2}{\rightarrowtail} Y\right)$ に対して, F は有限集合でなければならず, $\left(F = F \overset{f_1}{\rightarrowtail} X\right)^\dagger$ のあとに $\left(F = F \overset{f_2}{\rightarrowtail} Y\right)$ が続くように分解されることに注意する. $D(f) = D'(f_2) \circ D'(f_1)^\dagger$ と定義すると, 期待する D の性質は, D' の性質から導くことができる. □

3.2.18 興味深いことに, 前の命題で, $G = \mathbb{C} \in \mathbf{fdHilb}$ を選ぶことによって, D が（制限された）関手 $\ell^2\colon \mathbf{finPInj} \to \mathbf{fdHilb}$ になる.

前の命題は, **PInj** は「無限対称モノイダル」構造でその単位元が始対象であるような自由ダガー圏として特徴づけられることを示唆している．文献中では，「無限テンソル積」が研究されたことはこれまでにないが，[157] の不偏圏はその要請に合うように一般化することができる．しかしながら，ここでそれを行うのは差し控える．

3.2.19　圏 $\boldsymbol{C}$ が双積をもつならば，$\boldsymbol{C}_{\leftrightarrows}$ はダガー双積をもつ．$\boldsymbol{C}_{\leftrightarrows}$ のヌル対象は $\boldsymbol{C}$ のヌル対象であり，$\boldsymbol{C}_{\leftrightarrows}$ の $X \oplus Y$ は $\boldsymbol{C}$ の対象 $X \oplus Y$ である．$\boldsymbol{C}_{\leftrightarrows}$ の射影は $\pi_{\leftarrow} = \kappa$ および $\pi_{\rightarrow} = \pi$ で定まる．ただし，この右辺は $\boldsymbol{C}$ の双積の射である．

$\boldsymbol{C}$ がヌル対象をもっていたとしても，圏 **Zigzag**($\boldsymbol{C}$) はヌル対象をもつ必要はない．それでも射 $\left(0 = 0 \xleftarrow{0} X\right)$ は存在するが，それは一意にはならない．したがって，**Zigzag**(_) は双積を保つ必要はない．

定義 3.2.20　二つの射 $f, g\colon X \rightrightarrows Y$ の**ダガー等化子**とは，f, g の等化子で，ダガーモノ射になるものである．とくに，$f\colon X \to Y$ の**ダガー核**は，f と $0\colon X \to Y$ のダガー等化子である．

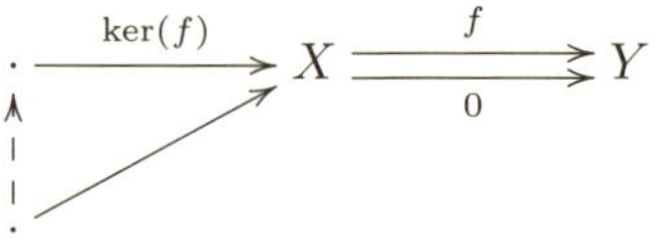

圏がダガー等化子をもつというときには気をつけなければならない．等化子は，任意の同型射との前合成の下で閉じているが，ダガー等化子は，ダガー同型射との前合成の下で閉じているにすぎないからである．したがって，ダガー圏が（有限）等化子をもち，すべての等化子に対してそれと同型なダガーモノ射があるとき，その圏はダガー等化子をもつという．同じことが，ダガー核についてもいえる．ダガー等化子をもつダガー圏は，**ダガー等化子圏**と呼ばれ，（ヌル対象と）ダガー核をもつダガー圏は**ダガー核圏**と呼ばれる．後者は圏 **DagKerCat** を構成し，その射はダガー関手でヌル対象と核を保つようなものである．図式では，ダガー核を $\rhd\!\!\longrightarrow$ と表記する．

3.2.21　ダガー圏がある対称的な形状の極限をもつならば，同じ形状の余極限ももつ．なぜなら，$D\colon \boldsymbol{J} \to \boldsymbol{D}$ がダガー圏の図式ならば，それを逆転させた図式 $\dagger \circ D^{\mathrm{op}}\colon \boldsymbol{J}^{\mathrm{op}} \to \boldsymbol{D}$ を考えることができるからである．後者の図式が極限錐

$l_j\colon L \to D(j)$ をもつならば，$l_j^\dagger\colon D(j) \to L$ は，もとの図式における余極限錐である．

したがって，ダガー圏がダガー等化子をもつならば，そのダガー圏は**ダガー余等化子**，すなわち，ダガーエピ射であるように選ぶことのできる余等化子ももつ．また，ダガー圏がダガー核をもつならば，そのダガー圏は**ダガー余核**，すなわち，$\mathrm{coker}(f) = \ker(f^\dagger)^\dagger$ によってダガーエピ射であるように選ぶことのできる余核をもつ．図式では，ダガー余核を $\longrightarrow\!\!\!\triangleright$ と表記する．

例 3.2.22 ダガー核のもっともよい例は，おそらく，ダガー双積をもつ圏によって与えられる．このとき，ほぼ定義によって，$\ker(\pi_1) = \kappa_2$ および $\ker(\pi_2) = \kappa_1$ が成り立つ．確かに，$\pi_1 \circ \kappa_2 = 0$ であり，ある $f\colon X \to X_1 \oplus X_2$ に対して $\pi_1 \circ f = 0$ ならば $f = \langle \kappa_1 \circ \pi_1 \circ f\,,\, \kappa_2 \circ \pi_2 \circ f \rangle = \langle 0\,,\, \kappa_2 \circ \pi_2 \circ f \rangle = \kappa_2 \circ \langle 0\,,\, \pi_2 \circ f \rangle$ なので，f は実際には κ_2 を通るように一意に分解される．同様にして，$\mathrm{coker}(\kappa_1) = \pi_2$ および $\mathrm{coker}(\kappa_2) = \pi_1$ が成り立つ．

例 3.2.23 圏 **Rel** はダガー核をもつ．任意の射 $R\colon X \to Y$ に対して，$\ker(R) = \{x \in X \mid \neg\exists_{y\in Y}.\,(x,y) \in R\}$ とすると，**Rel** の写像 $k\colon \ker(R) \to X$ は $k = \{(x,x) \mid x \in \ker(R)\}$ で与えられる．あきらかに，$R \circ k = 0$ が成り立つ．そして，$S\colon Z \to X$ が $R \circ S = 0$ を満たすならば，すべての $z \in Z$ および $y \in Y$ に対して $\neg\exists_{x\in X}.\,(x,y) \in R \wedge (z,x) \in S$ が成り立つ．これは，$(z,x) \in S$ ならば $(x,y) \in R$ となる y はないことを意味する．したがって，S は，核 k を通るように分解される．それゆえ，核は次の形式をもつ．

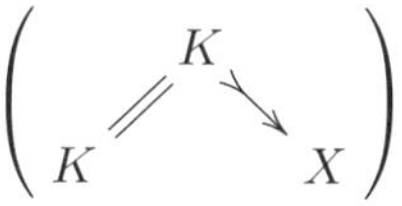

ただし $K = \{x \in X \mid \neg\exists_{y\in Y}.\,(x,y) \in R\}$

例 3.2.2 によってこの形式の関係はダガーモノ射であるので，**Rel** はダガー核をもつ．しかし，すべてのダガーモノ射がダガー核というわけではない．核は X の部分集合に対応することに注意しよう．

しかしながら，**Rel** はダガー等化子をもたない．なぜなら，**Rel** には等化子さえないからである．これをみるには，集合 $X = \{0,1\}$，$Y = \{0\}$ と平行な関係 $R = X \times Y$，$S = \{(0,0)\} \subseteq X \times Y$ を考える．これらの等化子は，

$T = \{(0,0)\} \subseteq \{0\} \times X$ に含まれなければならない．このとき，$T' = \{0\} \times X$ に対しても $R \circ T' = S \circ T'$ が成り立つが，T のいかなる部分関係を通るようにも分割されない．

例 3.2.24　圏 **PInj** もダガー核をもつ．射 $f = \big(X \overset{f_1}{\leftarrowtail} F \overset{f_2}{\rightarrowtail} Y\big)$ の核の記述として，部分集合としての1番目の足 $f_1\colon F \rightarrowtail X$ の補集合に対してこの場だけの表記 $\neg f_1\colon \neg_1 F \rightarrowtail X$ を用いると，

$$\ker(f) = \left(\begin{array}{ccccc} & & \neg_1 F & & \\ & /\!\!/ & & \searrow^{\neg f_1} & \\ \neg_1 F & & & & X \end{array} \right)$$

が得られる．これは $f \circ \ker(f) = 0$ を満たし，その構成法からダガーモノ射である．**PInj** においても，核は部分集合に対応することに注意しよう．しかし，例 3.2.3 によって，**PInj** では，**Rel** とは異なり，すべてのダガーモノ射はダガー核である．**PInj** でさえダガー等化子をもつということは，例 2.1.7 の表記から簡単に分かる．$f, g\colon X \rightrightarrows Y$ の等化子は，

$$\big\{x \in X \mid x \notin (\mathrm{dom}(f) \cup \mathrm{dom}(g)) \vee \big(x \in (\mathrm{dom}(f) \cap \mathrm{dom}(g)) \wedge f(x) = g(x)\big)\big\}$$

から X への包含写像である．実際には，$g = 0$ の場合は，前述の $\ker(f)$ に帰着される．

例 3.2.25　圏 **Hilb** はダガー等化子をもつ．射 $f, g\colon X \rightrightarrows Y$ の等化子は，部分空間 $\{x \in X \mid f(x) = g(x)\}$ から X への包含写像である．この部分空間はつねに閉なので，その包含写像は例 3.2.4 によってダガーモノ射である．この特別な場合として，**Hilb** もダガー核をもつ．しかし，ダガー核からダガー等化子を導くこともできる．なぜなら，f と g の等化子は $g - f$ の核だからである．

Hilb のすべてのダガーモノ射 $m\colon X \triangleright\!\!\longrightarrow Y$ はダガー核である．具体的には，m の値域 $\{m(x) \mid x \in X\}$ の直交補空間への直交射影のダガー核である．（例 4.2.4 を参照のこと．）

3.2.26　関手 $\ell^2\colon$ **PInj** $\to$ **Hilb** はダガー核を保つ．すなわち，部分単射 $f = \big(X \overset{f_1}{\longleftarrowtail} F \overset{f_2}{\rightarrowtail\!\!\longrightarrow} Y\big)$ に対して，

$$\ker(\ell^2(f)) = \{\varphi \in \ell^2(X) \mid \ell^2(f)(\varphi) = 0\}$$

$$
\begin{aligned}
&= \left\{\varphi \in \ell^2(X) \mid \forall_{y\in Y}.\ \sum_{u\in f_2^{-1}(y)} \varphi(f_1(u)) = 0\right\} \\
&= \{\varphi \in \ell^2(X) \mid \forall_{u\in F}.\ \varphi(f_1(u)) = 0\} \\
&= \{\varphi \in \ell^2(X) \mid \mathrm{supp}(\varphi) \subseteq \neg_1 F\} \\
&= \ell^2(\neg_1 F) \\
&= \ell^2(\ker(f))
\end{aligned}
$$

となる．

しかしながら，ℓ^2 はダガー等化子を保たない．その反例として，$X = \{0,1\}$，$Y = \{a\}$ として，$f, g\colon X \rightrightarrows Y$ をそれぞれ部分単射 $f = \{(0,a)\}$ および $g = \{(1,a)\}$ とする．**PInj** におけるそれらの等化子は $\emptyset$ である．しかし，

$$
\begin{aligned}
\mathrm{eq}(\ell^2(f), \ell^2(g)) &= \{\varphi \in \ell^2(X) \mid \ell^2(f)(\varphi) = \ell^2(g)(\varphi)\} \\
&= \Bigl\{\varphi \in \ell^2(X) \mid \\
&\qquad \forall_{y\in Y}.\ \sum_{u\in f_2^{-1}(y)} \varphi(f_1(u)) = \sum_{v\in g_2^{-1}(y)} \varphi(g_1(v))\Bigr\} \\
&= \{\varphi\colon \{0,1\} \to \mathbb{C} \mid \varphi(0) = \varphi(1)\} \\
&\cong \mathbb{C}
\end{aligned}
$$

が成り立つ．したがって，$\mathrm{eq}(\ell^2(f), \ell^2(g)) \cong \mathbb{C} \ncong \{\emptyset\} = \ell^2(\mathrm{eq}(f,g))$ となる．

例 3.2.27　**Hilb** におけるダガー核は，**PHilb** に受け継がれる．より正確には，射 $f\colon X \to Y$ の核 $\ker(f) = \{x \in X \mid f(x) = 0\}$ は矛盾なく定義される．なぜなら，ある $z \in U(1)$ に対して $f = z \cdot f'$ ならば

$$
\ker(f) = \{x \in X \mid z \cdot f'(x) = 0\} = \{x \in X \mid f'(x) = 0\} = \ker(f')
$$

となるからである．

しかしながら，ダガー等化子は，**Hilb** から **PHilb** に受け継がれない．$f, g\colon X \rightrightarrows Y$ の等化子を $\{x \in X \mid f(x) = g(x)\}$（の包含写像）と定義すると，これは同値関係とみなせない．なぜなら，ある $u, v \in U(1)$ に対して $f = u \cdot f'$ かつ $g = v \cdot g'$ ならば，$u = v$ の場合を除いて，$f(x) = u \cdot f'(x) = v \cdot g'(x) = g(x)$

が成り立つのは，$f'(x) = g'(x)$ であるとき，そしてそのときに限る理由は何もないからである．

例 3.2.28　$\boldsymbol{C}$ と $\boldsymbol{D}$ がダガー圏ならば，$\boldsymbol{D}$ がダガー核をもつときはつねにダガー関手圏 $[\boldsymbol{C}, \boldsymbol{D}]$ はダガー核をもつ．この核は，対象ごとに計算できる．$F, G \colon \boldsymbol{C} \rightrightarrows \boldsymbol{D}$ および $\alpha \colon F \Rightarrow G$ が与えられているとする．対象への割り当て $K(X) = \ker(\alpha_X)$ は，次のように射に作用する関手 $K \colon \boldsymbol{C} \to \boldsymbol{D}$ を定義する．$\boldsymbol{C}$ の射 $f \colon X \to Y$ に対して，

$$\alpha_Y \circ (Ff \circ \ker(\alpha_X)) = Gf \circ \alpha_X \circ \ker(\alpha_X) = Gf \circ 0 = 0$$

は射 $Kf \colon KX \to KY$ を誘導する．これを図式で表すと次のようになる．

$$\begin{array}{ccccc}
KX & \xrightarrow{\ker(\alpha_X)} & FX & \xrightarrow{\alpha_X} & GX \\
{\scriptstyle Kf}\downarrow & & {\scriptstyle Ff}\downarrow & & \downarrow{\scriptstyle Gf} \\
KY & \xrightarrow[\ker(\alpha_Y)]{} & FY & \xrightarrow[\alpha_Y]{} & GY
\end{array}$$

この図式は，$\ker(\alpha_X)$ が自然変換 $K \Rightarrow F$ を定義することも示している．それは，$[\boldsymbol{C}, \boldsymbol{D}]$ における α の核である．同様にして，$\boldsymbol{D}$ がダガー等化子をもてば，$[\boldsymbol{C}, \boldsymbol{D}]$ はダガー等化子をもつ．

例 3.2.29　任意の圏 $\boldsymbol{C}$ に対して，$\boldsymbol{C}$ に $\ker(f_\rightarrow)$ と $\mathrm{coker}(f_\leftarrow)$ が存在して一致するならば，余自由ダガー圏 $\boldsymbol{C}_\leftrightarrows$ の核は $\ker(f) = (\ker(f_\rightarrow), \mathrm{coker}(f_\leftarrow))$ で与えられる．

自由ダガー関手 **Zigzag(_)** は，3.2.19 でみたように，ヌル対象を保つ必要はなく，したがって，核を保つ必要もない．

3.3　量子鍵配送

これで応用を考えるのに十分な圏論的構造を蓄積できた．この理論の間奏曲として，この節ではある量子鍵配送プロトコルをモデル化し，その正当性を証明する．これは，[2, 72, 101] で認識されたように，コンパクト対象が（使い捨て）量子通信チャネルをモデル化するという視点の典型的な例になっている．

3.3.1 **量子鍵配送**は，（伝統的にアリスとボブと呼ばれる）二人の当事者の量子チャネルを用いて，ほかの誰も知ることができない共有二進文字列を提供するプロトコル一式の名称である．さらに，そのような方式は，自然の法則によって安全であることが立証可能でなければならない．すなわち，その安全性は，未解決あるいは計算量的に実現不可能ないかなる数学的問題にも依存するものであってはならない．ウィットフィールド・ディフィーとマーチン・ヘルマンの [70] のように，このようなプロトコルは，鍵配送を管理するが，関与する二人の当事者の認証について保証するものではない．このようなプロトコルのうちでもっともよく知られたものは，チャールズ・ベネットとガイルズ・ブラサードのプロトコル [27] である．このプロトコルでは，安全な鍵の提供は，本質的にベル不等式と大数の法則に依存している．このプロトコルに対して，多くの改良がなされている．とくに，アーター・エカートは，このベネット–ブラサード・プロトコルを非常にうまく単純化したものを開発した [80]．その概要を，図 3.3.1 に示す．ベルの不等式が二つの量子ビットに「十分な相関性がある」ことを検証する方法を提供し，潜在的な盗聴者を大きな確率で検出することができる．大数の法則は，このプロトコルが（あらかじめ決めておくことのできる無視できる確率を除いて）うまく働くことを保証する．

3.3.2 **正当性**と**安全性**は区別する必要がある．量子鍵配送プロトコルは，毎回の鍵交換で，当事者双方が結果的に同じ鍵（もちろん，それはそれぞれの鍵交換に依存する）を手に入れる，すなわち，図 3.3.1 において，すべての $j \in \{1, \ldots, 3n\} \setminus I$ およびそれぞれの m_i, a_i, b_i の選択に対して $c_j = 1 - c'_j$ であるならば，**正当**であるという．また，量子鍵配送プロトコルは，潜在的な盗聴者がその鍵ビットの一部をも知ることができないとき，**安全**であるという．この例では，安全性はベルの不等式に依存している．したがって，この場合，正当性は定性的な概念であるが，安全性は定量的な概念であるということができる．定量的詳細を取り除くことがまさに本書の圏論的アプローチの目的であるので，正当性に着目し，ステップ 5 と 6 の古典的計算については忘れることにする．重要な点は，次のようなコンパクト対象の能力を示すことにつきる．すなわち，絡み合った量子ビット対を用いる量子通信を伴うプロトコルをモデル化する．

1. アリスとボブは3個の測定 m_1, m_2, m_3 について合意する.
2. アリスは, 密かに $i = 1, \ldots, 3n$ に対して無作為に $a_i \in \{1, 2, 3\}$ を選ぶ.
   ボブは, 密かに $i = 1, \ldots, 3n$ に対して無作為に $b_i \in \{1, 2, 3\}$ を選ぶ.
3. 二人は, ベル状態 $\frac{|01\rangle - |10\rangle}{\sqrt{2}}$ にした未使用の $3n$ 個の量子ビット対を共有する.
   この量子ビット対を $(x_i^a, x_i^b)_{i=1,\ldots,3n}$ と表記する.
4. アリスは, $i = 1, \ldots, 3n$ に対して x_i^a を m_{a_i} で測定し c_i を得る.
   ボブは, $i = 1, \ldots, 3n$ に対して x_i^b を m_{b_i} で測定し c_i' を得る.
5. アリスは a_i を公開する.
   ボブは b_i を公開する.
   これによって, 二人は $I = \{i \in \{1, \ldots, 3n\} \mid a_i \neq b_i\}$ を決める.
   大きい確率で, $\#I \leq n$ となる. そうならなければ, 2からやり直す.
6. アリスは, $i \in I$ に対して c_i を公開する.
   ボブは, $i \in I$ に対して c_i' を公開する.
   ベルの不等式によって, $i \in I$ に対して, 大きい確率で, c_i と c_i' は十分に相関性がある. そうでなければ, 2からやり直す.
7. アリスは, 鍵ビットとして $j \in \{1, \ldots, 3n\} \backslash I$ に対する c_j を用いる.
   ボブは, 鍵ビットとして $j \in \{1, \ldots, 3n\} \backslash I$ に対する $1 - c_j'$ を用いる.

図 3.3.1　$2n$ ビットの共有秘密鍵を得るためのエカートの量子プロトコル [80]

前述のプロトコルを圏論的にモデル化する前に, 最後に考慮しておくべき要因は古典的通信である.

3.3.3　コンパクト構造は, 量子通信の1回の実行とみなすことができる. 量子情報理論の伝統的定式化 [173] では, 量子ビット対をいわゆるベル状態にしておくことは, 例 3.2.14 で記述した $X = \mathbb{C}^2$ 上のコンパクト構造とまさしく同値である. X に操作を実行することが X^* にも影響するという事実は, ε の存在と図式 (2.18) の可換性に反映されている. このようにして, $\mathrm{id}\colon X \to X$, あるいは

その名前 $\eta = \ulcorner \mathrm{id} \urcorner \colon I \to X^* \otimes X$ を，使い捨て量子通信の能力をもつ量子チャネルとみなすことができる．図式的言語では，この事実がもう少し直感的になる [2, 197, 200]．

それでは，古典的通信を考えてみよう．次の古典的構造の定義は，ボブ・クックとダスコ・パブロビによるもの [49–52] で，量子データは複製したり捨てたりできないという事実を反事実的に利用している [69, 216]．通信の 1 回の実行に対応するコンパクト構造とは対照的に，古典的構造は任意の有限回の通信を受け入れる．

定義 3.3.4 ダガー対称モノイダル圏における**古典的構造**とは，可換余モノイド $(A, \delta\colon A \to A \otimes A, \nu\colon A \to I)$ で，δ が次の**フロベニウス条件**を満たすものである．

$$
\begin{CD}
A \otimes A @>{\delta^\dagger}>> A \\
@V{\mathrm{id} \otimes \delta}VV @. \\
A \otimes (A \otimes A) @. @VV{\delta}V \\
@V{\alpha}V{\cong}V @. \\
(A \otimes A) \otimes A @>>{\delta^\dagger \otimes \mathrm{id}}> A \otimes A
\end{CD}
\tag{3.3}
$$

（この条件は，フェルディナンド・G・フロベニウスにちなんで名づけられた．フロベニウスは，群の表現の文脈において，環 A に対して右 A 加群として $A \cong A^*$ となる要件を最初に研究した [147, 2.2.19]．）

例 3.3.5 有限次元ヒルベルト空間の圏 **fdHilb** において，対象 A に対する正規直交基底 $(e_1, \ldots, e_n)$ をどのように選んでも，この圏には次の割り当て（の線形拡大）による古典的構造が与えられる．

$$
\begin{aligned}
\delta(e_i) &= e_i \otimes e_i \\
\nu(e_i) &= 1
\end{aligned}
$$

実際，**fdHilb** のすべての古典的構造は，この形式をしている [53]．したがって，この場合，古典的構造を正規直交基底の選び方を備えた対象と考えることができる．

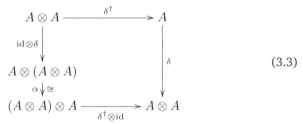

同じ圏 **fdHilb** の双積の選び方それぞれは，任意の対象 A に対する正規直交基底の標準的な選び方を決める．ある $n \in \mathbb{N}$ に対してダガー同型 $A \cong \bigoplus_{i=1}^{n} \mathbb{C}$ があるので，[51, 補題 3.7] によって，$\mathbb{C}^n$ の標準基底は A に写される．このとき，定理 2.3.2 との対比で，古典的構造は「部分的双積構造」とみなすことができる．

次の補題は，古典的通信がコンパクト対象上に追加された構造とみなせることを示す．その構造は，具体的には一種の余モノイドで，古典的情報の複製や削除をモデル化する．

補題 3.3.6　[52] (δ, ν) が対称モノイダル圏の対象 A に対する古典的構造ならば，$A^* = A$，$\eta = \delta \circ \nu^\dagger$，$\varepsilon = \nu \circ \delta^\dagger$ が A のコンパクト構造を与える．　□

古典的構造および量子構造は測定によって関連づけられる．次の定義は，[50] で定義された概念を単純化したものになっている．たとえば，これは量子情報理論では主として重要である確率を無視している．そうであったとしても，ここでの目的にはこれで十分である．

定義 3.3.7　ダガー対称圏の古典的構造 (A, δ, ν) に関するコンパクト対象 X の**測定**とは，ダガーエピ射 $m\colon X \to A$ のことである．

3.3.8　図 3.3.1 のプロトコルを次のようにモデル化する．量子ビットをコンパクト対象 X によってモデル化し，古典的構造 A はそのビットを表す．ステップ 1 で $m_i\colon X \to A$ により与えられる測定を記述しよう．量子通信チャネルは，射 $\eta\colon I \to X^* \otimes X$ によって準備され，それをアリスが受け取ったあとは X^* にのみ作用し，ボブの操作は X に制限される．このとき，最終的にはアリスの鍵ビットになるかもしれない c_i を得るための手続きは，射

$$X^* \otimes X \xrightarrow{(m_i)_* \otimes m_i} A^* \otimes A \xrightarrow{\nu \otimes \mathrm{id}} I \otimes A \xrightarrow{\cong} A$$

であり，同様にボブの手続きは

$$X^* \otimes X \xrightarrow{(m_i)_* \otimes m_i} A^* \otimes A \xrightarrow{\mathrm{id} \otimes \nu} A^* \otimes I \xrightarrow{\cong} A$$

である．

このプロトコルの正当性を圏論的に証明，すなわち，アリスとボブが，測定 m_i や a_i, b_i の外部的選択についていかなる仮定をすることなく，実際に同じ鍵ビットを手に入れることを証明するところまできた．それには，アリスとボブが同じ測定から作り出したそれぞれの個別の鍵ビットに対してこれを証明すれば十分である．なぜなら，ステップ 7 で，残りのビットを捨てているからである．したがって，このプロトコルの正当性は，それぞれの通信の正当性に帰着され，それゆえ，次の定理によって証明される．

定理 3.3.9 任意の測定 $m \colon X \to A$ に対して，次の図式は可換になる．

$$
\begin{array}{ccccccccc}
 & & X^* \otimes X & \xrightarrow{m_* \otimes m} & A^* \otimes A & \xrightarrow{\nu \otimes \mathrm{id}} & I \otimes A & \xrightarrow{\cong} & A \\
 & \overset{\eta_X}{\nearrow} & & & & & & & \| \\
I & & & & & & & & \| \\
 & \underset{\eta_X}{\searrow} & & & & & & & \| \\
 & & X^* \otimes X & \xrightarrow[m_* \otimes m]{} & A^* \otimes A & \xrightarrow[\mathrm{id} \otimes \nu]{} & A^* \otimes I & \xrightarrow[\cong]{} & A
\end{array}
\tag{3.4}
$$

証明 まず，定義 3.3.7 によって $m \circ m^\dagger = \mathrm{id}$ であるので，

$$(m_* \otimes m) \circ \eta_X = (m_* \otimes m) \circ \ulcorner \mathrm{id}_X \urcorner \overset{(2.19)}{=} (m_* \otimes \mathrm{id}) \circ \ulcorner m \urcorner \overset{(2.19)}{=} \ulcorner m \circ m^\dagger \urcorner = \ulcorner \mathrm{id}_A \urcorner$$

となることに注意する．このとき，定理の図式の可換性は，補題 3.3.6 を用いた次の計算により証明される．

$$
\begin{aligned}
(\nu \otimes \mathrm{id}) \circ (m_* \otimes m) \circ \eta_X &= (\nu \otimes \mathrm{id}) \circ \ulcorner \mathrm{id}_A \urcorner \\
&= (\nu \otimes \mathrm{id}) \circ \delta \circ \nu^\dagger \\
&= (\mathrm{id} \otimes \nu) \circ \delta \circ \nu^\dagger \\
&= (\mathrm{id} \otimes \nu) \circ \ulcorner \mathrm{id}_A \urcorner \\
&= (\mathrm{id} \otimes \nu) \circ (m_* \otimes m) \circ \eta_X
\end{aligned}
$$

□

3.4 射の分解

ダガー核圏のもつ特徴は，のちほど重要であることが分かる．それは，すべての射は，ダガー余核のあとに，のちほど詳細を述べる種類の射が続き，それにダガー核が続くように分解できるということである．この節では，いくつかの基本的考察から始めて，この事実を調べる．

補題 3.4.1　ダガー核圏では，任意の射 f に対して次の (a)–(c) が成り立つ．

(a)　$\ker(X \xrightarrow{0} Y) = (X \rhd\!\xrightarrow{\mathrm{id}} X)$

(b)　$\ker(\ker(f)) = 0$

(c)　$\ker(\mathrm{coker}(\ker(f))) = \ker(f)$

証明　(a) および (b) は初等的なので，(c) だけを証明する．任意の $f\colon X \to Y$ に対して，次の図式を考える．

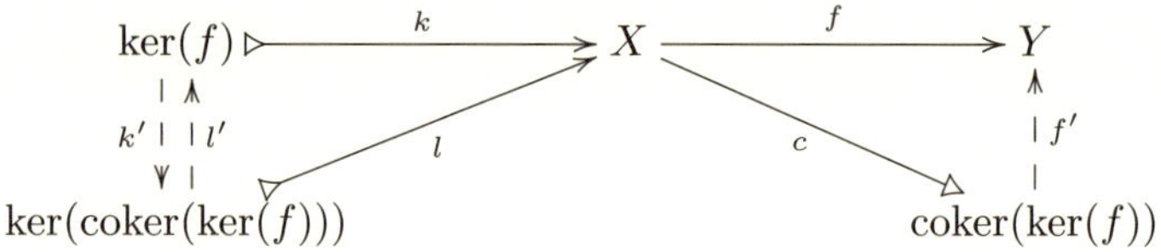

この構成法から，$f \circ k = 0$ および $c \circ k = 0$ が成り立つ．したがって，図式に示したような f' および k' が存在する．$f \circ l = f' \circ c \circ l = f' \circ 0 = 0$ なので，l' が得られる．したがって，核 l と k は部分対象として等しい．□

補題 3.4.2　ダガー圏のモノ射 m, n が $m \leq n$，すなわち，$m = n \circ \varphi$ であるならば，次の (a)–(b) が成り立つ．

(a)　m, n がダガーモノ射ならば，φ もダガーモノ射になる．

(b)　m が核ならば，φ も核になる．

証明　$m = n \circ \varphi$ で m, n がダガーモノ射ならば，

$$\varphi^\dagger \circ \varphi = (n^\dagger \circ m)^\dagger \circ \varphi = m^\dagger \circ n \circ \varphi = m^\dagger \circ m = \mathrm{id}$$

が成り立つ．そして，$m = \ker(f)$ ならば，$\varphi = \ker(f \circ n)$ となる．なぜなら，(1) $f \circ n \circ \varphi = f \circ m = 0$，および，(2) $f \circ n \circ g = 0$ ならば $m \circ \psi = n \circ g$ となる ψ が一意に存在するが，n はモノ射なので，$\varphi \circ \psi = g$ となるからである．□

命題 3.4.3　ダガー核圏において，核の引き戻しが存在して，それもまた核になる．明示的には，与えられた核 n と写像 f に対して，次の引き戻しが得られる．

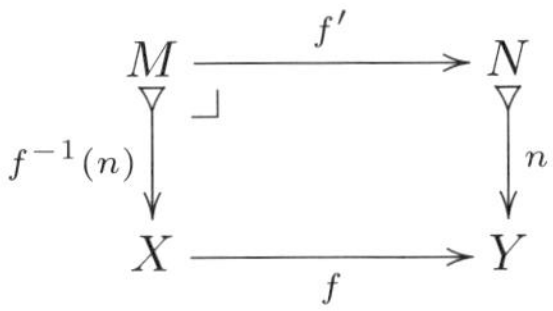

ただし $f^{-1}(n) = \ker(\mathrm{coker}(n) \circ f)$

f がダガーエピ射ならば，f' もダガーエピ射である．

証明 簡単のために，$m = f^{-1}(n) = \ker(\mathrm{coker}(n) \circ f)$ と書く．この構成法から，$\mathrm{coker}(n) \circ f \circ m = 0$ となり，したがって，$f \circ m$ は，図式にあるように $n \circ f' = f \circ m$ となるような $f' \colon M \to N$ を経由して，$\ker(\mathrm{coker}(n)) = n$ を通るように分解される．これから引き戻しが得られる．なぜなら，$a \colon Z \to X$ および $b \colon Z \to N$ が $f \circ a = n \circ b$ を満たすならば，

$$\mathrm{coker}(n) \circ f \circ a = \mathrm{coker}(n) \circ n \circ b = 0 \circ b = 0$$

となり，したがって，$m \circ c = a$ となる一意な写像 $c \colon Z \to M$ があるからである．このとき，n はモノ射なので，$f' \circ c = b$ となる．

f がダガーエピ射ならば，$f \circ f^\dagger \circ n = n$ となる．したがって，右の正方形が引き戻しであるような次の図式を可換にする射 f'' が存在する．

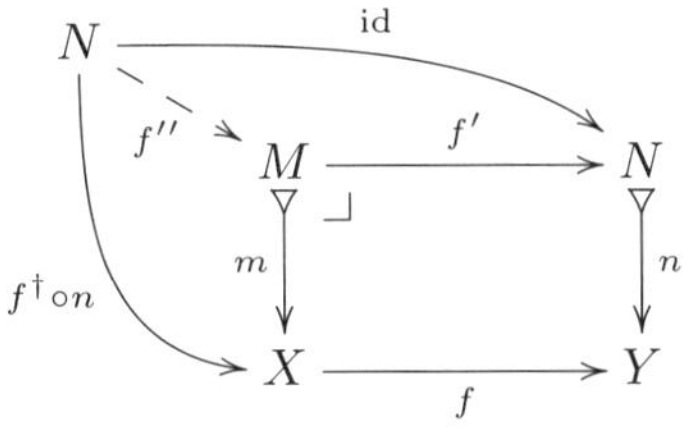

このとき，$f'' = m^\dagger \circ m \circ f'' = m^\dagger \circ f^\dagger \circ n = f'^\dagger \circ n^\dagger \circ n = f'^\dagger$ である．したって，f' もダガーエピ射である． □

補題 3.4.4 ダガー核圏において，合成の下で核は閉じており，したがって，余核も閉じている．

証明 余核の場合を証明する．なぜなら，前の命題の引き戻しが使えるからである．（合成可能な）余核 e, d があるとする．このとき，$e \circ d = \mathrm{coker}(\ker(e \circ d))$

を示したい．まず，命題3.4.3を用いると，

$$\ker(e \circ d) = \ker(\mathrm{coker}(\ker(e)) \circ d) = d^{-1}(\ker(e))$$

から引き戻し

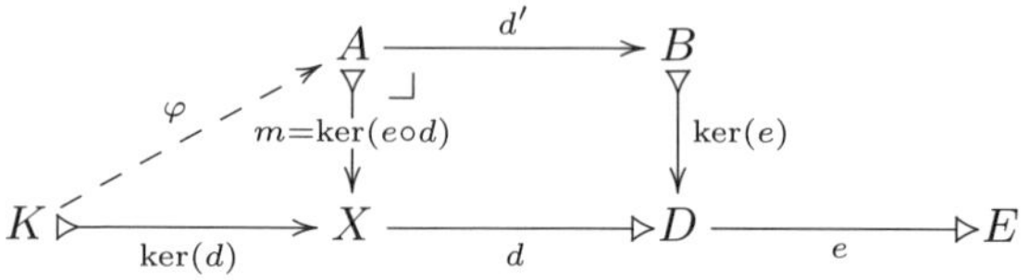

が得られることに注意する．$e \circ d = \mathrm{coker}(m)$ を証明しようとしている．あきらかに，

$$e \circ d \circ m = e \circ \ker(e) \circ d' = 0 \circ d' = 0$$

が成り立つ．そして，$f \colon X \to Y$ が $f \circ m = 0$ を満たすならば，$f \circ \ker(d) = f \circ m \circ \varphi = 0$ となる．すると，$d = \mathrm{coker}(\ker(d))$ なので，$f' \circ d = f$ となる $f' \colon D \to Y$ が存在する．しかし，このとき，

$$f' \circ \ker(e) \circ d' = f' \circ d \circ m = f \circ m = 0$$

が成り立つ．すると，$f' \circ \ker(e) = 0$ となる．なぜなら，d がダガーエピ射なので d' もダガーエピ射になるからである．（命題3.4.3を参照のこと．）これで，最終的に，$f'' \circ e = f'$ となる $f'' \colon E \to Y$ が得られる．したがって，$f'' \circ e \circ d = f$ となる． □

次の概念には確定した用語がないように思われるので，独自の名称を導入する．

定義 3.4.5 ヌル対象をもつ圏において，射 m は，それぞれの f に対して $m \circ f = 0$ が $f = 0$ を含意するならば，**ゼロモノ射**と呼ばれる．これとは双対的に，e は，それぞれの f に対して $f \circ e = 0$ が $f = 0$ を含意するならば，**ゼロエピ射**と呼ばれる．図式では，ゼロモノ射を $\rightarrowtail\!\!\circ\!\!\rightarrow$ と表記し，ゼロエピ射を $\rightarrow\!\!\circ\!\!\twoheadrightarrow$ と表記する．

あきらかに，任意のエピ射はゼロエピ射である．なぜなら，e がエピ射ならば，$f \circ e = 0 = 0 \circ e$ は $f = 0$ を含意するからである．次の補題は，ダガー等化子が存在すれば，この逆も成り立つことを示す．

補題 3.4.6 すべてのダガーモノ射が核であるようなダガー等化子圏では，ゼロエピ射は通常のエピ射である．

証明 ゼロエピ射 $e\colon E \to X$ と二つの射 $f, g\colon X \rightrightarrows Y$ が $f \circ e = g \circ e$ を満たすと仮定する．このとき $f = g$ を証明しなければならない．$m\colon M \rightarrowtail X$ を f, g の等化子とし，$h = \mathrm{coker}(m)$ とすると，

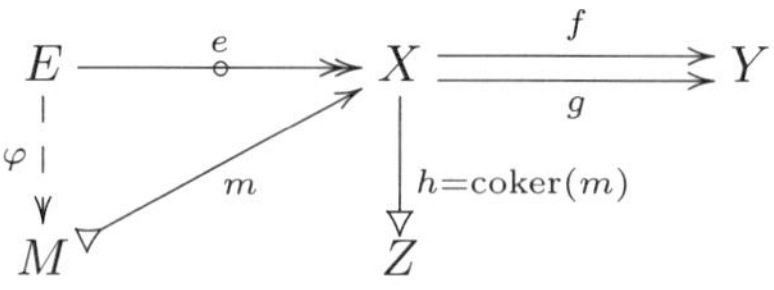

となる．$f \circ e = g \circ e$ なので，この e は，図に示したように等化子 m を通るように分解される．このとき，$h \circ e = h \circ m \circ \varphi = 0 \circ \varphi = 0$ となる．すると，e はゼロエピ射なので，$h = 0$ となる．しかし，$m = \ker(h) = \ker(0) = \mathrm{id}$ であり，したがって，$f = g$ となる． □

補題 3.4.7 ダガー核圏において，次の (a)–(c) が成り立つ．

(a) e がゼロエピ射となるのは，$\mathrm{coker}(e) = 0$ であるとき，そしてそのときに限る．
(b) e がゼロエピ射ならば，$\mathrm{coker}(f \circ e) = \mathrm{coker}(f)$ となる．
(c) ゼロエピ射であるような核は同型になる． □

言うまでもなく，ダガー圏は自己双対なので，この節のここまでのすべての結果の双対となる主張もまた真である．たとえば，ゼロモノ射 m に対して，$\ker(m \circ f) = \ker(f)$ が成り立つ．

命題 3.4.8 **Rel** において，次の真部分集合の関係が成り立つ．

$$\text{核} \subsetneq \text{ダガーモノ射} \subsetneq \text{モノ射} \subsetneq \text{ゼロモノ射}$$

PInj において，次の等式が成り立つ．

$$\text{核} = \text{ダガーモノ射} = \text{モノ射} = \text{ゼロモノ射}$$

Hilb および **PHilb** において，次の等式が成り立つ．

$$\text{核} = \text{ダガーモノ射} \subsetneq \text{モノ射} = \text{ゼロモノ射}$$

証明　**Rel** においてモノ射でないゼロモノ射を作る必要があり，また **PHilb** においてすべてのゼロモノ射はモノ射であることを証明しなければならない．まず，$R = \{(0,a),(1,a)\}$ で与えられる関係 $R \subseteq \{0,1\} \times \{a,b\}$ を考える．その1番目の足は全射で，したがって，R は，補題 3.4.7(a) の双対と例 3.2.23 によってゼロモノ射である．しかし，これはモノ射ではない．二つの相異なる関係 $\{(*,0)\},\{(*,1)\} \subseteq \{*\}\times\{0,1\}$ に対して，$R\circ\{(*,0)\} = \{(*,a)\} = R\circ\{(*,1)\}$ となるからである．

つぎに，$m\colon Y \to Z$ をゼロモノ射とし，$f,g\colon X \rightrightarrows Y$ を **PHilb** の任意の射とする．より正確には，m, f, g を **Hilb** の射とすると，それぞれが表す同値類 $[m]$, $[f]$, $[g]$ は **PHilb** の射である．$[m \circ f] = [m \circ g]$ であると仮定する．すると，$m \circ f \sim m \circ g$ であるので，ある $z \in U(1)$ に対して，$m \circ f = z \cdot m \circ g$ となる．したがって，$m \circ (f - z \cdot g) = 0$ となり，m はゼロモノなので，$f - z \cdot g = 0$ が得られる．すると，$f = z \cdot g$ であり，したがって $f \sim g$，すなわち $[f] = [g]$ となる．こうして，m はモノ射であることが分かる．　□

次の概念は，ピーター・フレイドとマックス・ケリーによって広められた [89] が，その起源は，ソーンダース・マックレーン [161] やジョン・イザベル [121] にまで遡ることができる．（また，[23, 練習問題 5.5] や [33, 5.5 節] も参照のこと．）

定義 3.4.9　圏 $\boldsymbol{C}$ に対する**分解系** (E, M) は，$\boldsymbol{C}$ の射の二つのクラス E および M で，次の各項を満たすものから構成される．

- E および M はいずれも $\boldsymbol{C}$ のすべての同型射を含み，合成の下で閉じている．
- $\boldsymbol{C}$ のすべての射 f は，ある $i \in M$ と $e \in E$ によって $f = i \circ e$ と分解される．
- この分解は，次の意味で関手的である．すなわち，射 u, v で $i, i' \in M$ および $e, e' \in E$ について $v \circ i \circ e = i' \circ e' \circ u$ となるものに対し，次の図式を可換にするような射 w が一意に存在する．

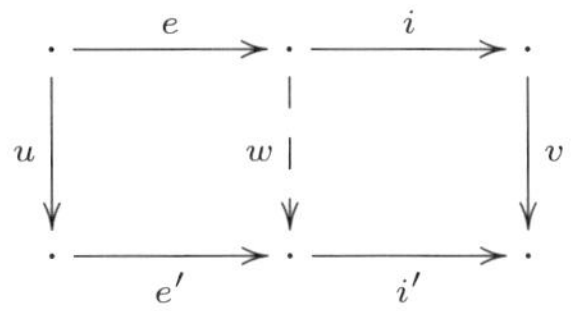

しばしば，$i \circ e = f$ となる $i \in M$ および $e \in E$ をそれぞれ i_f, e_f と表記する．

3.4.10 分解系 (E, M) が関手的であるという要請は，しばしば，次のようなそれと同値な**対角フィルイン**として定式化される．$e \in E$，$i \in M$ および $i \circ f = g \circ e$ を満たす任意の射 f, g に対して，$f = d \circ e$ および $g = i \circ d$ となる d が一意に存在する．

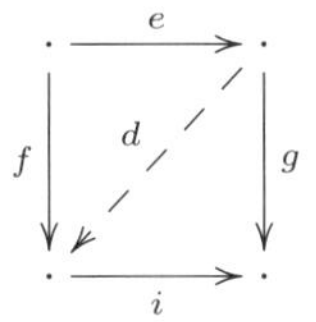

3.4.11 この「分解」は，M と E を $\boldsymbol{C}$ の部分圏とみて，$\boldsymbol{C} = M \circ E$ と述べることで，より文字通りに受けとめることができる [187]．任意の分解系において，それぞれのクラス E と M は，「直交性」を経由して他方を決定する [33, 命題 5.5.3]．ダガー圏における分解系 (E, M) は，$M^\dagger = E$ であるとき，**ダガー分解系**と呼ぶことにする．ダガー分解系は，$\boldsymbol{C} = E^\dagger \circ E$，あるいは，"$E = \sqrt{\boldsymbol{C}}$" となるので，平方根に似ている．

例 3.4.12 任意の半順序集合圏では，E はすべての恒等射から構成され，M はすべての射を含むような分解系をもつ．

例 3.4.13 2.5.11 で論じたような正則圏は，モノ射と正則エピ射から構成される分解系をもつ．[169, 3.4 節] または [23, 練習問題 5.5.4] を参照のこと．

たとえば，圏 **Vect** は正則であり，したがって，モノ射と正則エピ射からなる分解系をもつ．この **Vect** の正則エピ射は，ちょうど全射的準同型写像である [33, 例 4.3.10a]．そして，このモノ射は，ちょうど単射的準同型写像である．

次のいくつかの補題は，ダガー核圏はゼロエピ射とダガー核から構成される分解系をもつという定理につながる．

3.4.14　ダガー核圏の任意の射 $f\colon X \to Y$ は，次のように $i_f\colon \mathrm{Im}(f) \rightarrowtail Y$ を経由して $\mathrm{Im}(f) = \ker(\mathrm{coker}(f))$ を通るように分解される．まず，核を

$$\ker(f^\dagger) \overset{k}{\rightarrowtail} Y \xrightarrow{f^\dagger} X$$

とし，$k^\dagger$ のダガー核として i_f を定義する．

$$\begin{array}{ccccc} \mathrm{Im}(f) = \ker(k^\dagger) & \overset{i_f}{\rightarrowtail} & Y & \xrightarrow{k^\dagger} & \ker(f^\dagger) \\ {\scriptstyle e_f}\uparrow & \nearrow_{f} & & & \\ X & & & & \end{array} \tag{3.5}$$

$k^\dagger \circ f = (f^\dagger \circ k)^\dagger = 0^\dagger = 0$ なので，核の普遍性によって写像 $e_f\colon X \to \mathrm{Im}(f)$ が得られる．i_f はダガーモノ射なので，この e_f は $e_f = (i_f)^\dagger \circ i_f \circ e_f = (i_f)^\dagger \circ f$ として決まる．

それゆえ，f の**像**は，$\ker(\mathrm{coker}(f))$ として定義される．逆に，すべての核 $m = \ker(f)$ は像として生じる．なぜなら，補題 3.4.1 によって，$\ker(\mathrm{coker}(m)) = m$ となるからである．

(3.5) の e_f として生じる写像は，次のように特徴づけられる．

補題 3.4.15　ダガー核圏の射で，(3.5) のような形式の e_f として生じるものは，ゼロエピ射にほかならない．

証明　まず，e_f がゼロエピ射であることを示す．$h\colon \ker(k^\dagger) \to Z$ が $h \circ e_f = 0$ を満たすと仮定する．$e_f = (i_f)^\dagger \circ f$ なので，

$$f^\dagger \circ (i_f \circ h^\dagger) = (h \circ (i_f)^\dagger \circ f)^\dagger = (h \circ e_f)^\dagger = 0^\dagger = 0$$

が得られる．これは，$i_f \circ h^\dagger$ が，たとえば $k \circ a = i_f \circ h^\dagger$ となる $a\colon Z \to \ker(f^\dagger)$ を経由して，$f^\dagger$ の核を通るように分解されることを意味する．k はダガーモノ射なので，

$$a = k^\dagger \circ k \circ a = k^\dagger \circ i_f \circ h^\dagger = 0 \circ h^\dagger = 0$$

が得られる．しかし，このとき，$i_f \circ h^\dagger = k \circ a = k \circ 0 = 0 = i_f \circ 0$ であり，したがって，i_f はモノ射なので，$h^\dagger = 0$ となる．こうして，必要に応じ，$h = 0$ となった．

逆に，$g\colon X \to Y$ がゼロエピ射であると仮定する．このとき，補題 3.4.7 によって，$\mathrm{coker}(g) = 0$ となる．同じ補題によって，$\ker\left((0 \to X)^\dagger\right)$ は恒等射 id_X である．構成法によって，これは g の像なので，$e_g = g$ となる．　□

補題 3.4.16　ダガー核圏において，四角形状の任意の可換図式 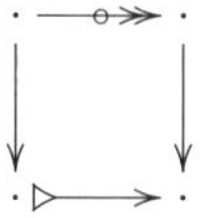 は，（一意な）対角射をもち，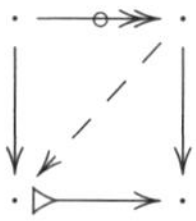 の二つの三角形が可換となる．

証明　ゼロエピ射 $e\colon E \to Y$ と核 $k = \ker(h)\colon K \rightarrowtail X$ が $k \circ f = g \circ e$ を満たすと仮定する．

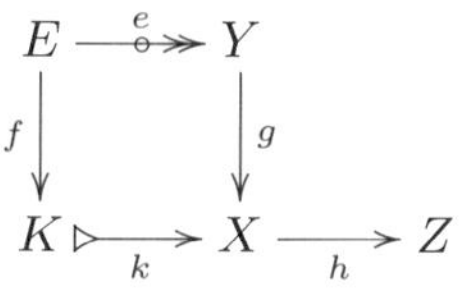

このとき，$h \circ g \circ e = h \circ k \circ f = 0 \circ f = 0$ であり，e はゼロエピ射なので，$h \circ g = 0$ となる．これから，必要な対角射 $d\colon Y \to K$ で，$k \circ d = g$ となるものが得られる．なぜなら，k は h の核だからである．k がモノ射であることを使うと，$d \circ e = f$ が得られる．　□

定理 3.4.17　ダガー核圏は，ゼロエピ射と（ダガー）核からなる分解系をもつ．□

定理 3.4.17 の系として，次の補題は命題 3.4.8 で示した例をさらに明確にする．

補題 3.4.18　ダガー核圏において，ゼロエピ射が（通常の）エピ射ならば，ダガーモノ射は核になる．

証明　$m\colon M \rightarrowtail X$ をダガーモノ射とし，その分解を (3.5) のように $m = i \circ e$ とする．ただし，i はダガー核で，e はゼロエピ射，それゆえ仮定よりエピ射であるとする．e が同型射であることを示せれば，m は核であることを示せたことになる．$m = i \circ e$ であり i はダガー核なので，$i^\dagger \circ m = i^\dagger \circ i \circ e = e$ が成り立つ．したがって，

$$e^\dagger \circ e = (i^\dagger \circ m)^\dagger \circ e = m^\dagger \circ i \circ e = m^\dagger \circ m = \mathrm{id}$$

が得られる．しかし，このとき，$e \circ e^\dagger = \mathrm{id}$ でもある．なぜなら，e はエピ射で $e \circ e^\dagger \circ e = e$ だからである．　□

3.4.19　$\boldsymbol{D}$ はダガー等化子圏で，そのすべてのダガーモノ射は核であり，余等化子は引き戻しの下で安定であるとする．このとき，$\boldsymbol{D}$ は正則圏（*cf.* 2.5.11）でもあり，補題 3.4.6 によって，例 3.4.13 と定理 3.4.17 の分解系は一致する．このような圏を**ダガー正則圏**と呼ぶことが多い．

3.4.20　定理 3.4.17 は，任意のダガー核圏がゼロエピ射とダガー核からなる分解系をもつことを示している．それと同値であるが，ダガーをとると，この圏はダガー余核とゼロモノ射からなる分解系ももつ．この二つの分解系は，次のように組み合わせることができる．ダガー核圏の任意の写像 $f\colon X \to Y$ は $f = i_f \circ e_f$ と分解される．ただし，$i_f = \ker(\mathrm{coker}(f))$ は核で，e_f はゼロエピ射である．$f^\dagger$ に対しても同じ分解を適用する．その像の双対 $(i_{f^\dagger})^\dagger = \mathrm{coker}(\ker(f))\colon X \twoheadrightarrow \mathrm{Im}(f^\dagger)$ は，一般に f の**余像**と呼ばれる．その構成法から，これはダガー余核である．こうして，

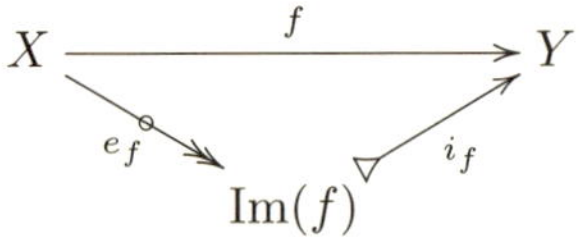

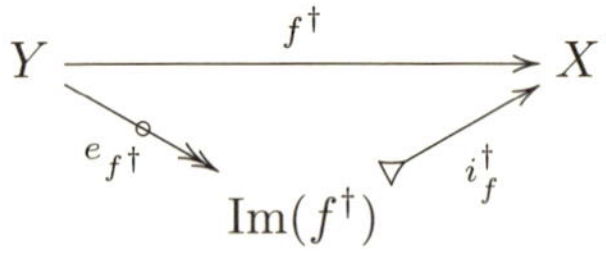

が得られる．これらの分解を組み合わせると，対角フィルインによって $(m_f)^\dagger$ と $m_{f^\dagger}$ が得られる．

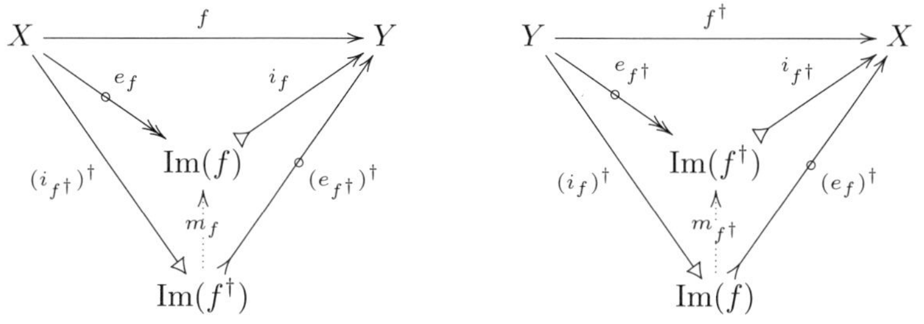

ここで，$(m_f)^\dagger = m_{f^\dagger}$ であることを主張する．これは，$(i_{f^\dagger})^\dagger$ がエピ射であるという事実から，簡単に導くことができる．

$$(m_{f^\dagger})^\dagger \circ (i_{f^\dagger})^\dagger = (i_{f^\dagger} \circ m_{f^\dagger})^\dagger = (e_f)^{\dagger\dagger} = e_f = m_f \circ (i_{f^\dagger})^\dagger$$

さらに，m_f はゼロエピ射であり，かつ，ゼロモノ射である．その結果，それぞれの $f\colon X \to Y$ を次のように分解することができる．

$$X \xrightarrow[\text{余像}]{(i_{f^\dagger})^\dagger} \mathrm{Im}(f^\dagger) \xrightarrow[\substack{\text{ゼロエピ射}\\\text{ゼロモノ射}}]{(m_{f^\dagger})^\dagger = m_f} \mathrm{Im}(f) \xrightarrow[\text{像}]{i_f} Y \tag{3.6}$$

この余像を逆にすることもできるので，射は，核の対で，それらの間にゼロモノ／ゼロエピ射があるものと理解することもできる．

$$X \xleftarrow{i_{f^\dagger}} \mathrm{Im}(f^\dagger) \rightarrowtail \circ \twoheadrightarrow \mathrm{Im}(f) \xrightarrow{i_f} Y$$

分解 (3.6) について，二，三の例で簡単に説明する．これらは，両側の核写像が型を整えるある種の調整を行い，実際の作用は中央のゼロモノ／ゼロエピ射で生じることを示している．これは，ヒルベルト空間論における**極分解**の一般化と考えることができる [104, 問題 105]．

例 3.4.21 **Rel** における任意の射 $(X \xleftarrow{r_1} R \xrightarrow{r_2} Y)$ は，（集合論的な）r_1 の像 $X' \rightarrowtail X$ および r_2 の像 $Y' \rightarrowtail Y$ を通るように分解される．図式による（$f; g = g \circ f$ という表記を用いた）順序では次のようになる．

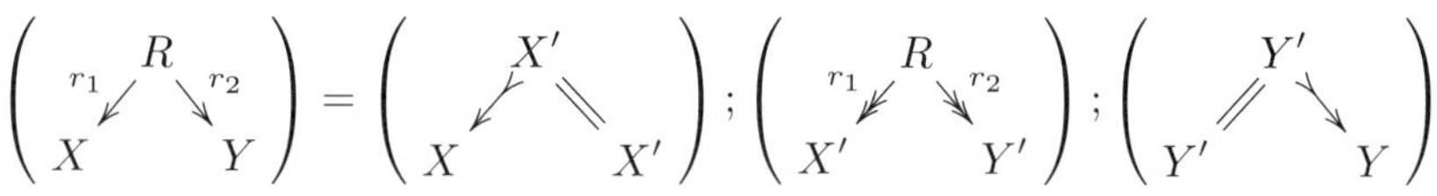

3.4.11の考え方に従えば，上記の3項分解系は，ゼロモノ／ゼロエピ射である中央の項を次のように二つに分解すると，**Rel**のダガーと両立する（2項）分解系になる．**Rel**の任意の射は，関数（のグラフ）の随伴に関数（のグラフ）を続けたものに分解される．

$$\left(\begin{array}{ccc} & R & \\ {}^{r_1}\swarrow & & \searrow^{r_2} \\ X & & Y \end{array}\right) = \left(\begin{array}{ccc} & R & \\ \swarrow_{r_1} & & \backslash\backslash \\ X & & R \end{array}\right) ; \left(\begin{array}{ccc} & R & \\ // & & \searrow^{r_2} \\ R & & Y \end{array}\right)$$

例 3.4.22　**PInj**では，(3.6)の中央の項mは恒等射である．

$$\left(\begin{array}{ccc} & F & \\ {}^{f_1}\swarrow & & \searrow^{f_2} \\ X & & Y \end{array}\right) = \left(\begin{array}{ccc} & F & \\ {}^{f_1}\swarrow & & \backslash\backslash \\ X & & F \end{array}\right) ; \left(\begin{array}{ccc} & F & \\ // & & \searrow^{f_2} \\ F & & Y \end{array}\right)$$

例 3.4.23　**Hilb**の射$f\colon X \to Y$は$f = i \circ m \circ e$と分解される．最後の項$i\colon I \to Y$は$i(y) = y$によって与えられる．ただし，その像Iは閉包$\overline{\{f(x) \mid x \in X\}}$である．最初の項$e\colon X \to E$は閉包$E = \overline{\{f^\dagger(y) \mid y \in Y\}}$上の直交射影によって与えられる．明示的には，$e(x)$は，$x = x' + x''$で$x' \in E$およびすべての$z \in E$に対して$\langle x'' \mid z \rangle = 0$となる一意な$x'$である．（例 4.2.4を参照のこと．）随伴$e^\dagger\colon E \to X$が$e^\dagger(x) = x$によって与えられるという事実を用いると，中央の項$m\colon E \to I$は，$m(x) = (i \circ m)(x) = (f \circ e^\dagger)(x) = f(x)$で決まることが分かる．明示的には，次のようになる．

$$\left(X \xrightarrow{\ f\ } Y\right) = \left(X \xrightarrow{\ e\ } E\right);\left(E \xrightarrow{\ m\ } I\right);\left(I \xrightarrow{\ i\ } Y\right)$$

この表現は，**PHilb**に受け継がれる．

定義 3.4.24　ダガー圏の射fは，ダガーモノ射iとダガーエピ射eを用いて$f = i \circ e$と分解されるならば，**部分等長変換**と呼ばれる．

3.4.25　圏**Hilb**においては，前述の定義は，通常の部分等長作用素と一致する．**PInj**のすべての射は部分等長変換であり，関手$\ell^2\colon \mathbf{PInj} \to \mathbf{Hilb}$は部分等長性を保つ．

部分等長変換の合成は，必ずしも部分等長変換にならない．たとえば，**Hilb**の部分等長変換$\kappa\colon \mathbb{C} \to \mathbb{C}^2$と$\frac{1}{2}\sqrt{2}\nabla\colon \mathbb{C}^2 \to \mathbb{C}$を考える．これらの合成は，

$x \mapsto \frac{1}{2}\sqrt{2}x$ で与えられる．これはもう部分等長変換ではない．なぜなら，$\mathbb{C} \xrightarrow{1/\sqrt{2}} \mathbb{C} \rightarrowtriangle^{\mathrm{id}} \mathbb{C}$ と分解されるからである．

補題 3.4.26 f がダガー圏の部分等長変換ならば，$f^\dagger \circ f$ および $f \circ f^\dagger$ は射影になる．ダガー等化子圏では，逆も成り立つ．さらに，$f \circ f^\dagger$ と $f^\dagger \circ f$ のいずれかが射影ならば，もう一方も射影になる．

証明 f が部分等長変換，すなわち，ダガーモノ射 i とダガーエピ射 e によって $f = i \circ e$ と分解されると仮定する．このとき，$f^\dagger \circ f \circ f^\dagger \circ f = e^\dagger \circ i^\dagger \circ i \circ e \circ e^\dagger \circ i^\dagger \circ i \circ e = e^\dagger \circ i^\dagger \circ i \circ e = f^\dagger \circ f$ であり，$(f^\dagger \circ f)^\dagger = f^\dagger \circ f$ となる．したがって，$f^\dagger \circ f$ は射影である．同様にして，$f \circ f^\dagger$ も射影である．

逆に，$f^\dagger \circ f$ が射影だと仮定する．ゼロエピ射 e とダガー核 i によって $f = i \circ e$ と分解する．$f^\dagger \circ f \circ f^\dagger \circ f = f^\dagger \circ f$ なので，

$$e^\dagger \circ e = e^\dagger \circ i^\dagger \circ i \circ e = e^\dagger \circ i^\dagger \circ i \circ e \circ e^\dagger \circ i^\dagger \circ i \circ e = e^\dagger \circ e \circ e^\dagger \circ e$$

が得られる．補題 3.4.6 によって e はエピ射なので，そこから $e^\dagger = e^\dagger \circ e \circ e^\dagger$ が得られる．また，$e^\dagger$ はモノ射なので，$\mathrm{id} = e \circ e^\dagger$ が得られる．したがって，e はダガーエピ射であり，それゆえ f は部分等長変換になる． □

3.5 ヒルベルト加群

この節では，ダガー核圏の別の例として対合的半環上のヒルベルト加群を示し，その圏論的性質を調べる．2.5 節と同じように，この圏はダガー双積をもつダガーモノイダル圏の重要な例ということができる．この節では，後者はつねにヒルベルト加群に埋め込まれることを示す．

3.5.1 (可換) **対合的半環**は，(可換) 半環 R で，次の条件を満たす関数 $\ddagger\colon R \to R$ を備えたものである．

$$r^{\ddagger\ddagger} = r$$
$$(r+s)^\ddagger = r^\ddagger + s^\ddagger$$
$$(r \cdot s)^\ddagger = s^\ddagger \cdot r^\ddagger$$

$$0^{\ddagger} = 0$$

対合的半環の要素rは，それが$r = s^{\ddagger} \cdot s$の形式になっているならば，**正要素**といい，$r \geq 0$と表記する．対合的半環Rのすべての正要素の集合をR^{+}と表記する．

3.5.2　Rを対合的半環とする．すべての左R加群Xに対して，その台集合と加法はXと同じだが，スカラー乗法$x \cdot r$には，Xのスカラー乗法によって$r^{\ddagger} \cdot x$と定義されるような右R加群$X^{\ddagger}$も存在する．

${}_R\mathbf{Mod}_S$の射$f\colon X \to Y$は，$f^{\ddagger}(m) = f(m)$によって，${}_S\mathbf{Mod}_R$の射$f^{\ddagger}\colon X^{\ddagger} \to Y^{\ddagger}$を誘導する．このようにして，可換半環$R$上の対合$\ddagger$は，対合的関手$\ddagger\colon \mathbf{Mod}_R \to \mathbf{Mod}_R$を誘導する．

ここで，前ヒルベルト空間が対合的体上のベクトル空間で内積をもつものであるように（例 2.1.2 と比較せよ），一般的に内積をもつ対合的半環上の加群を考えることができる．次の定義は，対合的半環ほどは一般的でない概念へのヒルベルト加群の新たな拡張である．

定義 3.5.3　RとSを対合的半環とする．左R右S加群Xは，次の等式を満たす${}_S\mathbf{Mod}_S$の射$\langle _ \,|\, _ \rangle\colon X^{\ddagger} \otimes X \to S$をもつとき，**ヒルベルト左$R$右$S$加群**，あるいは略して**ヒルベルト加群**と呼ぶ．

- $\langle x \,|\, y \rangle = \langle y \,|\, x \rangle^{\ddagger}$
- $\langle x \,|\, x \rangle \geq 0$
- $\langle x \,|\, \_ \rangle = \langle y \,|\, \_ \rangle \Rightarrow x = y$

ヒルベルト加群は，さらに次の条件が成り立つならば，**狭義のヒルベルト加群**と呼ぶ．

- $\langle x \,|\, x \rangle = 0 \Rightarrow x = 0$

例 3.5.4　対合的可換半環Rは，$\langle r \,|\, s \rangle_R = r^{\ddagger} \cdot s$によってそれ自体がヒルベルト$R$加群である．半環$R$は，$r \cdot s = r \cdot t$かつ$r \neq 0$ならば$s = t$となるとき，**乗**

法的簡約半環であることを思い出そう [94]．この場合，R は，狭義のヒルベルト R 加群になる．

例 3.5.5 ヒルベルト C*加群 [152] は，**C*環**上のヒルベルト加群の例である．この特別な種類の環は，これが重要な役割を演じる第 5 章で導入する．このようなヒルベルト加群は自動的に狭義のヒルベルト加群になる．なぜなら，この係数半環は環であり，引き算が使えるからである．

例 3.5.6 対合的半環上のヒルベルト加群は，対合的**クォンテール**上のヒルベルト加群に一般化することもできる [175]．基本的には，クォンテールは加法が無限個の引数をとることのできる半環である．もっと正確には，クォンテールは完備束の圏の中のモノイドである．

次の射の選び方は，C*環上のヒルベルト加群とクォンテール上のヒルベルト加群の間の射の標準的な選び方でもある．

定義 3.5.7 ヒルベルト R 加群の間の関数 $f\colon X \to Y$ は，ある関数 $f^{\dagger}\colon Y \to X$ で，すべての $x \in X^{\ddagger}$ および $y \in Y$ に対して $\langle f^{\ddagger}(x) \mid y\rangle_Y = \langle x \mid f^{\dagger}(y)\rangle_X$ となるようなものが存在するならば，**随伴可能**という．随伴可能関数は，自動的に加群準同型になる．

以降では，主として対合的可換半環 R に関心がある．ヒルベルト R 加群と随伴可能写像は，これらを圏 $\mathbf{HMod}_R$ に組織化する．$\mathbf{sHMod}_R$ によって狭義のヒルベルト R 加群による充満部分圏を表す．

3.5.8 この射の選び方と類似性をもつものがほかにもある．X の双対 R 加群 $\mathbf{Mod}(X, R)$ を X^* と書くと，定義 3.5.3 は，$\mathbf{Mod}_R$ 上のチュー構成 [20] の「対角」対象の定義に似ている．内積がベクトル空間に距離を与え，その結果として位相を与えるように，チュー構成は「一般化された位相」を与える [22]．

3.5.9 **随伴** $f^{\dagger}$ は一意に決まる．なぜなら，内積のべき転置は，定義によってモノ射だからである．しかしながら，（コーシー完備）ヒルベルト空間（$R = \mathbb{C}$ または $R = \mathbb{R}$）や有界半束（$R = \mathbb{B}$，[175] を参照）のような特別な状況を除くと，随伴は必ずしも存在しない．

この射の選び方は，$\mathbf{HMod}_R$ および $\mathbf{sHMod}_R$ がダガー圏になることを保証する．ここで，これらの圏の性質をいくつか調べよう．次の命題は，リース–フィッシャーの定理 [181, 定理 III.1] の一般化とみることもできる．

命題 3.5.10　圏 $\mathbf{HMod}_R$ は $\mathbf{Mod}_R$ 上の豊穣化であり，

$$\mathbf{HMod}_R(R,X) = \mathbf{Mod}_R(R,X) \cong X$$

が成り立つ．ただし，忘却関手 $\mathbf{HMod}_R \to \mathbf{Mod}_R$ は省略している．

証明　$X, Y \in \mathbf{HMod}_R$ に対して，$\mathbf{Mod}_R$ のゼロ射 $X \to Y$ は，随伴可能であり，したがって，$\mathbf{HMod}_R$ の射である．その随伴はゼロ射 $Y \to X$ になる．$f, g \colon X \rightrightarrows Y$ が随伴可能ならば，$f+g$ も随伴可能であり，その随伴は $f^\dagger + g^\dagger$ になる．$r \in R$ および $f \colon X \to Y$ が随伴可能ならば，$r \cdot f$ も随伴可能であり，その随伴は次のように $r^\ddagger \cdot f^\dagger$ になる．

$$\langle r \cdot f(x) \,|\, y \rangle_Y = r^\ddagger \cdot \langle f(x) \,|\, y \rangle_Y = r^\ddagger \cdot \langle x \,|\, f^\dagger(y) \rangle_X = \langle x \,|\, r^\ddagger \cdot f^\dagger(y) \rangle_X$$

合成は双線形なので，$\mathbf{HMod}_R$ は $\mathbf{Mod}_R$ 上の豊穣化である．

$X \in \mathbf{HMod}_R$ とし，$f \colon R \to X$ は $\mathbf{Mod}_R$ の射とする．$\mathbf{Mod}_R$ の射 $f^\dagger \colon X \to R$ を $f^\dagger = \langle f(1) \,|\, - \rangle_X$ によって定義する．このとき，

$$\langle f(r) \,|\, x \rangle_X = \langle r \cdot f(1) \,|\, x \rangle_X = r^\ddagger \cdot \langle f(1) \,|\, x \rangle_X = r^\ddagger \cdot f^\dagger(x) = \langle r \,|\, f^\dagger(x) \rangle_R$$

が成り立ち，その結果として，$f \in \mathbf{HMod}_R(R,X)$ となる．あきらかに，$\mathbf{HMod}_R(R,X) \subseteq \mathbf{Mod}_R(R,X)$ が成り立つ．R が $\mathbf{Mod}_R$ の生成元であるという事実を使うと，最後の主張 $\mathbf{Mod}_R(R,X) \cong X$ が証明できる．　□

3.5.11　この命題の証明から，X の内積が $\mathbf{HMod}_R(R,X)$ から再構成できることに注意しよう．実際，$\underline{x} \colon R \to X$ をこの場でだけ $x \in X$ に対して $1 \mapsto x$ と定義すると，次の式によって随伴を使うことができる．

$$\langle x \,|\, y \rangle_X = \langle \underline{x}(1) \,|\, y \rangle_X = \langle 1 \,|\, \underline{x}^\dagger(y) \rangle_S = \underline{x}^\dagger(y) = \underline{x}^\dagger \circ \underline{y}(1)$$

$\mathbf{HMod}_R(R,X)$ 自体にヒルベルト R 加群の構造を与えることで先に進めることができる．すなわち，$f, g \in \mathbf{HMod}_R(R,X)$ に対して，$\langle f \,|\, g \rangle_{\mathbf{HMod}_R(R,X)} =$

$f^\dagger \circ g(1)$ とする．すると，命題 3.5.10 は，次の命題のように強化することができる．

命題 3.5.12 任意の $X \in \mathbf{HMod}_R$ に対して，ダガー同型 $X \cong \mathbf{HMod}_R(R, X)$ が存在する．

証明 $f\colon X \to \mathbf{HMod}_R(R, X)$ および $g\colon \mathbf{HMod}_R(R, X) \to X$ を，それぞれ $f(x) = x \cdot (\_)$ および $g(\varphi) = \varphi(1)$ で定まる R 加群準同型とする．このとき，$f \circ g = \mathrm{id}$ および $g \circ f = \mathrm{id}$ であり，さらに次のようにして $f^\dagger = g$ が成り立つ．

$$\begin{aligned}\langle x \,|\, g(\varphi) \rangle_X &= \langle x \,|\, \varphi(1) \rangle_X = (x \cdot (\_))^\dagger \circ \varphi(1) \\ &= \langle x \cdot (\_) \,|\, \varphi \rangle_{\mathbf{HMod}_R(R,X)} = \langle f(x) \,|\, \varphi \rangle_{\mathbf{HMod}_R(R,X)}\end{aligned}$$ □

半環（の部分集合）は，そのすべての要素 r および s について，$r + s = 0$ ならば $r = s = 0$ となるとき，**ゼロ和自由**と呼ぶことを思い出そう．たとえば，$\mathbb{B}$，$\mathbb{Z}^+ = \mathbb{N}$，$\mathbb{Q}^+$，$\mathbb{C}^+ = \mathbb{R}^+$ はゼロ和自由であるが，半環はそうではない．この結果として，次の命題は，たとえば $\mathbb{B}, \mathbb{N}, \mathbb{Z}, \mathbb{Q}, \mathbb{R}, \mathbb{C}$ に適用できる．

命題 3.5.13 圏 $\mathbf{HMod}_R$ は有限ダガー双積をもつ．R^+ がゼロ和自由ならば，$\mathbf{sHMod}_R$ は有限ダガー双積をもつ．

証明 $H_1, H_2 \in \mathbf{HMod}_R$ が与えられたとき，2.5.3 によって R 加群 $H = H_1 \oplus H_2$ を考える．これに対して内積を次のように定義する．

$$\langle h \,|\, h' \rangle_H = \langle \pi_1(h) \,|\, \pi_1(h') \rangle_{H_1} + \langle \pi_2(h) \,|\, \pi_2(h') \rangle_{H_2} \tag{3.7}$$

$\langle h \,|\, \_ \rangle_H = \langle h' \,|\, \_ \rangle_H$ であるとする．すべての $i \in \{1, 2\}$ および $h'' \in H_i$ に対して，

$$\langle \pi_i(h) \,|\, h'' \rangle_{H_i} = \langle h \,|\, \kappa_i(h'') \rangle_H = \langle h' \,|\, \kappa_i(h'') \rangle_H = \langle \pi_i(h') \,|\, h'' \rangle_{H_i}$$

であることから，$\pi_i(h) = \pi_i(h')$ となり，$h = h'$ が得られる．したがって，H はヒルベルト R 加群である．写像 κ_i は，それらの随伴が $\pi_i\colon H \to H_i$ で次のように与えられるので，$\mathbf{HMod}_R$ の射である．

$$\langle h \,|\, \kappa_i(h') \rangle_H = \langle \pi_1(h) \,|\, \pi_1\kappa_i(h') \rangle_{H_1} + \langle \pi_2(h) \,|\, \pi_2\kappa_i(h') \rangle_{H_2} = \langle \pi_i(h) \,|\, h' \rangle_{H_i}$$

$\mathbf{sHMod}_R$ に対しては，H_1 および H_2 が狭義のヒルベルト加群ならば H も狭義のヒルベルト加群になることを確かめる必要がある．$\langle h \,|\, h \rangle_H = 0$ とすると，$\langle \pi_1(h) \,|\, \pi_1(h) \rangle_{H_1} + \langle \pi_2(h) \,|\, \pi_2(h) \rangle_{H_2} = 0$ となる．R^+ はゼロ和自由なので，$i = 1, 2$ に対して $\langle \pi_i(h) \,|\, \pi_i(h) \rangle_{H_i} = 0$ が得られる．H_i は狭義のヒルベルト加群なので，$\pi_i(h) = 0$ となる．したがって，$h = 0$ であり，H は実際に狭義のヒルベルト加群である．□

命題 3.5.14　圏 $\mathbf{HMod}_R$ は対称ダガーモノイダル圏である．R が乗法的簡約半環ならば，$\mathbf{sHMod}_R$ は対称ダガーモノイダル圏になる．

証明　H, K をヒルベルト R 加群とすると，$H \otimes K$ もまた R 加群になる．$H \otimes K$ 上の同値関係 $\sim$ を次のように定める．

$$h \otimes k \sim h' \otimes k' \quad \Leftrightarrow \quad \langle h \,|\, \_ \rangle_H \cdot \langle k \,|\, \_ \rangle_K = \langle h' \,|\, \_ \rangle_H \cdot \langle k' \,|\, \_ \rangle_K \colon H \oplus K \to S$$

これは合同関係（[94] を参照のこと）であるので，$H \otimes_H K = H \otimes K / \sim$ もまた R 加群である．これに対して内積を次のように定義する．

$$\langle [h \otimes k]_\sim \,|\, [h' \otimes k']_\sim \rangle_{H \otimes_H K} = \langle h \,|\, h' \rangle_H \cdot \langle k \,|\, k' \rangle_K$$

これで，$H \otimes_H K$ はヒルベルト加群になる．

つぎに，$f \colon H \to H'$ および $g \colon K \to K'$ を $\mathbf{HMod}_R$ の射とする．射 $f \otimes_H g \colon H \otimes_H K \to H' \otimes_H K'$ を $(f \otimes_H g)([h \otimes k]_\sim) = [f(h) \otimes g(k)]_\sim$ と定義する．これは，矛盾なく定義された関数である．なぜなら，$h \otimes k \sim h' \otimes k'$ ならば，

$$\begin{aligned}
\langle f(h) \,|\, _ \rangle_{H'} \cdot \langle g(k) \,|\, _ \rangle_{K'} &= \langle h \,|\, f^\dagger(_) \rangle_H \cdot \langle k \,|\, g^\dagger(_) \rangle_K \\
&= \langle h' \,|\, f^\dagger(_) \rangle_H \cdot \langle k' \,|\, g^\dagger(_) \rangle_K \\
&= \langle f(h') \,|\, _ \rangle_{H'} \cdot \langle g(k') \,|\, _ \rangle_{K'}
\end{aligned}$$

であり，したがって，$(f \otimes_H g)(h \otimes k) \sim (f \otimes_H g)(h' \otimes k')$ となるからである．さらに，この射は随伴可能であり，したがって次のようにして $\mathbf{HMod}_R$ の射になる．

$$\begin{aligned}
\langle (f \otimes_H g)(h \otimes k) \,|\, (h' \otimes k') \rangle_{H' \otimes_H K'} &= \langle f(h) \otimes g(k) \,|\, h' \otimes k' \rangle_{H' \otimes_H K'} \\
&= \langle f(h) \,|\, h' \rangle_{H'} \cdot \langle g(k) \,|\, k' \rangle_{K'}
\end{aligned}$$

$$
\begin{aligned}
&= \langle h \,|\, f^\dagger(h') \rangle_H \cdot \langle k \,|\, g(k') \rangle_K \\
&= \langle h \otimes k \,|\, f^\dagger(h') \otimes g^\dagger(k') \rangle_{H \otimes_H K} \\
&= \langle h \otimes k \,|\, (f^\dagger \otimes g^\dagger)(h' \otimes k') \rangle_{H \otimes_H K}
\end{aligned}
$$

同じようにして，$\mathbf{Mod}_R$ のコヒーレンス同型 $\alpha, \lambda, \rho, \gamma$ は $\sim$ を保ち，$\mathbf{HMod}_R$ のダガー同型に受け継がれる．たとえば，

$$
\begin{aligned}
\langle \lambda(r \otimes h) \,|\, h' \rangle_H &= \langle r \cdot h \,|\, h' \rangle_H \\
&= r^\ddagger \langle h \,|\, h' \rangle_H \\
&= \langle r \,|\, 1 \rangle_R \cdot \langle h \,|\, h' \rangle_H \\
&= \langle r \otimes h \,|\, 1 \otimes h' \rangle_{R \otimes_H H} \\
&= \langle r \otimes h \,|\, \lambda^{-1}(h') \rangle_{R \otimes_H H}
\end{aligned}
$$

であるので，$\lambda^\dagger = \lambda^{-1}$ となる．これまでと同じような検算によって，$(\otimes_H, R)$ が $\mathbf{HMod}_R$ を対称モノイダル圏にすることが示せる．

最後に，これらのテンソル積は，R が乗法的簡約半環ならば，$\mathbf{sHMod}_R$ に受け継がれることを確認しよう．

$$
0 = \langle [h \otimes k]_\sim \,|\, [h \otimes k]_\sim \rangle_{H \otimes_H K} = \langle h \,|\, h \rangle_H \cdot \langle k \,|\, k \rangle_K
$$

と仮定する．このとき，R は乗法的簡約半環なので，$\langle h \,|\, h \rangle_H = 0$ または $\langle k \,|\, k \rangle_H = 0$ が成り立つ．H と K は狭義のヒルベルト加群と仮定しているので，これは $h = 0$ または $k = 0$ であることを意味する．どちらの場合も $[h \otimes k]_\sim = 0$ となるので，$H \otimes_H K$ は実際に狭義のヒルベルト加群である． □

定理 2.5.10 は，有限双積をもつ圏はある $\mathbf{Mod}_R$ に埋め込まれることを示している．ダガーが存在すれば，この埋め込みは $\mathbf{HMod}_R$ を通るように分解されることを示して，この節を終える．命題 2.4.3 の拡張から始める．

補題 3.5.15 $\boldsymbol{D}$ をダガー双積をもつダガー対称モノイダル圏とする．このとき，$R = \boldsymbol{D}(I, I)$ は，対合的可換半環である．

証明 命題 2.4.3 によって，R は可換半環である．そして，ダガーが R の対合を与える．これが 3.5.1 の要件を満たすことは簡単に確認できる． □

補題 3.5.16　$\boldsymbol{D}$ は有限ダガー双積をもつダガー対称モノイダル圏とする．このとき，$R = \boldsymbol{D}(I, I)$ に対して，ダガー関手 $\boldsymbol{D}(I, \_)\colon \boldsymbol{D} \to \mathbf{HMod}_R$ が存在する．

証明　まず，$\boldsymbol{D}(I, X)$ に R 値内積を入れる．命題 3.5.12 と同じように，$\langle \_ \mid \_ \rangle\colon \boldsymbol{D}(I, X)^{\ddagger} \otimes \boldsymbol{D}(I, X) \to \boldsymbol{D}(I, I)$ を，$x, y \in \boldsymbol{D}(I, X)$ に対して $\langle x \mid y \rangle = x^{\dagger} \circ y$（の線形拡張）と定義する．米田の補題によって，このべき転置 $x \mapsto x^{\dagger} \circ (\_)$ はモノ射である．したがって，$\boldsymbol{D}(I, X)$ はヒルベルト左 R 加群である．

さらに，$\boldsymbol{D}(I, \_)$ の下で，$\boldsymbol{D}$ の射 $f\colon X \to Y$ の像は，実際，$\mathbf{sHMod}_R$ の射である．すなわち，この像は，$x \in \boldsymbol{D}(I, X)$ および $y \in \boldsymbol{D}(I, Y)$ に対して

$$\langle f \circ x \mid y \rangle_{\boldsymbol{D}(I,Y)} = (f \circ x)^{\dagger} \circ y = x^{\dagger} \circ f^{\dagger} \circ y = \langle x \mid f^{\dagger} \circ y \rangle_{\boldsymbol{D}(I,X)}$$

となるので，随伴可能である．これは，$\boldsymbol{D}(I, \_)$ がダガー関手であることも示している．　□

次の節では，補題 3.5.16 の関手が何を保つかを調べるが，ダガー核を保つことはすぐに分かる．

補題 3.5.17　$\boldsymbol{D}$ を有限ダガー双積をもつダガー対称モノイダル圏とする．補題 3.5.16 の関手 $\boldsymbol{D}(I, \_)\colon \boldsymbol{D} \to \mathbf{HMod}_R$ はダガー核を保つ．

証明　$k = \ker(f)\colon K \rightarrowtriangle X$ を $\boldsymbol{D}$ における $f\colon X \to Y$ の核とする．このとき，$\boldsymbol{D}(I, k) = k \circ (\_)\colon \boldsymbol{D}(I, K) \rightarrowtriangle \boldsymbol{D}(I, X)$ が $\mathbf{sHMod}_R$ における $\boldsymbol{D}(I, f) = f \circ (\_)\colon \boldsymbol{D}(I, X) \to \boldsymbol{D}(I, Y)$ の核であることを示さなければならない．まず，実際には $\boldsymbol{D}(I, f) \circ \boldsymbol{D}(I, k) = \boldsymbol{D}(I, f \circ k) = 0$ である．ここで，$l\colon Z \to \boldsymbol{D}(I, X)$ も $\boldsymbol{D}(I, f) \circ l = 0$ を満たす，すなわち，すべての $z \in Z$ に対して $f \circ (l(z)) = 0$ であると仮定する．k は核なので，それぞれの $z \in Z$ に対して $l(z) = k \circ m_z$ となる $m_z\colon I \to K$ が一意に決まる．関数 $m\colon Z \to \boldsymbol{D}(I, K)$ を $m(z) = m_z$ によって定義する．l が加群の射なので，m は加群の射として矛盾なく定義されている．たとえば，k はモノ射なので，

$$k \circ m_{z+z'} = l(z + z') = l(z) + l(z') = (k \circ m_z) + (k \circ m_{z'}) = k \circ (m_z + m_{z'})$$

となり，$m(z + z') = m(z) + m(z')$ である．実際，m は $l = \boldsymbol{D}(I, k) \circ m$ を満

たす一意な加群の射である．k はダガーモノ射なので，$m = \boldsymbol{D}(I, k^{\dagger}) \circ l$ が得られる．したがって，随伴可能な加群の射の合成として，m は矛盾なく定義された $\mathbf{sHMod}_R$ の射である．このようにして，$\boldsymbol{D}(I, k)$ は実際に $\boldsymbol{D}(I, f)$ の核である． □

3.6 スカラー

この節では，ダガー双積をもつダガー対称モノイダル圏に追加の仮定をおくと，そのスカラーに対してどのような結果が得られるかを調べる．ダガー等化子，いわゆる単純対称になるモノイダル単位元，そして生成元になるモノイダル単位元の場合を考える．これらの状況では，そのスカラーは対合的体，実際には複素数体の部分体を形成することが分かる．これは，[211] から着想を得て，この論文を次のように拡張する．ダガーモノ射が核であるという仮定だけを追加すると，スカラーが体であることが保証される．これによって，制限なく差や商を追加する必要をなくすことができる．この節は，位相を用いてはいないが，[178, 215] と関係している．

定義 3.6.1 圏 $\boldsymbol{D}$ の対象 I は，$\mathrm{Sub}(I) = \{0, I\}$ であり，$\boldsymbol{D}(I, I)$ がたかだか連続体濃度をもつならば，**単純**と呼ぶ．

ここで，$\mathrm{Sub}(I)$ は I の部分対象，すなわち，I へのモノ射の同値類を表している．部分対象は，4.1.1 で少し詳しく説明する．つねに，少なくとも 2 個の部分対象が存在する．それは，$0\colon 0 \rightarrowtail I$ と $\mathrm{id}\colon I \rightarrowtail I$ である．それ以外に部分対象がない（かつ濃度の条件が満たされている）ならば，I は単純対象である．たとえば，$\mathbb{C}$ は $\mathbf{Hilb}$ の単純対象である．直感的には，単純対象は 1 次元と考えることができる．また，**超コンパクト**位相空間と考えることもできる [81].

3.6.2 以降この節では，有限ダガー双積をもつダガー対称モノイダル圏 $\boldsymbol{D}$ を一つ固定し，そのスカラーの対合的可換半環を $R = \boldsymbol{D}(I, I)$ と表記する．

補題 3.6.3 $\boldsymbol{D}$ がダガー核をもてば，補題 3.5.16 の関手 $\boldsymbol{D}(I, \_)\colon \boldsymbol{D} \to \mathbf{HMod}_R$ は $\mathbf{sHMod}_R$ の中に値をとる．

証明　[211, 補題2.11] X を $\boldsymbol{D}$ の対象とするとき，すべての $x\colon I \to X$ に対して，$x^\dagger \circ x = 0$ ならば $x = 0$ となることを証明しなければならない．$x^\dagger \circ x = 0$ ならば，x は $k = \ker(x^\dagger)$ を通るように分解されるので，$x = k \circ x'$ を用いると

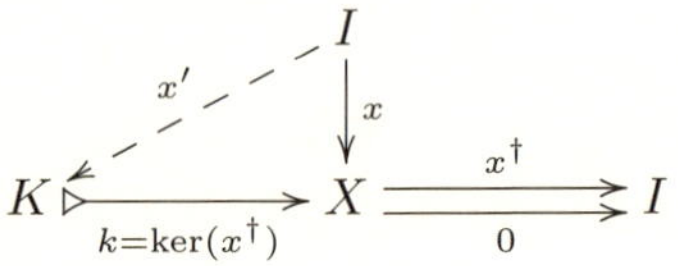

が得られる．しかし，核はダガーモノ射なので，

$$x = k \circ x' = k \circ k^\dagger \circ k \circ x' = k \circ \mathrm{coker}(x) \circ x = k \circ 0 = 0$$

となる．　□

系 3.6.4　$\boldsymbol{D}$ がダガー核をもてば，R^+ はゼロ和自由である．

証明　スカラー $r, s\colon I \rightrightarrows I$ が $r^\dagger \circ r + s^\dagger \circ s = 0$ を満たすと仮定する．定義によって，

$$\begin{aligned} 0 &= r^\dagger \circ r + s^\dagger \circ s \\ &= \nabla \circ (r^\dagger \circ r \oplus s^\dagger \circ s) \circ \Delta \\ &= \nabla \circ (r^\dagger \oplus s^\dagger) \circ (r \oplus s) \circ \Delta \\ &= ((r \oplus s) \circ \Delta)^\dagger \circ ((r \oplus s) \circ \Delta) \end{aligned}$$

が成り立つ．すると，補題 3.6.3 によって，$(r \oplus s) \circ \Delta = 0$ が得られる．これは，$\langle r\,,\, s\rangle = (r \oplus s) \circ \Delta = 0 = \langle 0\,,\, 0\rangle$ を意味する．すなわち，$r = s = 0$ となる．　□

補題 3.6.5　$\boldsymbol{D}$ が等化子をもち，I が単純ならば，R は乗法的簡約半環である．

証明　[211, 3.5] スカラー $r, s, t \in R$ に対して，$r \circ s = r \circ t$ および $r \neq 0$ と仮定する．このとき，等化子 $e = \mathrm{eq}(s, t) \in \mathrm{Sub}(I)$ が存在する．I は単純と仮定したので，e はゼロ射かまたは同型射である．$e = 0$ となるのは不可能であり，したがって同型射でなければならず，その結果として $s = t$ となることを示す．

$r \circ s = r \circ t$ であることより，$r = e \circ \bar{r}$ となる $\bar{r}$ が存在する．

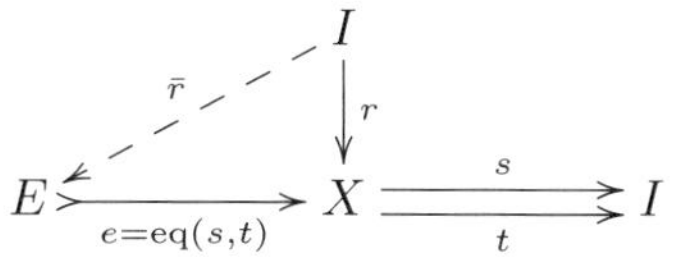

したがって，$e = 0$ ならば $r = e \circ \bar{r} = 0 \circ \bar{r} = 0$ となるが，これは矛盾である．□

補題 3.6.5 の結果はさらに強めることができる．（対合的）**可除半環**は，すべてのゼロでない要素が乗法的逆元をもつ（対合的）半環である．可換可除半環は，**半体**とも呼ばれる [94]．

補題 3.6.6 $\boldsymbol{D}$ がダガー等化子をもち，すべてのダガーモノ射が核で，I が単純ならば，R は加除半環で，その乗法的逆元 r^{-1} は，合成による逆元 r^{-1} によって与えられる．

証明　定理 3.4.17 の分解を用いて，任意の $r \in R$ がゼロ射か同型射であると証明することによって，R が可除半環であることを示す．r を，ダガーモノ射 $i\colon J \rightarrowtail I$ とゼロエピ射 $e\colon I \twoheadrightarrow J$ によって $r = i \circ e$ と分解する．I は単純と仮定しているので，i はゼロ射か，または i は同型射である．$i = 0$ ならば，$r = 0$ になる．i が同型射ならば，r はゼロエピ射になる．補題 3.4.6 によって，r はエピ射であり，したがって，$r^\dagger$ はモノ射である．ここでも，$r^\dagger = 0$ であるか，または，$r^\dagger$ は同型射である．前者の場合は，$r = 0$ になる．後者の場合は，r も同型射になる．□

3.6.7　ここまでは，半環 R が $0 = 1$ となるのを許してきた．この唯一の自明な半環は，慣例として検討から除外する場合もある．たとえば，体は通常，定義によって $0 \neq 1$ を要請する．本書の場合には，半環 R が自明であることは圏 $\boldsymbol{D}$ が自明，すなわち $\boldsymbol{D}$ は単一射（したがって単対象）圏であることと同値である．この節のこのあとの結果は，$\boldsymbol{D}$ が自明でないことを仮定している．主定理である定理 3.7.18 は，$\boldsymbol{D}$ が自明であっても成り立つ．

補題 3.6.8 $\boldsymbol{D}$ がダガー等化子をもち，すべてのダガーモノ射が核で，I が単純ならば，R は対合的体になる．

証明　[94, 4.34] を補題 3.6.6 に適用すると，R がゼロ和自由か，または体になることが分かる．矛盾を導くために，R がゼロ和自由であると仮定する．余対角 $\nabla\colon I \oplus I \to I$ の核 $k\colon K \to I \oplus I$ を考える．$k_i = \pi_i \circ k\colon K \to I$ と定義すると，$k_1 + k_2 = 0$ が得られる．すると，$k_1 \circ k_1^\dagger + k_2 \circ k_1^\dagger = 0$ であり，したがって，$k_1 \circ k_1^\dagger = 0$ となる．しかし，このとき，$k_1 = 0$ であり，したがって，$k_2 = 0$ となる．これで，$\ker(\nabla) = 0$ が示せた．しかし，このとき，補題 3.4.7(a) および補題 3.4.6 によって，∇ はモノ射で，それゆえ $\kappa_1 = \kappa_2$ となるが，これは矛盾である．そして，$\boldsymbol{D}$ のダガーは，体 R の対合を与える．□

3.6.9　PHilb のスカラーは $\mathbb{R}^+$ であり，これは環ではないことに注意しよう．$\mathbb{C}$ は **PHilb** の単純生成元なので，圏 **PHilb** はダガー等化子をもたないか，有限ダガー双積をもたないかのいずれかであることが導かれる．同様にして，補題 3.6.8 は，**Rel** がダガー等化子をもたないことを示している．

定理 3.6.10　$\boldsymbol{D}$ がダガー等化子をもち，すべてのダガーモノ射が核で，I が単純生成元ならば，R は標数 0 の対合的体で，たかだか連続体濃度をもち，R^+ はゼロ和自由である．

証明　すべてのスカラー $r\colon I \to I$ に対して，$r + \cdots + r = 0$ という性質が $r = 0$ を含意することを証明しなければならない．ここで，この左辺は，すべての $n \in \{1, 2, 3, \ldots\}$ について，n 個の r の和である．このとき，$r + \cdots + r = 0$ と仮定する．定義より，$r + \cdots + r = \nabla^n \circ (r \oplus \cdots \oplus r) \circ \Delta^n = \nabla^n \circ \Delta^n \circ r$ である．ただし，$\nabla^n = [\mathrm{id}]_{i=1}^n\colon \bigoplus_{i=1}^n I \to I$ および $\Delta^n = \langle \mathrm{id} \rangle_{i=1}^n\colon I \to \bigoplus_{i=1}^n I$ は n 重（余）対角である．しかし，補題 3.6.3 によって，$0 \neq \nabla^n \circ \Delta^n = (\Delta^n)^\dagger \circ \Delta^n$ となる．R は体なので，これは $r = 0$ を意味する．□

定理 3.6.10 のように，任意の体が実際には複素数に埋め込まれることを証明するために，代数とモデル理論のよく知られた結果を引用する．体は，その体上の次数が 1 以上のすべての多項式が根をもつならば，**代数的閉体**であることを思い出そう．

補題 3.6.11 [98, 定理 4.4] 標数 0 で，たかだか連続体濃度をもつ任意の体は，標数 0 で連続体濃度をもつ代数的閉体に埋め込むことができる． □

補題 3.6.12 [47, 命題 1.4.10] 標数 0 で連続体濃度をもつすべての代数的閉体は同型である． □

定理 3.6.13 $\boldsymbol{D}$ がダガー等化子をもち，すべてのダガーモノ射は核で，I は単純生成元ならば，体のモノ射 $R \rightarrowtail \mathbb{C}$ が存在する． □

3.6.14 補題 3.6.12 の同型射はけっしてカノニカルではない．そのような同型射は非常に数多くありうる．それは，補題 3.6.12 の証明がツォルンの補題，あるいは，それと同値な選択公理を使っていることに起因する．とくに，定理 3.6.13 の体の埋め込みは，必ずしも対合を保たない．

3.6.15 （必ずしも対称ではない）ダガーモノイダル圏に対して，そのスカラーは標数 0 でたかだか連続体濃度の斜体を形成するにすぎない．任意のこのような斜体は四元数に埋め込まれるのではないかと考えるかもしれない．しかしながら，そうならない場合がある．まず，斜体が代数的に閉であるということの標準的な定義はない [148]．つぎに，超越数の連続体を追加する手法は，この場合には適用できない [167]．そして，同じ濃度をもつ代数的に閉な斜体で同型でないものが存在する [55]．

3.6.16 定理 3.6.13 を使うためには，濃度が問題になる．単純対象についての定義 3.6.1 は，R がたかだか連続体濃度であることを要請する．しかし，補題 3.6.11 および補題 3.6.12 は，それよりも大きい濃度でも同じように成り立つ．さらに，通常の単純対象の代数的定義には，濃度についての制限はない．

そうすると，複素数には非常に馴染みがあるが，定理 3.6.10 を額面通りに受け取り，濃度についての魅力のない制限を落とすことができる．このとき，次節の定理 3.7.8 は，$\mathbf{preHilb}_{\mathbb{C}}$ への埋め込みではなく，対合的体 R に対する $\mathbf{preHilb}_R$ への埋め込みを与えるが，その埋め込みはまさにダガーを保つことになる．

3.6.17 定理 3.6.13 は，単純な前提から量子論の数学的構造を導こうとする再構成プログラムにとって興味深い．なぜなら，その中でもっとも再構成すべきはスカラーだからである [153, 177]．たとえば，[201] では，直モジュラー前ヒルベルト空間が無限次元ならば，係数体は $\mathbb{R}$ または $\mathbb{C}$ であり，この空間はヒルベルト空間になることを示している．

3.7　ヒルベルト圏

この節では，前節で調べた「ダガー性」をさらにもつダガー圏として（前）ヒルベルト圏を公理的に定義する．ダガーの存在によって，第2章の埋め込み定理に類似した定理を与えて，この章を終える．これがその名前を正当化する．（前）ヒルベルト圏は，すべての関連する構造を保ちつつ，（前）ヒルベルト空間の圏に埋め込まれる．

定義 3.7.1　圏は，次の条件を満たすとき，**前ヒルベルト圏**と呼ばれる．

- ダガーをもつ．
- 有限ダガー双積をもつ．
- （有限）ダガー等化子をもつ．
- すべてのダガーモノ射は核である．
- ダガーモノイダル圏である．

補題 3.7.2　任意の前ヒルベルト圏 $\boldsymbol{D}$ に対して，$R = \boldsymbol{D}(I, I)$ とすると，関手 $\boldsymbol{D}(I, \_) \colon \boldsymbol{D} \to \mathbf{sHMod}_R$ が存在する．この関手については，次の (a)–(e) が成り立つ．

(a)　この関手が忠実となるのは，I が生成元であるとき，そしてそのときに限る．
(b)　この関手はダガーを保つ．
(c)　この関手はダガー双積を保つ．
(d)　この関手はダガー等化子を保ち，したがって，すべての有限極限および有限余極限を保つ．
(e)　この関手は，I が単純ならば，モノイダル関手である．

証明 すでに補題 3.6.3 において，この関手が存在し，それがその補題の (b) を満たすことは分かっている．また，(a) は，定理 2.5.10 において示している．したがって，(c) から始める．系 3.6.4 によって，命題 3.5.13 で記述したように，圏 $\mathbf{sHMod}_R$ は実際にはダガー双積をもつことに注意する．$\boldsymbol{D}$ における積の定義によって，$\boldsymbol{D}(I, X \oplus Y) \cong \boldsymbol{D}(I, X) \oplus \boldsymbol{D}(I, Y)$ が得られる．

つぎに (d) にとりかかる．$F = \boldsymbol{D}(I, \_)$ が $\mathbf{Ab}$ 関手であること，すなわち，$(f+g)\circ(\_) = (f\circ\_)+(g\circ\_)$ であることは簡単に分かる．すると，補題 3.5.17 から F が（ダガー）等化子を保つことが導かれる．これから

$$F(\mathrm{eq}(f,g)) = F(\ker(f-g)) = \ker(F(f-g)) = \ker(Ff-Fg) = \mathrm{eq}(Ff,Fg)$$

が得られる．F は等化子と有限積を保つので，すべての有限極限を保つ．また，F は自己双対 $\dagger$ を保つので，すべての有限余極限も保たれる．

(e) については，補題 3.6.6 によって，命題 3.5.14 で記述したように，圏 $\mathbf{sHMod}_R$ は実際にはダガーテンソル積をもつことに注意する．このとき，自然変換 $\varphi_{X,Y}\colon \boldsymbol{D}(I,X)\otimes\boldsymbol{D}(I,Y) \to \boldsymbol{D}(I, X\otimes Y)$ と射 $\psi\colon R \to \boldsymbol{D}(I,I)$ を与えなければならない．$R = \boldsymbol{D}(I,I)$ なので，単純に $\psi = \mathrm{id}$ としてよい．$x\colon I \to X$ と $y\colon I \to Y$ に対して，$x \otimes y$ を合成

$$I \xrightarrow{\cong} I \otimes I \xrightarrow{x\otimes y} X \otimes Y$$

に写像することによって φ を定義する．φ および ψ が必要なコヒーレント図式を可換にすることは簡単に分かる． □

3.7.3 まさに定理 2.5.10 と同じように，補題 3.7.2 の埋め込みの関手は，I がすべての射影的生成元で $\boldsymbol{D}$ のすべての対象が有限射影的であるとき，充満関手になる．しかしながら，第 2 章で用いた技法は，正則圏をすべての対象を有限射影的にするような射影的生成元をもつ圏に充満に埋め込むことには使えない．そこで，$\boldsymbol{C}$ から $[\boldsymbol{C}, \mathbf{cMon}]$ に移動することによって，圏の構造を保つ埋め込みを与える．しかし，ダガー圏の場合には，$\mathbf{cMon}$ に相当するものがない．さらに，$\coprod_{X\in\boldsymbol{D}} \boldsymbol{D}(X, \_)$ は $[\boldsymbol{D}, \mathbf{cMon}]$ における射影的生成元の自明な候補であるのに対して，前ヒルベルト圏では無限余積（2.3.15 および 2.3.16 を参照のこと）をもたないことが多い．

3.7.4　$\boldsymbol{H}$ が前ヒルベルト圏で $\boldsymbol{D}$ がダガー圏ならば，$[\boldsymbol{D}, \boldsymbol{H}]$ もまた前ヒルベルト圏になる．しかし，$\boldsymbol{H}$ のモノイダル単位元が単純であったとしても，自明でない $\boldsymbol{D}$ に対して $[\boldsymbol{D}, \boldsymbol{H}]$ のモノイダル単位元は単純ではない．したがって，前述の埋め込み定理の必ずしも単純でない I への拡張は，$\mathrm{Sub}(I)$ から $\boldsymbol{D}$ を再構成する必要がある．45 ページの脚注 1 と比較してみてほしい．

モノイダル単位元が単純な生成元であるような前ヒルベルト圏 $\boldsymbol{D}$ では，定理 3.6.13 によって，スカラーを複素数体に埋め込める．このとき，対合的半環の準同型 $f\colon R \to S$ から関手 $\mathbf{HMod}_R \to \mathbf{HMod}_S$ を構成し，この構成法を $R \rightarrowtail \mathbb{C}$ に適用しよう．そうして，構造を保つ埋め込み $\boldsymbol{D} \to \mathbf{HMod}_{\mathbb{C}} = \mathbf{preHilb}$ に補題 3.7.2 を拡張する．

この技法は**係数拡大**と呼ばれ，加群の場合にはよく知られている．（たとえば，[9, 10.8.8] を参照のこと．）まず，半環上の加群の構成法をさらに詳しく検討してみよう．

3.7.5　R および S を可換半環とし，$f\colon R \to S$ を半環の準同型とする．このとき，任意の S 加群 X は，R 加群 X_R と考えることができる．ただし，X_R のスカラー乗算 $r \cdot x$ は，X のスカラー乗算を用いて $f(r) \cdot x$ と定義する．とくに，S を R 加群とみなすことができる．したがって，$S \otimes_R X$ について考えることに意味がある．いくぶん正確にいえば，S を左 S 右 R 加群と，X を左 R 加群とみることができる．すると，$S \otimes_R X$ は（左）S 加群になる．この構成法は，射 g に $\mathrm{id} \otimes_R g$ として作用する関手 $f^*\colon \mathbf{Mod}_R \to \mathbf{Mod}_S$ を誘導する．これはストロングモノイダル関手であり，双積と核を保つことが関単に分かる．

さらに，任意の S 加群は f を介して R 加群とみることができるという事実からすぐに別の関手 $f_*\colon \mathbf{Mod}_S \to \mathbf{Mod}_R$ が誘導される．これは，f による**係数制限**と呼ばれる．実際，f_* は，f^* に対する右随伴になる [33, 3.1.6e]．

それでは，R と S は対合的半環で，$f\colon R \to S$ は対合的半環の射であるようなヒルベルト加群の場合を考えよう．次の補題は，f による係数拡大が（S と f のある条件の下で）関手 $f^*\colon \mathbf{sHMod}_R \to \mathbf{sHMod}_S$ に持ち上げられることを示す．しかしながら，一般に S 値をとる内積で R 値をとる内積を作る方法は分からないので，随伴関手 $f_*\colon \mathbf{sHMod}_S \to \mathbf{sHMod}_R$ を構成することは不可能のように思える．

補題 3.7.6 R を対合的可換半環，S を乗法的簡約対合的可換半環，$f\colon R \rightarrowtail S$ を対合的半環の射とする．このとき，関手 $f^*\colon \mathbf{sHMod}_R \to \mathbf{sHMod}_S$ が存在し，次の (a)–(d) が成り立つ．

(a) この関手は忠実である．

(b) この関手はダガーを保つ．

(c) この関手は，R^+ と S^+ がともにゼロ和自由ならば，ダガー双積を保つ．

(d) この関手は，R が乗法的簡約対合的可換半環ならば，ストロングモノイダル関手になる．

証明 X を狭義のヒルベルト R 加群とする．f^*X の台を $S \otimes_R X$ と定義すると，f^*X は，以前と同じように S 加群になる．これに次のように内積を与える．

$$\langle s \otimes x \,|\, s' \otimes x' \rangle_{f^*X} = s^\ddagger \cdot s' \cdot f(\langle x \,|\, x' \rangle_X)$$

$0 = \langle s \otimes x \,|\, s \otimes x \rangle_{f^*X} = s^\ddagger \cdot s \cdot f(\langle x \,|\, x \rangle_X)$ と仮定する．S は乗法的簡約半環であるから，$s = 0$ か $f(\langle x \,|\, x \rangle_X) = 0$ のいずれかである．$s = 0$ の場合には，$s \otimes x = 0$ となる．$f(\langle x \,|\, x \rangle_X) = 0$ の場合には，$\langle x \,|\, x \rangle_X = 0$ であり，f は単射で X は狭義のヒルベルト加群であることによって $x = 0$ が得られ，したがって $s \otimes x = 0$ となる．S は半環なので，これから f^*X が狭義のヒルベルト S 加群であることが導かれる．なぜなら，$\langle x \,|\, - \rangle_{f^*X} = \langle x' \,|\, - \rangle_{f^*X}$ ならば，$\langle x - x' \,|\, - \rangle_{f^*X} = 0$ であり，したがって，とくに $\langle x - x' \,|\, x - x' \rangle_{f^*X} = 0$ である．したがって，$x - x' = 0$，すなわち $x = x'$ となる．

さらに，f^* の下での $\mathbf{sHMod}_R$ の射 $g\colon X \to X'$ の像は，$\mathbf{sHMod}_S$ の射で，その随伴は $\mathrm{id} \otimes g^\dagger$ になる．

$$\begin{aligned}
\langle (\mathrm{id} \otimes g)(s \otimes x) \,|\, s' \otimes x' \rangle_{f^*X'} &= \langle s \otimes g(x) \,|\, s' \otimes x' \rangle_{f^*X'} \\
&= s^\ddagger \cdot s' \cdot f(\langle g(x) \,|\, x' \rangle_{X'}) \\
&= s^\ddagger \cdot s' \cdot f(\langle x \,|\, g^\dagger(x') \rangle_X) \\
&= \langle s \otimes x \,|\, s' \otimes g^\dagger(x') \rangle_{f^*X} \\
&= \langle s \otimes x \,|\, (\mathrm{id} \otimes g^\dagger)(s' \otimes x') \rangle_{f^*X}
\end{aligned}$$

あきらかに，f^* は忠実であり，ダガーを保つ．これで，(a) と (b) が証明された．(c) については，ダガー双積が利用可能ならば，f^* はダガー双積を保つ．なぜならば，双積はテンソル積の上に分配されるからである．最後に，(d) を示す．テンソル積が利用可能ならば，f^* がテンソル積を保つことを示すのは，同型射 $S \to S \otimes_R R$ と自然同型 $(S \otimes_R X) \otimes_S (S \otimes_R Y) \to S \otimes_R (X \otimes_R Y)$ を与えることに行き着く．これらに対する自明な候補はコヒーレンス図式を満たし，f^* はストロングモノイダル関手になる． □

3.7.7　補題 3.7.6 のスカラー関手 f^* の拡張は，f が正則エピ射，すなわち，f が全射であるとき，そしてそのときに限り，充満になる．これを説明するための例として，包含写像 $f\colon \mathbb{N} \hookrightarrow \mathbb{Z}$ を考える．これは，あきらかに全射ではない．$f^*\colon \mathbf{sHMod}_{\mathbb{N}} \to \mathbf{sHMod}_{\mathbb{Z}}$ は対象 $X \in \mathbf{sHMod}_{\mathbb{N}}$ を $X \coprod X$ に写し，その加法的逆元は二つの X の入れ替えによって与えられることが分かる．g を射とすると，$f^*(g)$ は (x, x') を $(g(x), g(x'))$ に写す．$h(x, x') = (x', x)$ によって定まる $h\colon X \coprod X \to X \coprod X$ を考えよう．ある g について $h = f^*(g)$ ならば，$(x', x) = h(x, x') = (f^*(g))(x, x') = (g(x), g(x'))$ となるので，すべての $x, x' \in X$ に対して $g(x) = x'$ かつ $g(x') = x$ となる．したがって，g は定数でなければならず，$h = f^*(g)$ と矛盾する．すなわち，f^* は充満ではない．

ここまでの結果を集めると，前ヒルベルト圏に対する次の埋め込み定理が証明できる．

定理 3.7.8　$\boldsymbol{D}$ が前ヒルベルト圏で，そのモノイダル単位元 I が単純ならば，関手 $F\colon \boldsymbol{D} \to \mathbf{preHilb}$ が存在する．この関手は，対象に $F(X) = \mathbb{C} \otimes \boldsymbol{D}(I, X)$ として作用することによって，定理 3.6.13 のモノ射 $\boldsymbol{D}(I, I) \rightarrowtail \mathbb{C}$ に依存する．この関手 F に対して，次の (a)–(d) が成り立つ．

(a)　F が忠実なのは，I が生成元であるとき，そしてそのときに限る．

(b)　F は，係数体の同型を除いて，ダガーを保つ．

(c)　F は，すべての有限極限および有限余極限を保つ．

(d)　F は，モノイダル関手である．

証明　ここまでの結果から直接導くことができないのは，(c) の主張だけである．$f\colon \boldsymbol{D}(I,I) \rightarrowtail \mathbb{C}$ による係数拡大 f^* がすべての有限極限と有限余極限を保つことを証明する必要がある．これは，加群の理論では十分に研究された状況での計算に行き着く．[9, 練習問題 10.8.5] を参照のこと．　□

2.6 節のコンパクト対象の概念は，前ヒルベルト圏の埋め込みが有限次元ヒルベルト空間に値をとる場合を特徴づける．2.6.12 も参照されたい．

系 3.7.9　$\boldsymbol{D}$ をコンパクト前ヒルベルト圏で，そのモノイダル単位元 I が単純生成元であるものとする．$\boldsymbol{D}(I,\_)$ がストロングモノイダル関手ならば，それは **fdHilb** に値をとる．

証明　定理 3.7.8 と命題 2.6.11 を組み合わせる．　□

3.7.10　系 3.7.9 によって，**図式追跡**（たとえば [34, 1.9 節] を参照）への道が開ける．すなわち，前ヒルベルト圏において図式が可換になることを証明するには，実際の要素を利用することのできる前ヒルベルト空間においてそれが証明できれば十分である．埋め込みがストロングモノイダル関手の場合には，このことが [108] の主要結果，具体的には等式がすべての跡付き対称モノイダル圏で成り立つのは，その等式が有限次元ベクトル空間で成り立つとき，そしてそのときに限るという結果を部分的に説明している．すべてのコンパクト閉圏は跡付き対称モノイダル圏である．さらに，有限次元前ヒルベルト空間の圏と有限次元ヒルベルト空間が一致するという事実と組み合わせると，これは [198] の主要結果，具体的には等式がすべてのダガー跡付き対称モノイダル圏で成り立つのは，それが有限次元ヒルベルト空間で成り立つとき，そしてそのときに限るという事実を部分的に説明している．

ここまでは，代数的構造だけに関心をもっていた．ヒルベルト空間と連続線形写像の圏にたどり着くためには，何らかの解析が関与することになる．定理 3.7.8 をヒルベルト空間の圏への埋め込みに拡張するためには，3.1.12 で論じたようなコーシーの完備化によって誘導される反映 $\mathbf{preHilb}^{\mathrm{bd}} \underset{\leftarrow}{\overset{\rightarrow}{\bot}} \mathbf{Hilb}$ の後ろに合成する．$\boldsymbol{D}$ の射が **preHilb** ではなく $\mathbf{preHilb}^{\mathrm{bd}}$ に入るように，別の公理を課す．そのために，まず正スカラーをもっと詳しく調べる．

補題 3.7.11　前ヒルベルト圏でそのモノイダル単位元 I が単純ならば，スカラー $r\colon I \to I$ が正要素となるのは，ある $f\colon I \to X$ に対して $r = f^\dagger \circ f$ の形式であるとき，そしてそのときに限る．

証明　r が正要素ならば，定義によって，ある $s\colon I \to I$ に対して $r = s^\dagger \circ s$ となる．逆に，$f\colon I \to X$ に対して $r = f^\dagger \circ f$ と仮定する．f を，ダガーモノ射 i とエピ射 e によって $f = i \circ e$ と分解する．

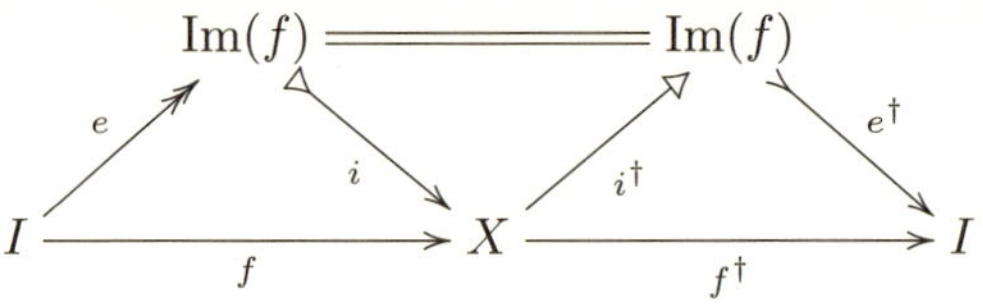

I は単純なので，$e^\dagger$ はゼロ射か同型射である．前者の場合，$0\colon I \to I$ であるから $r = f^\dagger \circ f = 0 = 0^\dagger \circ 0$ となる．後者の場合，同型射 $d\colon I \to I$ で $r = f^\dagger \circ f = d^\dagger \circ d$ となるものが存在する．□

補題 3.7.12　前ヒルベルト圏で，そのモノイダル単位元が単純ならば，正スカラー R^+ はスカラー R の対合的部分半環である．

証明　[107, 命題 7.5] あきらかに，0 と 1 は正要素である．$r = f^\dagger \circ f$ および $s = g^\dagger \circ g$ が正要素ならば，前の補題によって

$$r \bullet s = \lambda^{-1} \circ (r \otimes s) \circ \lambda = ((f \otimes g) \circ \lambda)^\dagger \circ ((f \otimes g) \circ \lambda)$$
$$r + s = \nabla \circ (r \oplus s) \circ \Delta = ((f \oplus g) \circ \Delta)^\dagger \circ ((f \oplus g) \circ \Delta)$$

も正要素になる．したがって，R^+ は R の部分半環である．そして，$r = f^\dagger \circ f$ が正要素ならば，$r^\dagger = f^\dagger \circ f = r$ も正要素であり，R^+ は対合的半環になる．□

3.7.13　前ヒルベルト圏でそのモノイダル単位元が単純生成元であるようなものにおいて，スカラーの関係 $r \leq s$ を，ある $p \in R^+$ に対して $s = r + p$ となるとき，そしてそのときに限ると定義する．この関係の反射性は自明であり，推移性は前の補題から導かれ，反対称性は R が環であるという事実から導かれる．

定義 3.7.14 前ヒルベルト圏でそのモノイダル単位元が単純生成元であるようなものにおいて，スカラー $r\colon I \to I$ は，すべての $x\colon I \to X$ に対して $x^\dagger \circ g^\dagger \circ g \circ x \leq r^\dagger \circ x^\dagger \circ x \circ r$ が成り立つとき，射 $g\colon X \to Y$ を**上から抑える**という．射は，上から抑えられるとき，**有界**と呼ばれる．

ヒルベルト圏は，射が有界であるような前ヒルベルト圏である．圏 **Hilb** において，有界な射は，通常の有界写像の概念と一致する．

3.7.15 ほぼ定義により，補題 3.7.2 の関手 $\boldsymbol{D}(I, \_)$ は，$\boldsymbol{D}$ がヒルベルト圏の場合には，射の有界性を保つ．次の補題は，定理 3.7.8 の係数拡大は有界性を保つことを示す．係数体の位相については仮定せず，完備性だけを仮定しているので，圏 $\boldsymbol{D}$ の組み合わせ的条件（有界性）が **preHilb** におけるその像の解析的性質（連続性）を保証することは注目に値する．

補題 3.7.16 R を対合的可換半環，S を乗法的簡約対合的可換半環，$f\colon R \rightarrowtail S$ を対合的半環のモノ射とする．補題 3.7.6 の表記法を用いると，$\mathbf{sHMod}_R$ において $g\colon X \to Y$ が有界ならば，$\mathbf{sHMod}_S$ において $f^*(g)$ は有界である．

証明 まず，$f\colon R \to S$ はカノニカルな順序を保つことに注意する．すなわち，$r \leq r'$ ならば，$r, r', t \in R$ に対して $r + t^\ddagger \cdot t = r'$ とすると，$f(r) + f(t)^\ddagger \cdot f(t) = f(r + t^\ddagger \cdot t) = f(r')$ となるので，$f(r) \leq f(r')$ である．

すべての $x \in X$ とある $r \in R$ に対して，$\langle g(x) \mid g(x) \rangle_Y \leq r^\ddagger \cdot r \cdot \langle x \mid x \rangle_X$ であると仮定する．このとき，$x \in X$ に対して $f(\langle g(x) \mid g(x) \rangle_Y) \leq f(r^\ddagger \cdot r \cdot \langle x \mid x \rangle_X) = f(r)^\ddagger f(r) f(\langle x \mid x \rangle_X)$ となる．したがって，$s \in S$ に対して

$$
\begin{aligned}
\langle f^* g(s \otimes x) \mid f^* g(s \otimes x) \rangle_{f^* Y} &= \langle (\mathrm{id} \otimes g)(s \otimes x) \mid (\mathrm{id} \otimes g)(s \otimes x) \rangle_{f^* Y} \\
&= \langle s \otimes g(x) \mid s \otimes g(x) \rangle_{f^* Y} \\
&= s^\ddagger \cdot s \cdot f(\langle g(x) \mid g(x) \rangle_Y) \\
&\leq s^\ddagger \cdot s \cdot f(r)^\ddagger \cdot f(r) \cdot f(\langle x \mid x \rangle_X) \\
&= f(r)^\ddagger \cdot f(r) \cdot \langle s \otimes x \mid s \otimes x \rangle_{f^* X}
\end{aligned}
$$

が成り立つ．$s \otimes x$ の形式の要素は $f^* X = S \otimes_R X$ に対する基底を形成するので，すべての $z \in f^* X$ に対して

$$\langle f^* g(z) \,|\, f^* g(z) \rangle_{f^* Y} \le f(r)^{\ddagger} f(r) \langle z \,|\, z \rangle_{f^* X}$$

となる．言い換えると，$f^*(g)$ は有界である．（$f(r)$ によって上から抑えられる．）　□

3.7.17　コーシーの完備化 $\mathbf{preHilb}^{\mathrm{bd}} \underset{\longleftarrow}{\overset{\perp}{\hookrightarrow}} \mathbf{Hilb}$ は，左随伴として，余極限を保つ．ダガーがあるために，これはすべての有限極限と有限余極限を保つことを意味する．また，**Hilb** のテンソル積の定義によって，ストロングモノイダル圏になる．

補題 3.7.16 を定理 3.7.8 と組み合わせると，この節の主定理が得られる．

定理 3.7.18　$\boldsymbol{D}$ がヒルベルト圏でそのモノイダル単位元 I が単純ならば，関手 $F\colon \boldsymbol{D} \to \mathbf{Hilb}$ が存在する．この関手は，対象に $F(X) = \mathbb{C} \otimes \boldsymbol{D}(I, X)$ として作用することにより，定理 3.6.13 の射 $\boldsymbol{D}(I, I) \rightarrowtail \mathbb{C}$ に依存する．関手 F に対して，次の (a)–(d) が成り立つ．

(a)　F が忠実となるのは，I が生成元であるとき，そしてそのときに限る．
(b)　F は，係数体の同型を除いて，ダガーを保つ．
(c)　F は，すべての有限極限および有限余極限を保つ．
(d)　F は，モノイダル圏である．　□

3.7.19　こうして構成されたヒルベルト圏 **Hilb** のそれ自体への埋め込みは，恒等関手（と同型）になることに注意しよう．

定理 3.7.8 および定理 3.7.18 は，第 1 章で述べたように，量子論の圏論的モデルとして（前）ヒルベルト圏を用いることの正当性を示している．これらの定理は，（前）ヒルベルト圏が伝統的な量子論の定式化であるヒルベルト空間と申し分ない関係をもっていることを示している．

この章を終えるにあたって，関連するアプローチを概観することによって，（前）ヒルベルト圏と定理 3.7.18 を歴史的文脈に位置づけてみよう．

3.7.20　[93] の命題 1.14 は，任意の **C*圏**が **Hilb** に埋め込まれることを証明している．ここで，C*圏とは，次の条件を満たす圏である．

1. 複素バナッハ空間と線形縮小作用素上に豊穣化されている．
2. 反線形ダガーをもつ．
3. すべての $f\colon X \to Y$ は $f^\dagger \circ f = 0 \Rightarrow f = 0$ を満たし，
   $f^\dagger \circ f = g^\dagger \circ g$ となる $g\colon X \to X$ がある．
4. すべての射 f に対して $\|f\|^2 = \|f^\dagger \circ f\|$ が成り立つ．

例 3.1.7 も参照のこと．C*圏の **Hilb** への埋め込みには，強力な解析的手法を用いる．基本的には，すべての C*環（単対象 C*圏）はヒルベルト空間の作用素の代数として具体的に実現できることを示すゲルファンド–ナイマルク定理（第 5 章を参照）の拡張だからである．C*圏の定義を 3.7.1 と比較してみると，（前）ヒルベルト圏のほうがかなり弱い．たとえば，その定義には係数体について何も組み込まれていない．実際には，3.6.10 から，係数半環が体であるという事実が導かれる．同じ理由で，（前）ヒルベルト圏とある意味で似ている**淡中圏** [67] の状況とも異なる．さらに，（前）ヒルベルト圏は，いかなる豊穣化も前提としていないが，前述の条件から導出することができる．

3.7.21 関連する埋め込み定理に [72] がある．（圏論的議論については [105] も参照のこと．）この定理は，一意に決まるコンパクト・スーパー群の有限次元ユニタリ表現の圏と同値な圏を特徴づける．前提については説明せず，この圏 $\boldsymbol{C}$ は次のようになることだけを述べるにとどめる．

1. 複素ベクトル空間上に豊穣化されている．
2. 反線形ダガーをもつ．
3. 有限双積をもつ．
4. テンソル積 $(I, \otimes)$ をもつ．
5. $\boldsymbol{C}(I, I) \cong \mathbb{C}$ が成り立つ．
6. すべての射影ダガーは分裂する．
7. すべての対象はコンパクトである．

本書の定義 3.7.1 でも，上記の条件 2, 3, 4 を要求する．さらに，条件 5 と似ているが，I が単純生成元であることを用いた．しかし，条件1は係数体が $\mathbb{C}$ であることを前提とした複素ベクトル空間上の豊穣化であるが，（前）ヒルベルト圏はそうではないことに注意しよう．条件7については，系3.7.9と比較せよ．

3.7.22　これは，ホモトピー理論に端を発した「圏論化」に従って，[11] によってさらに発展させられたものである [139]．**2ヒルベルト空間**とは，次のような圏である．

1. **Hilb** 上に豊穣化されている．
2. 反線形ダガーをもつ．
3. アーベル圏である．

2ヒルベルト空間の圏 **2Hilb** は，モノイダル圏であることが分かる．したがって，**2Hilb** の中の可換モノイドとして，**対称2-H*環**を定義する価値はある．このとき，[11] は，すべての対称2-H*環はあるコンパクト・スーパー亜群の有限次元連続ユニタリ表現の圏と同値であることを証明した．また，この証明は，基本的に，ゲルファント–ナイマルク定理の圏論化である．2ヒルベルト空間が考えられた契機は単純なヒルベルト空間の圏論化であったが，2ヒルベルト空間は本書の（前）ヒルベルト圏と似ていて，ヒルベルト空間全体の圏の特徴づけとみることもできる．しかしながら，これらには重要な違いがある．まず，条件1は，複素数を係数体とし，また，自明でない豊穣化を前提としている．たとえば，（前）ヒルベルト圏は豊穣化を前提としないので，共役とのコヒーレンスを考える必要はない．さらに，[11] は有限次元だけを考えているが，有限次元，無限次元にかかわらずヒルベルト空間全体の圏は，（前）ヒルベルト圏の典型例である．（系3.7.9も参照のこと．）そして，2ヒルベルト空間はアーベル圏であるが，（前）ヒルベルト圏はアーベル圏である必要はない．結果的に，例3.2.4によって，ヒルベルト圏 **Hilb** は，同型射でないモノ射をもつ．

第4章

ダガー核論理

前章では，圏論的**モデル**を考えたが，それは型理論として考えることもできる．この章では，そのモデルに対応する圏論的**論理**を展開する．核部分対象を述語として調べることによって，伝統的に**量子論理** [30] と呼ばれるものとの密接な関係があることが分かる．具体的には，ダガー核圏における核部分対象の束はつねに直モジュラーになる．これらの圏における存在量化子を規定し，全称量化子は存在しえないことを示す．この状況は，量子論理学者にはほとんど検討されてこなかったが，圏論的アプローチはそのような構造を明白にする．とはいえ，ダガー核圏の圏論的論理は，「動的」特徴をもち，圏論的論理で研究されている伝統的な状況設定とは異なる特質をもつことが分かる．そして，誘導されたダガー核圏の論理が古典的になるような状況設定を特徴づけ，研究する．この章は，圏論的論理の簡潔な入門でもあり，[116] の結果とバート・ジェイコブズとの共同研究で得られたいくつかの未発表の結果の統合でもある．

4.1 部分対象

圏論的論理は，圏における部分対象の研究ということができる．直感的には，部分対象が述語に対応する．この節では，ダガー核圏のいわゆる核部分対象を調べる．これらが量子論理に適切な述語の概念を与えることが分かる．たとえば，このような部分対象はある射影に対応し，また厳密な意味で閉じた部分対象に対応することを証明する．これは，ヒルベルト空間論の射影と閉部分空間の間の対応を思い起こさせる．

4.1.1　圏における対象 X へのモノ射の集まりは擬順序をなす．モノ射 $m\colon M \to X$ と $n\colon N \to X$ に対して，$m = n \circ \varphi$ を満たす（必然的に一意なモノ射）$\varphi\colon M \to N$ があるならば，$m \leq n$ と定義する．$m \leq n$ かつ $n \leq m$ ならば m と n を同値と考えると，同値類をとることによってこの擬順序を半順序にすることができる．あるいはこれと同値であるが，$m = n \circ \varphi$ を満たす同型射 $\varphi\colon M \to N$ が存在するとき，m と n を同値とみなす．このような同値類 $[m]$ を X の**部分対象**と呼ぶ．X の部分対象の集まりを $\mathrm{Sub}(X)$ と表記する．しばしば，部分対象 $[m]$ とその代表元 m は区別しない．

例 4.1.2　圏 **Set** において，対象 X の部分対象は，単に X の部分集合とみることができる．したがって，**Set** において $\mathrm{Sub}(X) \cong \mathcal{P}(X)$ である．モノイドの圏 **Mon** において，M の部分対象は，M の部分モノイドに対応する．半環の圏 **Rg** において，R の部分対象は，R の部分半環に対応する．ある半環 R 上の加群の圏 $\mathbf{Mod}_R$ において，部分対象は，部分加群に対応する．圏 **Hilb** において，部分対象はヒルベルト部分空間，すなわち，閉線形部分空間に対応する．

定義 4.1.3　ダガー核圏（*cf.* 定義 3.2.20）の部分対象は，その代表元が核，すなわち，この部分対象のすべての代表元 $m\colon M \rightarrowtail X$ がある射 $f\colon X \to Y$ の核になるとき，**核部分対象**という．結果として，すべての核部分対象は，ダガーモノ射によって表現することができる（*cf.* [199]）．

X の核部分対象の集まり $\mathrm{KSub}(X)$ は，$\mathrm{Sub}(X)$ の半順序を継承する．すなわち，$k\colon K \to X$ および $l\colon L \to X$ に対して，$k = l \circ \varphi$ を満たすような $\varphi\colon K \to L$ が存在すれば，$k \leq l$ と定義する．補題 3.4.2 によって，φ もまた核になる．$\mathrm{KSub}(X)$ 上の順序は，定義 4.1.5 で後述するように，hom 集合上の半順序の特別な場合である．

例 4.1.4　3.2 節で調べたダガー核圏において，その核部分対象が何になるかを振り返ってみよう．例 3.2.23 によって，圏 **Rel** では，$\mathrm{KSub}(X) \cong \mathcal{P}(X)$ となる．例 3.2.24 によって，部分圏 **PInj** においても同じことが成り立つ．後者の圏では，命題 3.4.8 によって，$\mathrm{KSub}(X) = \mathrm{Sub}(X)$ が成り立つことに注意しよう．圏 **Hilb** において，任意の部分対象は，閉線形部分空間の同型包含によって表現され，それゆえ，例 3.2.25 によって核部分対象になる．例 3.2.27 によって，**PHilb** の場合も同様である．すなわち，$\mathrm{KSub}(X)$ の要素は，X の閉部分空間に対応する．

定義 4.1.5 $f, g\colon X \rightrightarrows Y$ をダガー核圏の平行な射とする．これらをそれぞれ $f = i_f \circ m_f \circ (i_{f^\dagger})^\dagger$ および $g = i_g \circ m_g \circ (i_{g^\dagger})^\dagger$ と分解する．$f \leq g$ を次のように定義する．（必然的に一意なダガーモノ射）$\varphi\colon \mathrm{Im}(f) \to \mathrm{Im}(g)$ および $\psi\colon \mathrm{Im}(f^\dagger) \to \mathrm{Im}(g^\dagger)$ が存在し，

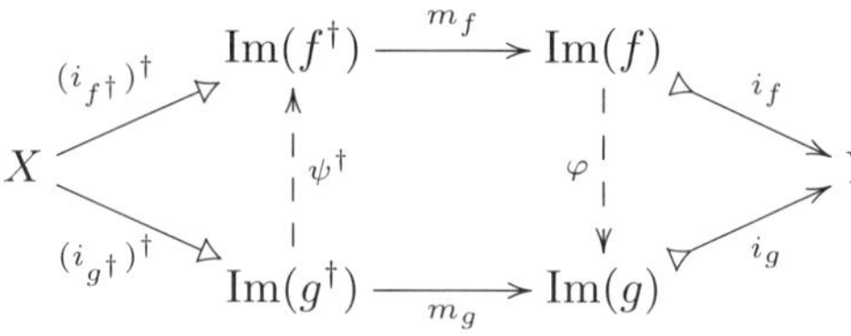

(4.1)

において

$$\psi^\dagger \circ (i_{g^\dagger})^\dagger = (i_{f^\dagger})^\dagger, \quad \varphi \circ m_f = m_g \circ \psi, \quad \varphi^\dagger \circ m_g = m_f \circ \psi^\dagger, \quad i_g \circ \varphi = i_f$$

となる．

補題 4.1.6 関係 $\leq$ はダガー核圏のそれぞれの hom 集合上の半順序で，ゼロ射を最小元とする．

証明 反射性は，$\varphi = \mathrm{id}$ および $\psi = \mathrm{id}$ とすることで簡単に証明できる．推移性を示すために，$f \leq g$ が φ と ψ を介して成り立ち，$g \leq h$ が α と β を介して成り立つと仮定する．このとき，定義 4.1.5 の 4 個の条件は，$\alpha \circ \varphi$ および $\psi \circ \beta$ によって満たされる．したがって，$f \leq h$ が成り立つ．そして，反対称性を示すために，$f \leq g$ は φ および ψ を介して成り立ち，$g \leq f$ は α および β を介して成り立つと仮定する．

このとき，$i_f \circ \alpha \circ \varphi = i_g \circ \varphi = i_f$ である．したがって，$\alpha \circ \varphi = \mathrm{id}$ が成り立つ．同様にして，$\beta \circ \psi = \mathrm{id}$ も成り立つ．補題 3.4.1 によって，α はダガーモノ射で $\alpha^\dagger = \alpha^\dagger \circ \alpha \circ \varphi = \varphi$ が成り立つ．同様にして，$\beta^\dagger = \psi$ であり，それゆえ，

$$f = i_f \circ m_f \circ (i_{f^\dagger})^\dagger = i_f \circ \alpha \circ \varphi \circ m_f \circ (i_{f^\dagger})^\dagger = i_g \circ m_g \circ \psi \circ (i_{f^\dagger})^\dagger$$

$$
\begin{aligned}
&= i_g \circ m_g \circ \beta^\dagger \circ (i_{f^\dagger})^\dagger \\
&= i_g \circ m_g \circ (i_{g^\dagger})^\dagger \\
&= g
\end{aligned}
$$

となる．最後に，任意の f に対して，$\varphi = \psi = 0$ とすると，$0 \leq f$ が得られる．□

例 4.1.7　$f, g\colon X \rightrightarrows Y$ を **PInj** の射とする．定義 4.1.5 を書き下すと，$f \leq g$ となるのは，例 3.1.5 の表記を用いて $f_i = g_i \circ \varphi$ となる $\varphi\colon F \rightarrowtail G$ が存在するとき，そしてそのときに限ることが分かる．すなわち，定義 4.1.5 の順序は，スパンの hom 集合によって誘導される **PInj** の hom 集合に関する順序に一致する．

例 4.1.8　ここで，**Rel** と **Hilb** の hom 集合の順序の明示的な特徴づけを与える．これらを得る簡単な方法は，次の 4.2.12 で与えられる．

Rel では，$R, S \subseteq X \times Y$ に対して $R \leq S$ となるのは，$R \cap R' = \emptyset$ となる $R \subseteq X \times Y$ に対して $S = R \cup R'$ であるとき，そしてそのときに限る．すなわち，$R \leq S$ となるのは，$X \times Y$ の部分集合として $R \subseteq S$ となるとき，そしてそのときに限る．

Hilb では，$f, g\colon X \rightrightarrows Y$ に対して $f \leq g$ となるのは，ある $f'\colon X \to Y$ で $\mathrm{Im}(f)$ および $\mathrm{Im}(f^\dagger)$ がそれぞれ $\mathrm{Im}(f')$ と $\mathrm{Im}((f')^\dagger)$ に直交するものに対して $g = f + f'$ となるとき，そしてそのときに限る．（これは，$\mathrm{Im}(f) \leq \mathrm{Im}(g)$ だけよりも強い条件である．）

4.1.9　定義 4.1.5 の半順序は，一般には豊穣化に使えない．たとえば，**Hilb** の射 $\kappa_1, \Delta\colon \mathbb{C} \rightrightarrows \mathbb{C}^2$ を考えてみよう．このとき，$\kappa_1 + \kappa_2 = \Delta$，$\mathrm{Im}(\kappa_1) \perp \mathrm{Im}(\kappa_2)$，$\mathrm{Im}(\pi_1) \perp \mathrm{Im}(\pi_2)$ であるから $\kappa_1 \leq \Delta$ となる．また，$\nabla \circ \kappa_1 = \mathrm{id}$，および $\nabla \circ \Delta = 2$ である．ここで，$\mathrm{id} \leq 2$ と仮定する．すると，図 (4.1) において，$\varphi = \psi = \mathrm{id}$ でなければならない．なぜなら，$i_{\mathrm{id}} = i_{\mathrm{id}^\dagger} = i_2 = i_{2^\dagger} = \mathrm{id}$ だからである．しかし，$\varphi \circ m_{\mathrm{id}} = \mathrm{id} \neq 2 = m_2 \circ \psi$ であり，これは定義 4.1.5 と矛盾する．これで，この順序は，一般に後合成によって保たれないことを示している．それにもかかわらず，この順序は，次の補題にあるような特別な種類の合成の下で保たれる．

補題 4.1.10 ダガー核圏の平行な射が $f \leq g$ を満たすとき，次の (a)–(c) が成り立つ．

(a) ダガーモノ射 i に対して $i \circ f \leq i \circ g$ となる．

(b) ダガーエピ射 e に対して $f \circ e \leq g \circ e$ となる．

(c) $f^\dagger \leq g^\dagger$

証明は省略する．

4.4 節において KSub の関手的性質にとりかかる前に，KSub(X) をさまざまな方法で従来の量子論理と結びつけることにより単独で調べる．まず，核部分対象とある種の射影の間の対応から始める．

4.1.11 任意のダガー核圏の対象 X への**射影**は自己随伴べき等射，すなわち，$p^\dagger = p = p \circ p$ を満たす射 $p\colon X \to X$ であることを思い出そう．X 上の射影の族 Proj(X) は，$p \sqsubseteq q$ となるのは $p \circ q = p$ であるとき，そしてそのときに限るような前順序構造を持ち込む．これが実際には半順序になることをみるには，$p \circ q = p$ および $q \circ p = q$ と仮定する．このとき，

$$p = p \circ q = p^\dagger \circ q^\dagger = (q \circ p)^\dagger = q^\dagger = q$$

となるので，$\sqsubseteq$ は実際に反対称的である．

命題 4.1.12 ダガー核圏の任意の対象 X に対して，$P(m) = m \circ m^\dagger$ および $P^{-1}(p) = \mathrm{Im}(p)$ で与えられる順序同型

$$P\colon (\mathrm{KSub}(X), \leq) \xrightarrow{\cong} (\{p \in \mathrm{Proj}(X) \mid p \leq \mathrm{id}\}, \sqsubseteq)$$

が存在する．ゼロエピ射がエピ射ならば，任意の $p \in \mathrm{Proj}(X)$ に対して $p \leq \mathrm{id}$ が成り立つ．

証明 あきらかに，$P(m)$ は，図式 (4.1) において $\varphi = \psi = m$ とすると，$P(m) \leq \mathrm{id}$ を満たす射影である．また，任意の射の像は，定義によって核部分対象であるので，P^{-1} は矛盾なく定義されている．これらの写像が互いの逆写像になることを確かめよう．$m \in \mathrm{KSub}(X)$ に対して，

$$P^{-1} \circ P(m) = P^{-1}(m \circ m^\dagger) = \mathrm{Im}(m \circ m^\dagger) = m$$

が成り立つ．逆に，$p \in \mathrm{Proj}(X)$ ならば，$p = i_p \circ m_p \circ (i_p)^\dagger$ であることに注意する．p が $p \leq \mathrm{id}$ を満たせば，$\varphi, \psi \colon \mathrm{Im}(p) \rightrightarrows X$ で $\psi^\dagger = (i_p)^\dagger$，$\varphi \circ m_p = \psi$，$\varphi^\dagger = m_p \circ \psi^\dagger$，$\varphi = i_p$ となるものが存在する．これらから，$\psi = i_p$ および $m_p = \mathrm{id}$ が得られる．したがって，$p = i_p \circ (i_p)^\dagger = P(\mathrm{Im}(p)) = P \circ P^{-1}(m)$ となる．

それでは，この順序を考えよう．部分対象として $m \leq n$ が成り立つ，すなわち，あるダガーモノ射 φ に対して $m = n \circ \varphi$ となるならば，$m \circ m^\dagger \circ n \circ n^\dagger = n \circ \varphi \circ \varphi^\dagger \circ n^\dagger \circ n \circ n^\dagger = n \circ \varphi \circ \varphi^\dagger \circ n^\dagger = m \circ m^\dagger$ であるので，実際に $P(m) \sqsubseteq P(n)$ である．逆に，$p \sqsubseteq q$ ならば $p \circ q = p$ であり，それゆえ $\mathrm{Im}(p \circ q) = \mathrm{Im}(p)$ となる．したがって，分解の関手性によって，実際に $P^{-1}(p) \leq P^{-1}(q)$ となる．

ゼロエピ射がエピ射ならば，射影 p に対して

$$i_p \circ e_p = p = p \circ p = p^\dagger \circ p = (e_p)^\dagger \circ (i_p)^\dagger \circ i_p \circ e_p = (e_p)^\dagger \circ e_p$$

と書くことができ，$i_p = (e_p)^\dagger$ が得られる．したがって，$p = P(i_p)$ であり，それゆえ，$p \leq \mathrm{id}$ となる．□

命題 4.1.12 を補題 3.4.26 と比べてみる．ここで，$\mathrm{Sub}(X)$ における $\mathrm{KSub}(X)$ の包含写像を考えると，厳密な意味で，後者の閉部分対象として前者を特徴づけることができる．

4.1.13　X をダガー核圏の対象とする．$\mathrm{Sub}(X)$ の**閉包演算** [29] は，すべての $m \in \mathrm{Sub}(X)$ に対して $\overline{m} \in \mathrm{Sub}(X)$ を次のように与えたもので構成される．

(i)　$m \leq \overline{m}$

(ii)　$m \leq n$ ならば $\overline{m} \leq \overline{n}$

(iii)　$\overline{\overline{m}} = \overline{m}$

補題 4.1.14　ダガー核圏では，$m \mapsto \mathrm{Im}(m) = \ker(\mathrm{coker}(m))$ は閉包演算である．

証明　(i) は簡単である．$\mathrm{coker}(m) \circ m = 0$ であるから，$m \leq \ker(\mathrm{coker}(m))$ である．(ii) を示すためには，$m \leq n$ と仮定する．このとき，$\mathrm{coker}(n) \circ \ker(\mathrm{coker}(m)) = 0$ となり，

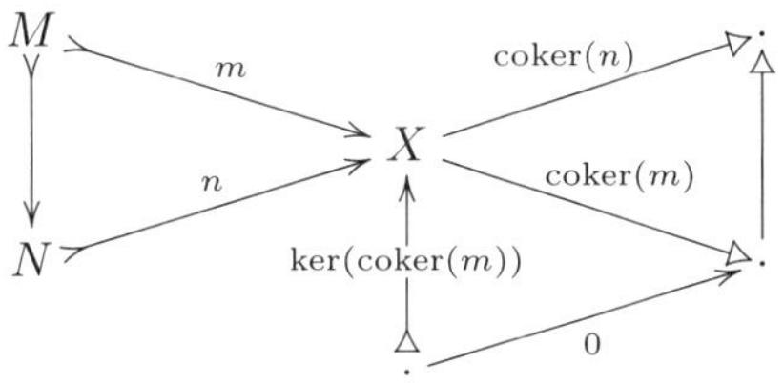

であるから, $\ker(\mathrm{coker}(m)) \leq \ker(\mathrm{coker}(n))$ となる．最後に, (iii) は補題 3.4.1(c) からすぐに導くことができる． □

補題 4.1.15 ダガーモノ射が核であるようなダガー核圏の任意の対象 X に対して反映 $\mathrm{Sub}(X) \overset{\ker(\mathrm{coker}(\_))}{\underset{\perp}{\rightleftarrows}} \mathrm{KSub}(X)$ が存在する．

証明 モノ射 m とダガーモノ射 n に対して，$\ker(\mathrm{coker}(m)) \leq n$ となるのは，$m \leq n$ であるとき，そしてそのときに限ることを証明しなければならない．補題 4.1.14(i) によって，$m \leq \ker(\mathrm{coker}(m))$ であり，これで一方向が証明できる．逆向きについては，補題 4.1.14(ii) によって，$\ker(\mathrm{coker}(m)) \leq \ker(\mathrm{coker}(n))$ であることが分かる．この証明を完成させるためには，ダガーモノ射は核であるから，$n = \ker(\mathrm{coker}(n))$ であることに注意する． □

最後に，半順序 $\mathrm{KSub}(X)$ を単純対象および生成元の概念と関連づける．そうすることで，第 2 章と第 3 章の埋め込まれるべき圏に関してどのような制限があってもよいように思われる生成元の概念が，順序理論のよく知られた概念と対応していることが分かる．

定義 4.1.16 半順序集合の元 x, y に対して，$x < y$ かつ $x \leq z < y$ ならば $z = x$ となる（ただし $z < y$ となるのは，$z \leq y$ かつ $z \neq y$ のとき，そしてそのときに限る）とき，y は x を覆うという．最小限 0 をもつ半順序集合の元 a は，0 を覆うならば，**原子元**と呼ばれる．それと同値であるが，原子元は，それよりも真に小さい元の結びとして表すことはできない．結果的に，0 は原子元ではない．半順序集合は，その任意の元 $x \neq 0$ に対して $a \leq x$ となる原子元 a が存在するならば，**原子的**と呼ばれる．そして，束は，そのすべての元が原子元の結びになるならば，**原子論的**という [64]．

命題 4.1.17　ダガー核圏の任意の対象 I に対して，次の (a)–(c) は互いに同値である．

(a)　$\mathrm{id}_I = 1$ は $\mathrm{KSub}(I)$ の原子元である．

(b)　$\mathrm{KSub}(I) = \{0, 1\}$

(c)　ゼロ射でない核 $x\colon I \to X$ は $\mathrm{KSub}(X)$ の原子元である．

証明　(a) ⇒ (b) を示すために，m を I への核とする．$m \leq \mathrm{id}_I$ であり，右辺は原子元であるから，$m = 0$ であるか，または m が同型射であることが得られる．したがって，$\mathrm{KSub}(I) = \{0, 1\}$ となる．

(b) ⇒ (c) を証明するために，核 $m\colon M \to X$ と $x\colon I \to X$ に対して $m \leq x$ であると仮定する．すると，$\varphi\colon M \rightarrowtail I$ に対して，$m = x \circ \varphi$ となる．このとき，補題 3.4.2 によって，φ は核である．$\mathrm{KSub}(I) = \{0, 1\}$ であるから，φ はゼロ射，または φ は同型射である．したがって，部分対象として，$m = 0$ または $m = x$ である．すなわち，x は原子元である．最後に (c) ⇒ (a) は自明である．□

定義 4.1.18　I が命題 4.1.17 の条件を満たすとき，**核部分単純**対象と呼ぶ．核部分単純対象と定義 3.6.1 で定義した単純対象を区別するために，後者を部分単純対象とも呼ぶ．任意の部分単純対象は，核部分単純対象である．

同様にして，I が，すべての核 $x\colon I \rhd\!\!\longrightarrow X$ に対して $f \circ x = g \circ x$ であるときには必ず $f = g\colon X \rightrightarrows Y$ となるならば，**核部分生成元**と呼ぼう．任意の核部分生成元は生成元である．

補題 4.1.19　ダガー核圏 $\boldsymbol{D}$ が核部分単純な核部分生成元 I をもつならば，$\mathrm{KSub}(X)$ の任意の元は，$x\colon I \to X$ という形式のゼロ射でない元を含む．したがって，$\mathrm{KSub}(X)$ は原子的であり，その原子はゼロ射でない核 $x\colon I \to X$ である．

証明　ゼロ射でない核 $m\colon M \to X$ で，それを通じて分解されるゼロ射でない核 $x\colon I \to X$ がないようなものがあると仮定する．$f\colon I \to M$ が核ならば，$x = m \circ f$ は m を通じて分解されるので，$x = 0$ でなければならない．m はモノ射であるから，この場合にも $f=0$ である．したがって，核 $I \to M$ は 0 だけである．I は核部分生成元であるから，任意の対象 Y に対して $\boldsymbol{D}(M,Y)=\{0\}$ となることが導かれる．しかし，このとき，$m=0$ であるが，これは矛盾している． □

定義 4.1.20 $\mathrm{KSub}(X)$ の原子の集合を Atom_X と表記する．$\mathrm{KSub}(X)$ の部分集合 B と元 $m \in \mathrm{KSub}(X)$ に対して，$B[m]=\{b \leq m \mid b \in B\}$ とする．

補題 4.1.21 ダガー核圏が KSub 単純な KSub 生成元 I をもてば，$\mathrm{KSub}(X)$ は任意の対象 X に対して原子論的である．

証明 $m \in \mathrm{KSub}(X)$ とする．このとき，m は集合 $\mathrm{Atom}_X[m]=\{x \leq m \mid x$ は原子元$\}$ の最小上界であることを示す．あきらかに，m は上界である．すべての $x \in \mathrm{Atom}_X[m]$ に対して $x \leq n$ であると仮定して，$m \leq n$ であることを示さなければならない．あるいは，これと同値であるが，$m=n \circ n^\dagger \circ m$ を示さなければならない．I は KSub 生成元であるから，すべての核 $y\colon I \to M$ に対して $m \circ y = n \circ n^\dagger \circ m \circ y$ を示せば十分である．ここで，$x=m \circ y$ は，命題 4.1.17 によって原子であり，$x \leq m$ を満たす．すると，$x \leq n$ であり，$m \circ y = x = n \circ n^\dagger \circ x = n \circ n^\dagger \circ m \circ y$ となる．こうして，$\mathrm{KSub}(X)$ は原子論的になる． □

この節を終えるにあたって，任意の $\mathrm{KSub}(X)$ は交わり半束になることを示す．次の二つの節では，さらに豊富な構造があることを示す．

命題 4.1.22 ダガー核圏の対象 X に対して，$\mathrm{KSub}(X)$ は有界交わり半束になる．明示的には，最小元 $0=\ker(\mathrm{id}_X)\colon 0 \to X$，最大元 $1=\mathrm{id}_X=\ker(0)\colon X \to X$ であり，交わりは引き戻しによって定義される．

証明 命題 3.4.3 によって，$\mathrm{KSub}(X)$ は（有限）交わりをもつ．すなわち，$k,l \in \mathrm{KSub}(X)$ に対して，$k \wedge l \in \mathrm{KSub}(X)$ を次のような引き戻しとして定義する．

$$\begin{array}{ccc} K\wedge L & \xrightarrow{k^{-1}(l)} & K \\ {\scriptstyle l^{-1}(k)}\downarrow & \searrow{\scriptstyle k\wedge l} & \downarrow{\scriptstyle k} \\ L & \xrightarrow[l]{} & X \end{array}$$

□

4.2 直交性

ヒルベルト空間の圏においては，内積の存在（したがって，随伴射の存在）が，納得のいく幾何学的直感に合った直交の概念を導く．この節では，直交性概念を任意のダガー核圏にまで広げる．その最初の結果は，次の節で示すように，任意のKSub(X)が直モジュラー束になることである．この節では，直交性によって任意のKSub(X)は束になるという事実に焦点を当てる．

定義 4.2.1　ゼロ対象をもつダガー圏において，共通のコドメインをもつ射$f\colon X \to Z$と$g\colon Y \to Z$は，$g^\dagger \circ f = 0$となるとき，あるいは，それと同値であるが，$f^\dagger \circ g = 0$となるとき，**直交**するといい，$f \perp g$と表記する．

例 4.2.2　**Hilb**において，射$f\colon X \to Z$と$g\colon Y \to Z$は，すべての$x \in X$と$y \in Y$に対して$\langle f(x) \,|\, g(y) \rangle = 0$となるとき，すなわち，すべての$X$の要素$x$と$Y$の要素$y$に対してヒルベルト空間$Z$において$f(x) \perp g(y)$となるとき，まさに直交する．

定義 4.2.3　ダガー核圏の射$k\colon K \to X$に対して，$k^\perp = \ker(k^\dagger)$と定義する．$k$が核部分対象ならば，$k^\perp$をその**直交核部分対象**といい，$k^\perp\colon K^\perp \rightarrowtriangle X$と表記する．

例 4.2.4　$k \in$ KSub(X)を**Hilb**の核部分対象とする．例3.2.4と同じように，kとして，閉部分空間$K \subseteq X$（の同型包含）を代表にすることができる．このとき，$k^\dagger\colon X \to K$は，XからKの上への**直交射影**になる．ヒルベルト空間Xのすべての要素xは，$y \in K$とすべての$u \in K$に対して$z \perp u$となる要素によっ

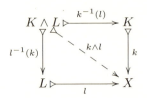

て $x = y + z$ の形式に一意に書くことができる．すると，$k^\dagger(x) = k^\dagger(y+z) = y$ となる．したがって，

$$K^\perp = \ker(k^\dagger) = \{x \in X \mid \forall_{u \in K}.\langle u \mid x\rangle = 0\}$$

が成り立つ（[135, 2.5] を参照のこと）．同じことが，**PHilb** でも成り立つ．

Rel の対象 X の核部分対象を部分集合 $K \subseteq X$ と同一視すると，$K^\perp = \{x \in X \mid x \notin K\}$ であることが簡単に分かる．同じことが，**PInj** に対しても成り立つ．

補題 4.2.5 ダガー核圏では，それぞれの核部分対象 k に対して，$k^{\perp\perp} = k$ となる．したがって，すべての $\mathrm{KSub}(X)$ は，いわゆる**直交半順序集合**である．

証明 $k = \ker(f)$ とすると，

$$k^{\perp\perp} = \ker(\ker(k^\dagger)^\dagger) = \ker(\mathrm{coker}(\ker(f))) = \ker(f) = k$$

が成り立つ． □

補題 4.2.6 ダガー核圏において，次の (a)–(d) は互いに同値である．

(a) f は $g^\perp$ を通じて分解される．
(b) $f \perp g$
(c) $g \perp f$
(d) g は $f^\perp$ を通じて分解される．

とくに，$m \leq n^\perp$ となるのは，$n \leq m^\perp$ であるとき，そしてそのときに限る．したがって，次の関手が存在する．

$$(\_)^\perp \colon \mathrm{KSub}(X) \xrightarrow{\cong} \mathrm{KSub}(X)^{\mathrm{op}}$$ □

$\mathrm{KSub}(X)$ の要素を X の述語と解釈すると，関手 $(\_)^\perp$ は，述語の否定のように作用する．ある意味で，$(\_)^\perp$ は，次の補題に示すように，期待通り否定として振る舞う．

補題 4.2.7 ダガー核圏において，関手 $\perp \colon \mathrm{KSub}(X)^{\mathrm{op}} \to \mathrm{KSub}(X)$ は圏同値

である．とくに，この関手は，その逆 $\perp^{\mathrm{op}}\colon \mathrm{KSub}(X) \to \mathrm{KSub}(X)^{\mathrm{op}}$ の左随伴かつ右随伴である．

証明　これは，$m^{\perp} \leq n$ であるのは，$n^{\perp} \leq m$ であるとき，そしてそのときに限ることを意味している．これは，$\perp$ が対合的であるので，成り立つ．　□

しかし，次の命題 3.4.3 の系が示すように，$(\_)^{\perp}$ の性質が，否定の性質と似ているのはここまでである．

系 4.2.8　次の図式は引き戻しである．

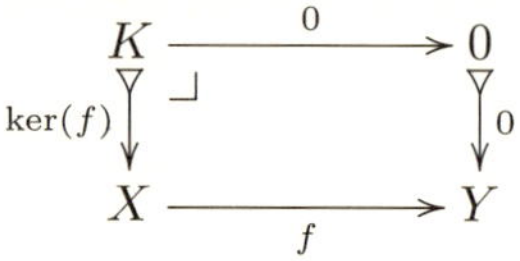

この図式が示していることを論理として述べると，偽，すなわち最小元 $0 \in \mathrm{KSub}(Y)$ は，一般に代入の下で保たれない．また，否定 $(\_)^{\perp}$ は代入と可換ではない．なぜなら，$1 = 0^{\perp}$ かつ $f^{-1}(1) = 1$ であるからである．

4.2.9　命題 4.1.22 によって，すべての $\mathrm{KSub}(X)$ は，ダガー核圏における交わり半束になることが分かっている．これと関手 $(\_)^{\perp}\colon \mathrm{KSub}(X)^{\mathrm{op}} \to \mathrm{KSub}(X)$ を組み合わせると，$k \vee l = (k^{\perp} \wedge l^{\perp})^{\perp}$ という定義によって $\mathrm{KSub}(X)$ は束になることが分かる．結びは，射 f に沿った引き戻しによって必ずしも保たれない．しかし，次の等式が成り立つ．

$$k \vee k^{\perp} = (k^{\perp} \wedge k^{\perp\perp})^{\perp} = (k^{\perp} \wedge k)^{\perp} = 0^{\perp} = 1$$

言い換えると，$\mathrm{KSub}(X)$ は**直交相補束**である．

少し脱線すると，定義 4.1.5 の順序は，双積があればそれによって特徴づけることができる．次の二つの結果は，$\oplus$ の代わりに直和の余アフィン構造を使って，**PInj** にも適用できる．単純にするために，これらは双積のみを使って述べる．

補題 4.2.10　ダガー双積をもつダガー核圏の平行な射 f, g, h に対して，次の (a)–(c) が成り立つ．

(a) $h \perp (f+g)$ となるのは，$h \perp f$ かつ $h \perp g$ であるとき，そしてそのときに限る．

(b) $f+g=0$ ならば，$f=g=0$ である．

(c) $f+g=f$ ならば，$g=0$ である．

証明 (a) については，$h \perp f$ となるのは，$i_h \perp i_f$ であるとき，そしてそのときに限ることに注意する．すると，$h \perp f$ かつ $h \perp g$ となるのは，$i_f^\dagger \circ i_h = 0$ かつ $i_g^\dagger \circ i_h = 0$ であるとき，そしてそのときに限る．これは

$$i_{f+g}^\dagger \circ i_h = [i_f\,,\,i_g]^\dagger \circ i_h = \langle i_f^\dagger\,,\,i_g^\dagger \rangle \circ i_h = 0$$

と同値であり，したがって，$h \perp (f+g)$ と同値である．

(b) については，$f+g=0$ と仮定する．このとき，$[i_f\,,\,i_g] \circ \langle e_f\,,\,e_g \rangle = f+g=0$ である．$[i_f\,,\,i_g]$ はモノ射であることから，$\langle e_f\,,\,e_g \rangle = 0$ が導かれる．したがって，$e_f = e_g = 0$ かつ $f=g=0$ となる．

(c) については，$f+g=f$ と仮定すると，

$$[i_f\,,\,i_g] \circ \langle e_f\,,\,e_g \rangle = f+g = f = i_f \circ e_f = [i_f\,,\,i_g] \circ \kappa_1 \circ e_f$$

となるので，$\langle e_f\,,\,e_g \rangle = \kappa_1 \circ e_f$ が得られる．しかし，このとき，$e_g = \pi_2 \circ \langle e_f\,,\,e_g \rangle = \pi_2 \circ \kappa_1 \circ e_f = 0$ であるから，$g=0$ である． □

命題 4.2.11 ダガー圏 $\boldsymbol{D}$ がダガー双積をもてば，その hom 集合に半順序を入れることができる．その半順序において，$f \leq g$ となるのは，ある f' で，$f \perp f'$ かつ $f^\dagger \perp (f')^\dagger$ かつ $f+f'=g$ となるものが存在するとき，そしてそのときに限る．この半順序には（必ず一意なダガー）同型射 $\varphi\colon K \oplus K^\perp \to X$ で，すべての $k \in \mathrm{KSub}(X)$ に対して $\varphi \circ \kappa_1 = k$ かつ $\varphi \circ \kappa_2 = k^\perp$ となるようなものがあるときは，定義 4.1.5 の半順序と一致する．

証明 反射性は簡単に示せる．$f'=0$ とすると，$f \leq f$ になる．推移性については，$f \leq g$ かつ $g \leq h$ と仮定すると，$f+f'=g$ および $g+g'=h$ となる f' と g' が存在し，$f \perp f'$ かつ $f^\dagger \perp (f')^\dagger$ かつ $g \perp g'$ かつ $g^\dagger \perp (g')^\dagger$ となる．ここで，$f'' = f'+g'$ とすると，$f+f''=h$ が得られる．補題 4.2.10(a) によって，$f \perp f''$ かつ $f^\dagger \perp (f'')^\dagger$ であるので，$f \leq h$ が得られる．反対称性について

は，$f \le g$ かつ $g \le f$ と仮定すると，$f + f' = g$ および $g + g' = f$ となる f' と g' が存在し，$f \perp f'$ かつ $f^\dagger \perp (f')^\dagger$ かつ $g \perp g'$ かつ $g^\dagger \perp (g')^\dagger$ となる．このとき，$f = f + (f' + g')$ であるから，補題 4.2.10(c) によって $f' + g' = 0$ であり，補題 4.2.10(b) によって $f' = g' = 0$ となる．しかし，これは $f = g$ ということである．これで，$\le$ は半順序になることが示せた．

この半順序が定義 4.1.5 に一致することを示すには，まず $f + f' = g$ と仮定する．ただし，$f \perp f'$ かつ $f^\dagger \perp (f')^\dagger$ とする．$f + f'$ の分解から，(4.1) の形の図式，具体的には次の図式が得られる．

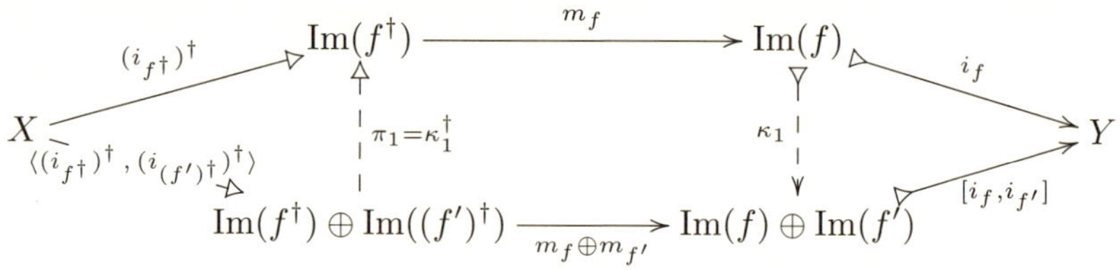

逆に，図式 (4.1) のような φ, ψ があると仮定すると，同型射 $[\varphi, \varphi^\perp] \colon \mathrm{Im}(f) \oplus \mathrm{Im}(f)^\perp \to \mathrm{Im}(g)$ および $[\psi, \psi^\perp] \colon \mathrm{Im}(f^\dagger) \oplus \mathrm{Im}(f^\dagger)^\perp \to \mathrm{Im}(g^\dagger)$ が得られる．$\varphi^\dagger \circ m_g = m_f \circ \psi^\dagger$ であるから，次の図式を可換にする n がある．

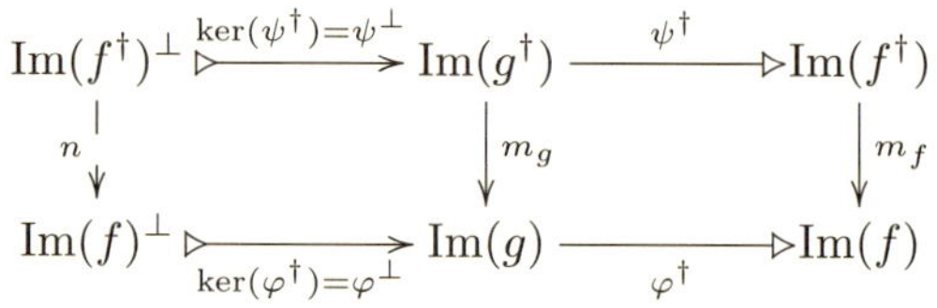

したがって，

$$
\begin{aligned}
[\varphi, \varphi^\perp] \circ (m_f \oplus n) \circ [\psi, \psi^\perp]^\dagger &= [\varphi \circ m_f, \varphi^\perp \circ n] \circ [\psi, \psi^\perp]^\dagger \\
&= m_g \circ [\psi, \psi^\perp] \circ [\psi, \psi^\perp]^\dagger = m_g \qquad (4.2)
\end{aligned}
$$

が得られる．ここで，

$$
f' = \left(X \xrightarrow{(i_{g^\dagger})^\dagger} \mathrm{Im}(g^\dagger) \xrightarrow{(\psi^\perp)^\dagger} \mathrm{Im}(f^\dagger)^\perp \xrightarrow{n} \mathrm{Im}(f)^\perp \xrightarrow{\varphi^\perp} \mathrm{Im}(g) \xrightarrow{i_g} Y \right)
$$

とすると，

$$
f^\dagger \circ f' = f^\dagger \circ i_g \circ \varphi^\perp \circ n \circ (\psi^\perp)^\dagger \circ (i_{g^\dagger})^\dagger
$$

$$
\begin{aligned}
&= (e_f)^\dagger \circ (i_f)^\dagger \circ i_g \circ \varphi^\perp \circ n \circ (\psi^\perp)^\dagger \circ (i_{g^\dagger})^\dagger \\
&= (e_f)^\dagger \circ (i_f)^\dagger \circ i_g \circ \ker((i_f)^\dagger \circ i_g) \circ n \circ (\psi^\perp)^\dagger \circ (i_{g^\dagger})^\dagger \\
&= (e_f)^\dagger \circ 0 \circ n \circ (\psi^\perp)^\dagger \circ (i_{g^\dagger})^\dagger = 0
\end{aligned}
$$

となるので，$f \perp f'$ である．同様にして，$f^\dagger \perp (f')^\dagger$ も得られる．最後に，$f+f' = g$ となることを確かめる．

$$
\begin{aligned}
g &= i_g \circ m_g \circ (i_{g^\dagger})^\dagger \\
&= i_g \circ [\varphi, \varphi^\perp] \circ (m_f \oplus n) \circ [\psi, \psi^\perp]^\dagger \circ (i_{g^\dagger})^\dagger && \text{((4.2) によって)} \\
&= [i_g \circ \varphi, i_g \circ \varphi^\perp] \circ (m_f \oplus n) \circ \langle \psi^\dagger \circ (i_{g^\dagger})^\dagger, (\psi^\perp)^\dagger \circ (i_{g^\dagger})^\dagger \rangle \\
&= (i_f \circ m_f \circ (i_{f^\dagger})^\dagger) + (i_g \circ \varphi^\perp \circ n \circ (\psi^\perp)^\dagger \circ (i_{g^\dagger})^\dagger) = f + f' \qquad \square
\end{aligned}
$$

4.2.12 **Rel** と **Hilb** はともにダガー双積をもち，4.2.11 の前提を満たすので，例 4.1.8 で述べたこれらの hom 集合における順序の明示的な特徴づけが得られた．

この節を終えるにあたって，核部分対象束が完備であるためには，有向余極限が存在すればよいことを示す．

4.2.13 前順序は，すべての要素が共通の上界をもつとき，有向であることを思い出そう．**有向余極限**は，有向前順序を図式とみたときの余極限である．

次の補題は，[33, 命題 2.16.3] の特別な場合である．

補題 4.2.14 圏 $\boldsymbol{C}$ が有向余極限をもち，X がその圏の対象ならば，スライス圏 $\boldsymbol{C}/X$ は，同じく有向余極限をもつ．

証明 $(k_i)_{i\in I}$ を $\boldsymbol{C}/X$ の有向図式とする．このとき，$(K_i)_{i\in I}$ を $\boldsymbol{C}$ の有向図式とし，$c_i \colon K_i \to K$ を余極限とする．

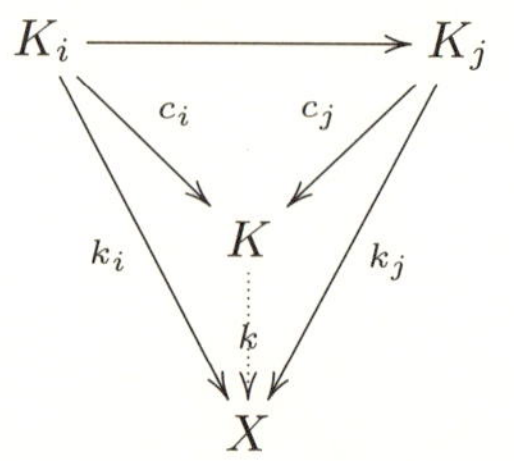

すると，射 $k\colon K \to X$ で，$k_i = k \circ c_i$，すなわち $\boldsymbol{C}/X$ の錐 $c_i\colon k_i \to k$ になるようなものが存在する．

$d_i\colon k_i \to l$ を $\boldsymbol{C}/X$ の錐と仮定する．すなわち，射 $d_i\colon K_i \to L$ は $k_i = l \circ d_i$ を満たすと仮定する．このとき，$(d_i)_{i\in I}$ は，$\boldsymbol{C}$ で錐を形作る．したがって，$d_i = \varphi \circ c_i$ となるような $\varphi\colon K \to L$ がある．すると，すべての $i \in I$ に対して $l \circ \varphi \circ c_i = k \circ c_i$ となる．c_i は，結合的エピ射なので，$l \circ \varphi = k$ である．したがって，$l \circ \varphi = k$ は $\boldsymbol{C}/X$ に属し，図式 $(k_i)_{i\in I}$ は実際に $\boldsymbol{C}/X$ に余極限をもつ．その余極限は，具体的には $c_i\colon k_i \to k$ である．□

この補題は，次のように核部分対象に特化される．

補題 4.2.15　ダガー核圏 $\boldsymbol{D}$ が有向余極限をもつならば，すべての $X \in \boldsymbol{D}$ に対して $\mathrm{KSub}(X)$ は有向余極限をもつ．

証明　補題 4.1.15 を反映 $\boldsymbol{D}/X \underset{\perp}{\overset{\mathrm{Im}(\_)}{\rightleftarrows}} \mathrm{KSub}(X)$ に拡張する．実際，$\boldsymbol{D}/X$ に属する $f\colon Y \to X$ および $\mathrm{KSub}(X)$ に属する $k\colon K \rightarrowtail X$ に対して，次の図式の対角フィルインを用いると，$\mathrm{KSub}(X)$ の射 $d\colon i_f \to k$ で，$\boldsymbol{D}/X$ の射 $\varphi\colon f \to k$ に全単射的に対応するものがある．

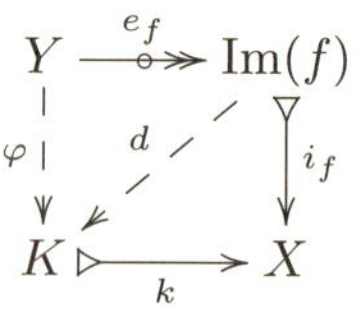

$\mathrm{KSub}(X)$ の有向図式が与えられたとする．それを $\boldsymbol{D}/X$ の図式とみなすと，余極限 c がある．$\mathrm{Im}(\_)$ は左随伴であるから，$\mathrm{Im}(c)$ は $\mathrm{KSub}(X)$ の図式の余極限である．したがって，$\boldsymbol{D}/X$ が有向余極限をもつならば，それは，前の補題に

よって，$\boldsymbol{D}$ が有向余極限をもつ場合であるが，$\mathrm{KSub}(X)$ も有向余極限をもつ．□

命題 4.2.16　ダガー核圏 $\boldsymbol{D}$ が有向余極限をもつならば，すべての $X \in \boldsymbol{D}$ に対して，$\mathrm{KSub}(X)$ は完備束である．

証明　前の補題と，束が有向結びをもつならば完備であるという事実（[130, 補題I.4.1] または [137, 補題2.12]）を組み合わせる．□

4.3　直モジュラー性

この節では，任意の $\mathrm{KSub}(X)$ は直モジュラー束であることを示し，それによって，量子論理の文脈におけるダガー核圏の研究が理にかなっていることを示す．そして，特定のダガー核圏の対象として直モジュラー束全体を調べる．

定義 4.3.1　直交補空間束は，$k \leq l$ ならば $k \vee (k^{\perp} \wedge l) = l$（あるいは，それと同値な $k = l \wedge (l^{\perp} \vee k)$）を満たすならば，**直モジュラー束**と呼ばれる [136]．これが，ガレット・バーコフとジョン・フォン・ノイマンの成果にちなんで「量子力学の論理」として知られるようになった概念である [30]．

補題 4.3.2　$k \colon K \rightarrowtail X$ がダガー核圏の核部分対象ならば，$k \circ (\_) \colon \mathrm{KSub}(K) \to \mathrm{KSub}(X)$ は $k^{-1}(\_)$ に対する左随伴となり，それゆえ結びを保存する．

証明　核部分対象 l, m に対して，$l \leq \ker(\mathrm{coker}(m) \circ k) = k^{-1}(m)$ となるのは，$\mathrm{coker}(m) \circ k \circ l = 0$ であるとき，そしてそのときに限る．しかし，後者が成り立つのは，補題 3.4.1(c) によって，$k \circ l \leq \ker(\mathrm{coker}(m)) = m$ であるとき，そしてそのときに限る．□

定理 4.3.3　ダガー核圏の任意の対象 X に対して，$\mathrm{KSub}(X)$ は直モジュラー束である．

証明　まず，ダガー核圏に属する X の核部分対象 k, l が $k \leq l$ を満たす，すなわち，ある φ によって $l \circ \varphi = k$ となるならば，引き戻し

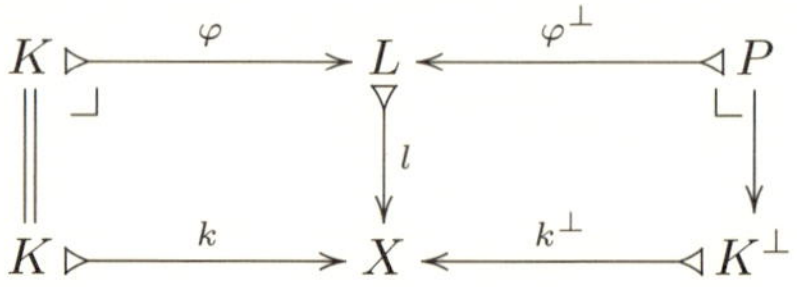

があることを証明する．

左側の正方形は明らかに引き戻しである．右側の正方形については，単純な計算により，命題 3.4.3 から

$$\begin{aligned} l^{-1}(k^{\perp}) &= \ker(\mathrm{coker}(k^{\perp}) \circ l) \\ &= \ker(\mathrm{coker}(\ker(k^{\dagger})) \circ l) \\ &= \ker(k^{\dagger} \circ l) && (k^{\dagger}\text{ は余核なので}) \\ &\overset{*}{=} \ker(\varphi^{\dagger}) \\ &= \varphi^{\perp} \end{aligned}$$

が得られる．ここで，印をつけた等式が成り立つのは，$l \circ \varphi = k$ であり，したがって，$\varphi = l^{\dagger} \circ l \circ \varphi = l^{\dagger} \circ k$ となり，それゆえ，$\varphi^{\dagger} = k^{\dagger} \circ l$ だからである．このとき，

$$k \vee (k^{\perp} \wedge l) = (l \circ \varphi) \vee (l \circ \varphi^{\perp}) \overset{*}{=} l \circ (\varphi \vee \varphi^{\perp}) = l \circ \mathrm{id} = l$$

が得られる．ここで，印をつけた等式が成り立つのは，補題 4.3.2 による．したがって，$\mathrm{KSub}(X)$ は直モジュラー束である．　□

4.3.4　3.7.15，補題 4.1.14，補題 4.1.15 と関連して，前ヒルベルト空間が完備であるのは，その閉部分空間の束が直モジュラーであるとき，そしてそのときに限るという事実がある [7]．しかしながら，**preHilb** はダガー核圏ではない．なぜなら，$f\colon X \to Y$ ならば，$\{x \in X \mid f(x) = 0\}$ もまた **preHilb** の対象であるが，それから X への包含写像は，必ずしも随伴可能ではないからである．したがって，運よく，定理 4.3.3 からすべての前ヒルベルト空間がヒルベルト空間であることは導かれない．

次の定義は，すべての直モジュラー束を集めて圏にしたもので，それがダガー核圏になるように射を選ぶ．この節の残りではこの圏を調べる．

定義 4.3.5 直モジュラー束で構成される例 3.1.9 の **InvGal** の充満部分圏を **OMLatGal** と表記する．この射を書き下すために，例 3.1.9 を思い出そう．**OMLatGal** の射 $f\colon X \to Y$ は，反単調ガロア接続，すなわち，関数 $f_*\colon X^{\mathrm{op}} \to Y$ と $f^*\colon Y \to X^{\mathrm{op}}$ の対で次の条件を満たすものである．

- $x \leq f^*(y)$ となるのは，$y \leq f_*(x)$ であるとき，そしてそのときに限る．
- $x \leq x'$ ならば，$f_*(x) \geq f_*(x')$
- $y \leq y'$ ならば，$f^*(y) \geq f^*(y')$

X の恒等射は，対 $(\perp, \perp)$ によって与えられ，合成は

$$(g \circ f)_* = g_* \circ \perp \circ f_*$$
$$(g \circ f)^* = f^* \circ \perp \circ g^*$$

によって決まる．**OMLatGal** の射 $f\colon X \to Y$ の構成要素 $f_*\colon X^{\mathrm{op}} \to Y$ と $f^*\colon Y \to X^{\mathrm{op}}$ は，いかなる構造を保つことも要求されないが，ガロア接続によって，右随伴として f_* は結びを保ち，それゆえ，X の結び（X^{op} の交わり）を Y の交わりに送る．双対的に，f^* は Y の結びを X の交わりに送る．

4.3.6 圏 **OMLatGal** は **InvGal** からダガーを継承する．

$$(f_*, f^*)^\dagger = (f^*, f_*)$$

射 $f\colon X \to Y$ は，すべての $x \in X$ に対して $f^*(f_*(x)^\perp) = x^\perp$ を満たすとき，**OMLatGal** のダガーモノ射にほかならない．なぜなら，$\mathrm{id}^*(x) = x^\perp = \mathrm{id}_*(x)$ かつ

$$(f^\dagger \circ f)^*(x) = f^*(f_*(x)^\perp) = (f^\dagger \circ f)_*(x)$$

となるからである．

補題 4.3.7 $f, g\colon X \rightrightarrows Y$ を **OMLatGal** の射とする．$f_* = g_*$ または $f^* = g^*$ のいずれかであれば，$f = g$ となる．

証明 $f_* = g_*$ ならば，$f^* = g^*$ となることを証明する．すべての $x \in X$ および $y \in Y$ に対して

$$x \leq f^*(y) \iff y \leq f_*(x) = g_*(x) \iff x \leq g^*(y)$$

である，yが与えられたとき，これはすべてのxに対して成り立つので，とくに$x = f^*(y)$および$x = g^*(y)$に対しても成り立つ．ここから，$f^*(y) = g^*(y)$が得られる． □

補題 4.3.8　Xを直モジュラー束とし，$a \in X$とする．

(a)　（主）下方集合$\downarrow a = \{u \in X \mid u \leq a\}$もまた直モジュラー束で，その順序と交わりは$X$と同じであり，直交補空間$\perp_a$は$u^{\perp_a} = a \wedge u^{\perp}$で与えられる．ここで，$^{\perp}$は，$X$の直交補空間である．

(b)　**OMLatGal**には，$a_*(u) = u^{\perp}$および$a^*(x) = a \wedge x^{\perp}$によって決まるダガーモノ射$\downarrow a \rightarrowtail X$があり，これも$a$と書く．

証明　(a)については，$u \in \downarrow a$とすると，$u \leq a$であるから，直モジュラー性によって

$$u^{\perp_a \perp_a} = a \wedge (a \wedge u^{\perp})^{\perp} = a \wedge (a^{\perp} \vee u) = u$$

となる．したがって，**OMLatGal**の射が得られる．なぜなら，任意の$u \in \downarrow a$と$x \in X$に対して

$$x \leq a_*(u) = u^{\perp} \iff u \leq x^{\perp} \iff u \leq a \wedge x^{\perp} = a^*(x)$$

となるからである．この写像$a\colon \downarrow a \to X$はダガーモノ射である．なぜなら，

$$a^*(a_*(u)^{\perp}) = a^*(u^{\perp\perp}) = a^*(u) = a \wedge u^{\perp} = u^{\perp_a}$$

となるからである． □

のちほど命題4.6.5において，補題4.3.8の写像$\downarrow a \rightarrowtail X$は，圏**OMLatGal**の核にほかならないことが分かる．しかし，まずは，そもそもこの圏が核をもつことを示す．

4.3.9　圏**OMLatGal**はゼロ対象$\underline{0}$をもつ．それは，具体的には，単元直モジュラー束$\{*\}$である．この一意に決まる要素を$* = 0 = 1$と書くことができる．実際には，束$\underline{0}$が**OMLatGal**の終対象であることを示そう．Xを任意の直モジュラー束とする．関数$f_*\colon X \to \underline{0}$は，$f_*(x) = 1$しかない．これが，

$f^*(1) = 1$ によって定義される左随伴 $f^*\colon \underline{0} \to X$ をもつことを示す.

$$\begin{array}{ll} \underline{f^*(1) = 1 \le x} & (X^{\mathrm{op}} \text{ において}) \\ \hline\hline 1 \ge x & (X \text{ において}) \\ \hline\hline 1 \le 1 = f_*(x) & (\underline{0} \text{ において}) \end{array}$$

同様にして，$g_*(1) = 1$ および $g^*(y) = 1$ によって，一意な射 $g\colon \underline{0} \to Y$ が与えられる．したがって，ゼロ射 $z\colon X \to Y$ は，$z_*(x) = 1$ および $z^*(y) = 1$ によって決まる.

命題 4.3.10 圏 **OMLatGal** はダガー核圏である．明示的に書けば，$f\colon X \to Y$ の核は $k\colon {\downarrow}k \to X$ である．ただし，$k = f^*(1)$ は，補題 4.3.8 と同じとする.

証明 合成 $f \circ k$ はゼロ射 ${\downarrow}k \to Y$ である．まず，$u \in {\downarrow}f^*(1)$ に対して,

$$(f \circ k)_*(u) = f_*(k_*(u)^\perp) = f_*(u) = 1$$

となる．なぜなら，（X において）$u \le f^*(1)$ であり，したがって，（Y において）$f_*(u) \le 1$ だからである．また，$y \in Y$ に対して,

$$(f \circ k)^*(y) = k^*(f^*(y)^\perp) = f^*(y) \wedge f^*(1) = f^*(y \vee 1) = f^*(1) = k = 1_{{\downarrow}k}$$

となる.

ここで，$g \circ k$ が $g\colon Z \to X$ に対するゼロ射に等しいと仮定する．このとき，$f_* \circ \perp \circ g_* = 1$ かつ $g^* \circ \perp \circ f^* = 1$ である．したがって，$z \in Z$ に対して $1 \le f_*(g_*(z)^\perp)$ となるので，$g_*(z)^\perp \le f^*(1) = k$ である．$h_*\colon Z^{\mathrm{op}} \to {\downarrow}k$ を $h_*(z) = g_*(z) \wedge k$ と定義し，$h^*\colon {\downarrow}k \to Z^{\mathrm{op}}$ を $h^*(u) = g^*(u)$ と定義する．すると，$u \le k$ と $z \in Z$ に対して

$$\begin{array}{ll} \underline{h^*(u) = g^*(u) \le z} & (Z^{\mathrm{op}} \text{ において}) \\ \hline\hline u \le g_*(z) & (K \text{ において}) \\ \hline\hline u \le g_*(z) \wedge k = h_*(z) & (K \text{ において}) \end{array}$$

であるから，$h^* \dashv h_*$ であり，したがって，h は **OMLatGal** の射として矛盾なく定義されている．直モジュラー性によって

$$\begin{aligned}(k \circ h)_*(z) &= k_*(h_*(z)^{\perp \downarrow k}) \\ &= k_*((g_*(z) \wedge k)^{\perp \downarrow k}) \\ &= ((g_*(z) \wedge k)^{\perp \downarrow k} \wedge k)^{\perp} \\ &= ((g_*(z) \wedge k)^{\perp} \wedge k \wedge k)^{\perp} \\ &= (g_*(z) \wedge k) \vee k^{\perp} \\ &= g_*(z)\end{aligned}$$

が成り立つ．なぜなら，$k = f^*(1)^{\perp} \leq g_*(z)$ であるのは $g_*(z)^{\perp} \leq f^*(1) = k$ によってであり，それは $1 \leq f_*(g_*(z)^{\perp})$ から導かれるからである．したがって，h は，$k \circ h = g$ を満たす射である．このような射は一意に決まる．なぜなら，k はダガーモノ射であり，したがってモノ射であるからである．そして，$u \in K$ に対して $k^*(k_*(u)^{\perp}) = k^*(u) = u^{\perp K}$ を示すことで，この証明は完成する．　□

命題 4.3.11　圏 **OMLatGal** は（有限）ダガー双積をもつ．明示的に書けば，$X_1 \oplus X_2$ は直モジュラー束のデカルト積であり，余射影 $\kappa_1 \colon X_1 \to X_1 \oplus X_2$ は，$(\kappa_1)_*(x) \mapsto (x^{\perp}, 1)$ および $(\kappa_1)^*(x, y) = x^{\perp}$ によって定義される．射影は，$\pi_i = (\kappa_i)^{\dagger}$ によって与えられる．

証明　まず，κ_1 は **OMLatGal** の射として矛盾なく定義されていること，すなわち，$(\kappa_1)^* \dashv (\kappa_1)_*$ を確かめる．

$$\begin{array}{cl} \kappa_1^*(x, y) = x^{\perp} \leq z & (X^{\mathrm{op}}\text{ において}) \\ \hline\hline (x, y) \leq (z^{\perp}, 1) = (\kappa_1)_*(z) & (X \oplus Y\text{ において}) \end{array}$$

$(\kappa_1)^*\big((\kappa_1)_*(x)^{\perp}\big) = (\kappa_1)^*\big((x^{\perp}, 1)^{\perp}\big) = (\kappa_1)^*\big(x, 0\big) = x^{\perp}$ であるから，κ_1 がダガーモノ射であることが分かる．同様にして，ダガーモノ射 $\kappa_2 \colon X_2 \to X_1 \oplus X_2$ が存在する．$i \neq j$ に対して，$(\kappa_j)^{\dagger} \circ \kappa_i$ がゼロ射であることが分かる．

$X_1 \oplus X_2$ が実際に余積であることを示すために，射 $f_i \colon X_i \to Y$ が与えられたとする．このとき，余タプル $[f_1\, ,\, f_2] \colon X_1 \oplus X_2 \to Y$ を次のように定義する．

$$[f_1\,,\,f_2]_*(x_1,x_2) = (f_1)_*(x_1)\wedge(f_2)_*(x_2)$$
$$[f_1\,,\,f_2]^*(y) = (f_1^*(y), f_2^*(y))$$

実際，$[f_1\,,\,f_2]^* \dashv [f_1\,,\,f_2]_*$ であり，これが次の射を矛盾なく定義する．

$$\cfrac{\cfrac{\cfrac{[f_1\,,\,f_2]^*(y) = (f_1^*(y), f_2^*(y)) \leq (x_1,x_2)}{f_i^*(y) \leq x_i}}{y \leq (f_i)_*(x_i)}}{y \leq (f_1)_*(x_1)\wedge(f_2)_*(x_2) = [f_1\,,\,f_2]_*(x_1,x_2)}$$

（各行はそれぞれ $((X_1\oplus X_2)^{\mathrm{op}}$ において$)$，$(X_i^{\mathrm{op}}$ において$)$，$(Y$ において$)$，$(Y$ において$)$；各横線は二重線）

このとき，

$$\begin{aligned}([f_1\,,\,f_2]\circ\kappa_1)_*(x) &= [f_1\,,\,f_2]_*((\kappa_1)_*(x)^\perp)\\ &= [f_1\,,\,f_2]_*((x^\perp,1)^\perp)\\ &= (f_1)_*(x)\wedge(f_2)_*(0)\\ &= (f_1)_*(x)\wedge 1 = (f_1)_*(x)\end{aligned}$$

となるので，$[f_1\,,\,f_2]\circ\kappa_1 = f_1$ である．同様にして，$[f_1\,,\,f_2]\circ\kappa_2 = f_2$ である．さらに，$g\colon X_1\oplus X_2 \to Y$ も $g\circ\kappa_i = f_i$ を満たすならば，

$$\begin{aligned}[f_1\,,\,f_2]_*(x_1,x_2) &= (f_1)_*(x_1)\wedge(f_2)_*(x_2)\\ &= g_*\big((\kappa_1)_*(x_1)^\perp\big)\wedge g_*\big((\kappa_2)_*(x_2)^\perp\big)\\ &= g_*\big((x_1^\perp,1)^\perp\big)\wedge g_*\big((1,x_2^\perp)^\perp\big)\\ &= g_*\big(x_1,0\big)\wedge g_*\big(0,x_2\big)\\ &= g_*\big((x_1,0)\vee(0,x_2)\big) = g_*\big(x_1,x_2\big)\end{aligned}$$

となる． □

例 4.3.12 **OMLatGal** のダガー双積は，定理 2.3.18 によって，可換モノイドとして豊穣化される．その射は，次のように要約できる．

$$(f+g)_*(x) = f_*(x)\wedge g_*(x)$$
$$(f+g)^*(y) = f^*(y)\wedge g^*(y)$$

これに付随する順序は，命題 4.2.11 によって，次のように定義される．

$$f \leq g \iff g = f + g \iff \text{点ごとに } g_* \leq f_* \text{ かつ } g^* \leq f^*$$

このようにして，圏 **OMLatGal** は，豊穣化された結び半束になる．

4.3.13　圏 **OMLatGal** が双積以外のモノイダル構造をもつかどうかは明らかでない．第1章で述べた不都合な点のほかにも，直モジュラー束には，圏 **Hilb** における $\mathrm{KSub}(X) \otimes \mathrm{KSub}(Y) \cong \mathrm{KSub}(X \otimes Y)$ のような適切なテンソル積はない．そのようなテンソル積の欠如は，直モジュラー束を通じて量子物理学の数学的構造を説明しようとするプログラムに対する批判の主な要因の一つである [100, 129, 165, 177, 209]．

4.4　量化子

前節では，おおよそ単一の対象 X の $\mathrm{KSub}(X)$ を単独で調べた．この節では，異なる核部分対象束の間の射を調べる．すでにそのような射をみてきた．$f\colon X \to Y$ に沿った引き戻しは，交わり半束の射 $f^{-1}\colon \mathrm{KSub}(Y) \to \mathrm{KSub}(X)$ を与える．圏論的論理の重要な知見の一つは，量化子は代入に対する随伴として記述できるということだ．存在量化子 $\exists_f$ は f^{-1} の左随伴であり，全称量化子 $\forall_f$ は f^{-1} の右随伴である [131, 154]．この一般的処方箋を，量子的な状況設定に適用すると，それは単一の直モジュラー束ではなく複数の直モジュラー束に関わるので，量子論理に対する量化子のこれまでの試みとは異なる特質をもつことに注意しよう [128, 183]．

標準的に行われるように [131, 補題 A1.3.1]，$\exists_f$ をダガー核圏の分解系から（定義して）構築することから始めよう．それに続けて，$\exists_f$ が f^{-1} の左随伴であることを証明する．

定義 4.4.1　ダガー核圏の与えられた核部分対象 $k\colon K \rightarrowtail X$ と射 $f\colon X \to Y$ に対して，定理 3.4.17 の分解を用いて $\exists_f(k) = \mathrm{Im}(f \circ k)$ を定義する．これから，矛盾なく定義された関数 $\exists_f\colon \mathrm{KSub}(X) \to \mathrm{KSub}(Y)$ が得られる．

定理 4.4.2 [43, 補題2.5] $f\colon X \to Y$ をダガー核圏の射とする．写像 $\exists_f\colon \mathrm{KSub}(X) \to \mathrm{KSub}(Y)$ は単調で，$f^{-1}\colon \mathrm{KSub}(Y) \to \mathrm{KSub}(X)$ に対する（半順序集合の圏における）左随伴とする．$g\colon Y \to Z$ が別の射ならば，$\exists_g \circ \exists_f = \exists_{g\circ f}\colon \mathrm{KSub}(X) \to \mathrm{KSub}(Z)$ となる．また，$\exists_{\mathrm{id}} = \mathrm{id}$ である．

証明 $\exists_f$ の単調性を示すために，$\mathrm{KSub}(X)$ において $k \leq l$ とする．まず，l を分解し，そして，次の図式を得るために $K \to \exists_f(l)$ を分解する．

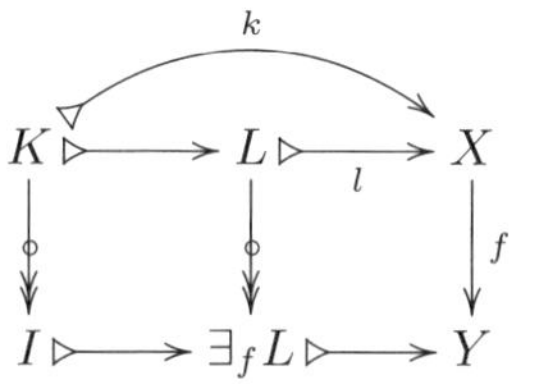

ここで，$K \twoheadrightarrow I \rightarrowtail Y$ は，$f \circ k$ のゼロエピ射とダガーモノ射への分解なので，I は $\exists_f(k)$ を表し，$\exists_f(k) \leq \exists_f(l)$ である．随伴であることを示すために，$k \in \mathrm{KSub}(X)$ および $l \in \mathrm{KSub}(Y)$ とし，次の図式の実線の矢を考える．

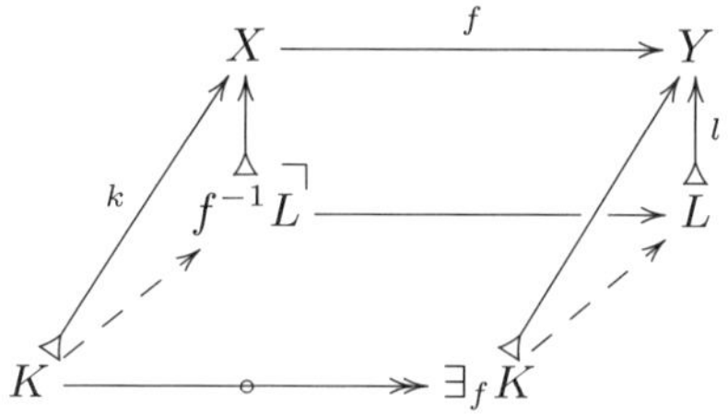

$\exists_f(k) \leq l$ ならば，右の破線の写像 $\exists_f K \to L$ が存在し，外側の正方形は可換になる．したがって，$f^{-1}L$ は引き戻しなので，左の破線の写像 $K \to f^{-1}L$ が存在し，$k \leq f^{-1}(l)$ となる．逆に，$k \leq f^{-1}(l)$ ならば，写像 $K \to L$ を分解して，$f \circ k$ の像が得られる．とくに，この像は L を通るように分解され，したがって，$\exists_f(k) \leq l$ である．最後に，$\exists_g \circ \exists_f = \exists_{g\circ f}$ は，左随伴をどのように合成するか述べているだけである． □

命題 4.4.3 ダガー核圏の $f\colon X \to Y$ および $k \in \mathrm{KSub}(X)$ に対して，$\exists_f(k) = \Big((f^\dagger)^{-1}(k^\perp)\Big)^\perp$ が成り立つ．

証明　次の同値関係が成り立つ.

$$\begin{aligned}
\Big((f^\dagger)^{-1}(k^\perp)\Big)^\perp \leq l &\iff l^\perp \leq (f^\dagger)^{-1}(k^\perp) \\
&\iff k^\perp \circ \psi = f^\dagger \circ l^\perp \text{となる } \psi\colon L^\perp \to K^\perp \text{が存在する.} \\
&\overset{*}{\iff} l \circ \psi = f \circ k \text{となる } \varphi\colon K \to L \text{が存在する.} \\
&\iff k \leq f^{-1}(l)
\end{aligned}$$

$*$ 印をつけた同値関係の $(\Rightarrow)$ 向きについては，$l = \ker(\mathrm{coker}(l))$ であることを思い出すと，

$$\mathrm{coker}(l) \circ f \circ k = (f^\dagger \circ l^\perp)^\dagger \circ k = (k^\perp \circ \psi)^\dagger \circ l = \psi^\dagger \circ \mathrm{coker}(k) \circ k = 0$$

となる．逆向きも同様にして，与えられた φ に対して，

$$k^\dagger \circ f^\dagger \circ l^\perp = (f \circ k)^\dagger \circ l^\perp = (l \circ \varphi)^\dagger \circ l^\perp = \varphi^\dagger \circ l^\dagger \circ l^\perp = \varphi^\dagger \circ 0 = 0$$

が得られる． □

定義 4.4.4　有界束 X は，X を圏とみなしたときに，すべての $x \in X$ に対して $(\_) \wedge x$ が右随伴 $x \Rightarrow (\_)$ をもつならば，**ハイティング代数**と呼ばれる．明示的に書けば，X は，単調関数 $\Rightarrow\colon X^{\mathrm{op}} \times X \to X$ で，$x \leq (y \Rightarrow z)$ を満たすのは，$x \wedge y \leq z$ であるとき，そしてそのときに限るようなものがあるときに，ハイティング代数になる．

補題 4.4.5　ダガー核圏のそれぞれの $f\colon X \to Y$ に対して $f^{-1}\colon \mathrm{KSub}(Y) \to \mathrm{KSub}(X)$ の右随伴 $\forall_f$ があると仮定する．このとき，それぞれの $\mathrm{KSub}(X)$ は，ハイティング代数になる．

証明　$k, l \in \mathrm{KSub}(X)$ に対して，$(k \Rightarrow l) = \forall_k(k^{-1}(l))$ と定義する．これもまた X の核部分対象である．K を k のドメインとすると，任意の $m \in \mathrm{KSub}(X)$ に対して，

$$\begin{array}{cl}
m \leq \forall_k(k^{-1}(l)) = (k \Rightarrow l) & (\mathrm{KSub}(X) \text{ において}) \\
\hline\hline
k^{-1}(m) \leq k^{-1}(l) & (\mathrm{KSub}(K) \text{ において}) \\
\hline\hline
m \wedge k \leq l & (\mathrm{KSub}(X) \text{ において})
\end{array}$$

となる．ただし，最後の同値関係は補題 4.3.2 から導かれる． □

定義 4.4.6 **分配束**とは，次の等式を満たす束である．

$$x \vee (y \wedge z) = (x \vee y) \wedge (x \vee z) \tag{4.3}$$

$$x \wedge (y \vee z) = (x \wedge y) \vee (x \wedge z) \tag{4.4}$$

例 4.4.7 ハイティング代数は必然的に分配束になる．なぜなら，$(\_) \wedge x$ は左随伴として，余極限，すなわち，結びを保つからである．

非分配束の例として，圏 **Hilb** における束 $\mathrm{KSub}(\mathbb{C}^2)$ を考える．

$$\begin{aligned} &\kappa_1 \colon \mathbb{C} \to \mathbb{C}^2 \\ &\kappa_2 = (\kappa_1)^{\perp} \colon \mathbb{C} \to \mathbb{C}^2 \\ &\Delta = \langle \mathrm{id}\,, \mathrm{id} \rangle \colon \mathbb{C} \to \mathbb{C}^2 \end{aligned}$$

で表される核部分対象に対して，$\kappa_1 \wedge (\Delta \vee \kappa_2) = \kappa_1 \wedge 1 = \kappa_1 \neq 0 = 0 \vee 0 = (\kappa_1 \wedge \Delta) \vee (\kappa_1 \wedge \kappa_2)$ となる．このとき，補題 4.4.5 によって，全称量化子をもたないダガー核圏があることが分かる．4.5 節では，全称量化子をもたないダガー核圏のさらに広いクラスを示す．

4.4.8 通常，圏論的論理においては，量化子は，左側の正方形が引き戻しであれば，右側の正方形が可換でなければならないといういわゆる**ベック–シェヴァレー条件**を追加で満たさなければならない．

$$\begin{array}{ccc} P & \xrightarrow{q} & Y \\ {\scriptstyle p}\downarrow & \lrcorner & \downarrow{\scriptstyle g} \\ X & \xrightarrow[f]{} & Z \end{array} \quad \Rightarrow \quad \begin{array}{ccc} \mathrm{KSub}(P) & \xleftarrow{q^{-1}} & \mathrm{KSub}(Y) \\ {\scriptstyle \exists_p}\downarrow & & \downarrow{\scriptstyle \exists_g} \\ \mathrm{KSub}(X) & \xleftarrow[f^{-1}]{} & \mathrm{KSub}(Z) \end{array}$$

この条件は，∃が代入と可換になることを保証する．命題 3.4.3 から存在することが分かっている引き戻しに対して，ベック–シェバレー条件は成り立つ．なぜなら，核 $k \in \mathrm{KSub}(Y)$ に対して

$$f^{-1}(\exists_g(k)) = f^{-1}(g \circ k) \qquad (g, k \text{ はともに核であるから})$$

$$= p \circ q^{-1}(k) \qquad \text{(引き戻しの合成によって)}$$
$$= \exists_p(q^{-1}(k))$$

となるからである．ダガー核圏が双積と等化子をもつならば，[33, II, 命題 1.7.6] によって，すべての射に対してベック–シェバレー条件は成り立つ．しかし，一般的には，系 4.2.8 によって，ダガー核圏でベック–シェバレー条件が成り立つことは期待できない．

ここまでは，KSub を交わり半束の圏を値にとる関手と考えてきた．実際には，KSub が圏 **OMLatGal** の値をとることを示すために，随伴射と対応する核部分対象束の間の随伴関手との関連を示す．したがって，[174] で行われたことをなぞって，$\exists_f$ と $\exists_{f^\dagger}$ の間の関係を詳しく調べる．

定理 4.4.9　ダガー核圏の射 $f\colon X \to Y$ に対して，

$$\mathrm{KSub}(f)_* = (\exists_f(\_))^\perp\colon \mathrm{KSub}(X) \to \mathrm{KSub}(Y)$$

と定義する[1]．このとき，$\mathrm{KSub}(f)_*$ は $\mathrm{KSub}(f^\dagger)_*$ の左随伴である．

証明　$k \in \mathrm{KSub}(X)$ と $l \in \mathrm{KSub}(Y)$ に対して，命題 4.4.3 を次のように書き直す．

$$\begin{array}{ll}
\mathrm{KSub}(f)_*(k) = \exists_f(k)^\perp = (f^\dagger)^{-1}(k^\perp) \le l & (\mathrm{KSub}(Y)^{\mathrm{op}} \text{ において}) \\
\hline\hline
l \le (f^\dagger)^{-1}(k^\perp) & (\mathrm{KSub}(Y) \text{ において}) \\
\hline\hline
\exists_{f^\dagger}(l) \le k^\perp & (\mathrm{KSub}(X) \text{ において}) \\
\hline\hline
k \le \exists_{f^\dagger}(l)^\perp = \mathrm{KSub}(f^\dagger)_*(l) & (\mathrm{KSub}(X) \text{ において})
\end{array}$$

□

図式を用いれば，定理 4.4.9 の随伴は次のようになる．

[1] 形式的には，ある種の関手の逆を考えるべきである．たとえば，$\mathrm{KSub}(f)_*$ は $\perp \circ \exists_f$ ではなく，$\perp \circ \exists_f^{\mathrm{op}}\colon \mathrm{KSub}(X)^{\mathrm{op}} \to \mathrm{KSub}(Y)$ である．しかし，表記が見にくくなってしまうので，このようにはしない．

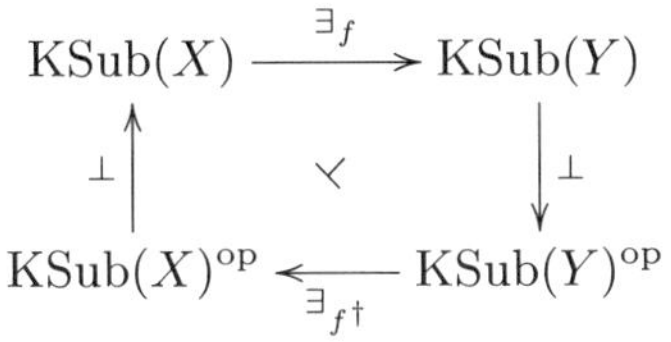

モノイダル単位元が単純生成元であるような前ヒルベルト圏では，定理 4.4.9 の逆も成り立つ．

補題 4.4.10 I を前ヒルベルト圏の単純対象とする．$f, g\colon X \rightrightarrows I$ が $\ker(f) \leq \ker(g)$ を満たすならば，ある $r\colon I \to I$ に対して $g = r \circ f$ となり，これは $f = 0$ でなければ一意に決まる．

証明 余核 e_f と核 i_f によって，$f = e_f \circ i_f$ と分解する．このとき，I は単純であるから，$i_f = 0$ か，または $i_f = 1$ のいずれかである．前者の場合には，$f = 0$ であり，したがって，$g = 0 \circ f$ である．後者の場合には，f は余核となり，残りは次のような状況である．

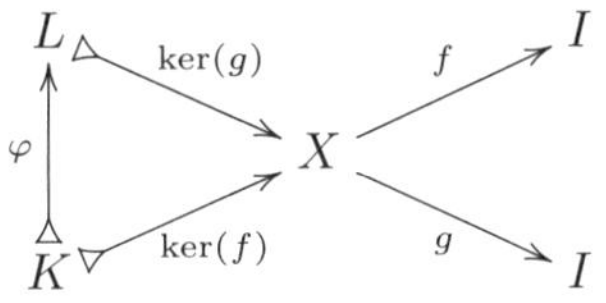

ここで，補題 3.4.1(c) によって，$f = e_f = \mathrm{coker}(\ker(e_f)) = \mathrm{coker}(\ker(f))$ であり，$g \circ \ker(f) = g \circ \ker(g) \circ \varphi = 0$ が得られる．したがって，$g = r \circ f$ となるような一意の r が存在する． □

定理 4.4.11 モノイダル単位元 I が単純生成元であるような前ヒルベルト圏において，$\mathrm{KSub}(f)_* \dashv \mathrm{KSub}(g)_*$ ならば，スカラー $r\colon I \to I$ に対して $g = r \bullet f^\dagger$ となり，これは $f = 0$ でなければ一意に決まる．

証明 一般に，$f\colon X \to Y$ と $g\colon Y \to X$ に対して，$\mathrm{KSub}(f)_* \dashv \mathrm{KSub}(g)_*$ とは，$m \in \mathrm{KSub}(X)$ と $n \in \mathrm{KSub}(Y)$ に対して，$n \leq \ker(\mathrm{Im}(f \circ m)^\dagger)$ となるのは，$m \leq \ker(\mathrm{Im}(g \circ n)^\dagger)$ であるとき，そしてそのときに限るということである．

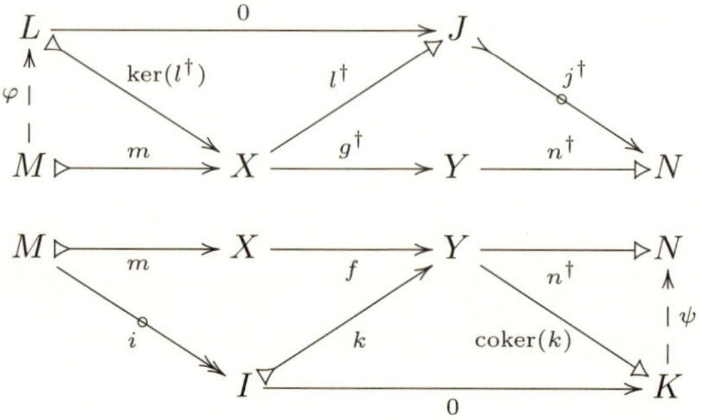

(4.5)

したがって，定理の仮定である随伴は，(4.5) の上側の図式を可換にする φ が存在するのは，下側の図式を可換にする ψ が存在するとき，そしてそのときに限るということである．そうすると，$n^\dagger \circ f \circ m = 0$ ならば，$n^\dagger \circ k \circ i = 0$ であり，i がゼロエピ射であることから，$n^\dagger \circ k = 0$ が導かれる．こうして，ψ が存在し，それゆえ，φ も存在し，$n^\dagger \circ g^\dagger \circ m = j^\dagger \circ 0 \circ \varphi = 0$ となる．したがって，$m = \ker(n^\dagger \circ f)$ とすると，すべての n に対して $\ker(n^\dagger \circ f) \leq \ker(n^\dagger \circ g^\dagger)$ となる．補題 4.4.10 を適用すると，すべての $n\colon I \to Y$ に対して，$r_n\colon I \to I$ で，$n^\dagger \circ g^\dagger = r_n \circ n^\dagger \circ f$ となるようなものが存在する．2.2.9(c) を用いると，これは，すべての $n\colon I \to Y$ に対して，$r_n\colon I \to I$ で，$g \circ n = (r_n^\dagger \bullet f^\dagger) \circ n$ となるようなものが存在するということである．実際には，すべての r_n は互いに等しい（か，ゼロに等しい）ことを示す．すべての $y\colon I \to Y$ が $y = 0$ となるならば，$Y \cong 0$ であり，この場合には，$g = 0 \bullet f^\dagger$ である．そうでなければ，$y \neq 0$ であるような $y\colon I \to Y$ を選ぶ．すると，$g \circ y = (r^\dagger \bullet f^\dagger) \circ y$ となるような $r\colon I \to I$ が存在する．$n' = y \circ y^\dagger \circ n\colon I \to Y$ かつ $n'' = \ker(y^\dagger) \circ \mathrm{coker}(y) \circ n\colon I \to Y$ とすると，

$$
\begin{aligned}
n' + n'' &= [\mathrm{id}, \mathrm{id}] \circ ((y \circ y^\dagger \circ n) \oplus (\ker(y^\dagger) \circ \ker(y^\dagger)^\dagger \circ n)) \circ \langle \mathrm{id}, \mathrm{id} \rangle \\
&= [y, y^\perp] \circ [y, y^\perp]^\dagger \circ n \\
&= n
\end{aligned}
$$

が得られる．さらに，

$$
(r_{n'}^\dagger \bullet f^\dagger) \circ n' = g \circ n' = g \circ y \circ y^\dagger \circ n = (r^\dagger \bullet f^\dagger) \circ y \circ y^\dagger \circ n = (r^\dagger \bullet f^\dagger) \circ n'
$$

であるので，$r_{n'} = r$ となる．最後に，

$$\begin{aligned}((r^\dagger_{n'} \bullet f^\dagger) \circ n') + ((r^\dagger_{n''} \bullet f^\dagger) \circ n'') &= (g \circ n') + (g \circ n'') \\ &= g \circ n \\ &= (r^\dagger_n \bullet f^\dagger) \circ n \\ &= ((r^\dagger_n \bullet f^\dagger) \circ n') + ((r^\dagger_n \bullet f^\dagger) \circ n'')\end{aligned}$$

が成り立つ．したがって，すべての $n\colon I \to Y$ に対して，$r_n = r_{n'} = r$ であり，$g \circ n = (r^\dagger \bullet f^\dagger) \circ n$ が得られた．しかし，I は生成元であるから，$g = r^\dagger \bullet f^\dagger$ となる．ここまでの証明における r の選び方をよくみると，$f = 0$ でなければ，それが一意であることが分かる．□

この結果として，スカラーを除けば，射 f から関手 $\mathrm{KSub}(f)_*$ への移行は 1 対 1 であることが分かる．これで，KSub を **OMLatGal** に値をとる関手としてみる準備が整った．

命題 4.4.12 $\boldsymbol{D}$ をダガー核圏とする．このとき，KSub は，関手 $\boldsymbol{D} \to$ **OMLatGal** である．KSub は，$\boldsymbol{D}$ の射 $f\colon X \to Y$ に

$$\begin{aligned}\mathrm{KSub}(f)_* &= (\exists_f(\_))^\perp \\ \mathrm{KSub}(f)^* &= f^{-1}((\_)^\perp)\end{aligned}$$

として作用する．

証明 対象については，$\mathrm{KSub}(X)$ は定理 4.3.3 の直モジュラー束であることがすでに分かっている．射については，実際に $\mathrm{KSub}(f)^* \dashv \mathrm{KSub}(f)_*$ となっている．

$$\begin{array}{cl} \mathrm{KSub}(f)^*(n) = f^{-1}(n^\perp) \le m & (\mathrm{KSub}(X)^{\mathrm{op}}\text{ において}) \\ \hline\hline m \le f^{-1}(n^\perp) & (\mathrm{KSub}(X)\text{ において}) \\ \hline\hline \exists_f(m) \le n^\perp & (\mathrm{KSub}(Y)\text{ において}) \\ \hline\hline n \le (\exists_f(m))^\perp = \mathrm{KSub}(f)_*(m) & (\mathrm{KSub}(Y)\text{ において}) \end{array}$$

□

それでは，関手 KSub: $\boldsymbol{D} \to \mathbf{OMLatGal}$ が $\boldsymbol{D}$ の構造の大部分を保つことの証明にとりかかろう．

補題 4.4.13　ダガー核圏において，KSub(X) の任意の $l\colon L \to X$ に対して，順序同型 $\mathrm{KSub}(L) \cong \mathrm{KSub}(X)[l] = {\downarrow} l \subseteq \mathrm{KSub}(X)$ が存在する．

証明　求める同型写像の $\mathrm{KSub}(L) \to \mathrm{KSub}(X)[l]$ の向きは，$m \mapsto l \circ m$ によって与えられる．これは，核の合成はまた核であることから，矛盾なく定義される．$n = l \circ \varphi$ とすると，逆の $\mathrm{KSub}(X)[l] \to \mathrm{KSub}(L)$ の向きは $n \mapsto \varphi$ である．これらの写像が互いの逆になっており，順序を保つことは容易に確かめられる．□

定理 4.4.14　$\boldsymbol{D}$ を任意のダガー核圏とする．このとき，関手 KSub: $\boldsymbol{D} \to \mathbf{OMLatGal}$ は，**DagKerCat** の射である．

証明　定理 4.4.9 によって，$\mathrm{KSub}(f)_* \dashv \mathrm{KSub}(f^\dagger)_*$ であり，したがって，$\mathrm{KSub}(f^\dagger) = \mathrm{KSub}(f)^\dagger$ となる．ゼロ対象が保たれることは，$\mathrm{KSub}(0) = \{0\} = \underline{0}$ よりすぐに分かる．つぎに，$l\colon L \to X$ を $\boldsymbol{D}$ の射 $f\colon X \to Y$ の核とする．系 4.2.8 によって，l は逆像 $l = f^{-1}(0) = f^{-1}(1^\perp) = \mathrm{KSub}(f)^*(1)$ として記述することができる．補題 4.4.13 と補題 4.3.8 によって，次の図式の左端の同型が得られる．

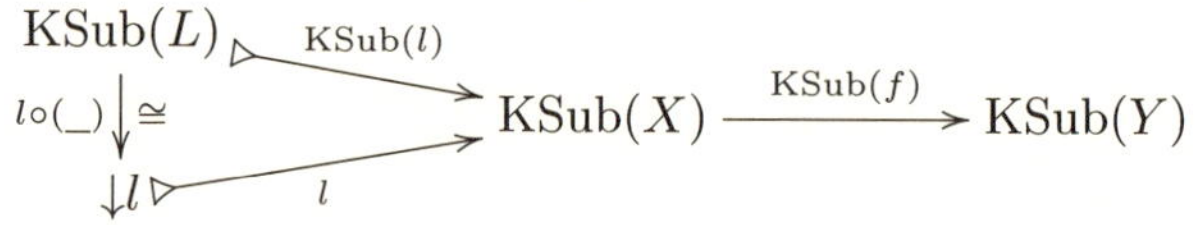

これから，左の三角形が可換になる．なぜなら，$n \in \mathrm{KSub}(K)$ に対して

$$\mathrm{KSub}(l)_*(n) = \exists_l(n)^\perp = \mathrm{Im}(l \circ n)^\perp = (l \circ n)^\perp = l_*(l \circ n)$$

となるからである．同様にして，$m \in \mathrm{KSub}(X)$ に対して

$$l \circ \mathrm{KSub}(l)^*(m) = l \circ l^{-1}(m^\perp) = l \wedge m^\perp = l^*(m)$$

となる．□

4.4.15 例 4.4.7 は，ダガー核圏における直モジュラー束 $\mathrm{KSub}(X)$ は一般にはハイティング含意 $\Rightarrow$ をもたないことを示している．その最善の近似は，**佐々木アロー** $\Rightarrow_{\mathrm{S}}$ である [62, 82]．佐々木アローは

$$x \Rightarrow_{\mathrm{S}} y = x^{\perp} \vee (x \wedge y)$$

と定義され，$x \wedge y \leq z$ となるのは，$y = (y \wedge z^{\perp}) \vee (y \wedge z)$ という意味で両立する y と z に対して $x \leq y \Rightarrow_{\mathrm{S}} z$ であるとき，そしてそのときに限るという条件を満たす．

次の命題は，ここでのダガー核圏の状況設定に自然に佐々木アローが現れることを示す．したがって，この命題は，[54] で記述された量子論理の動的側面を明確に主張している．

命題 4.4.16 ダガー核圏の核 $m\colon M \rightarrowtriangle X$, $n\colon N \rightarrowtriangle X$ に対して，引き戻し $P(m)^{-1}(n)$ は佐々木アロー

$$m \Rightarrow_{\mathrm{S}} n = P(m)^{-1}(n)$$

である．これに付随する左随伴 $\exists_{P(m)} \dashv P(m)^{-1}$ から，$\exists_{P(m)}(k) = m \wedge (m^{\perp} \vee k)$ で定義される演算子 $k \mathbin{\&} m$ が作られ，その構成法によって「佐々木随伴」$k \mathbin{\&} m \leq n \iff k \leq m \Rightarrow_{\mathrm{S}} n$ が成り立つ．

証明 次の引き戻しを考える．

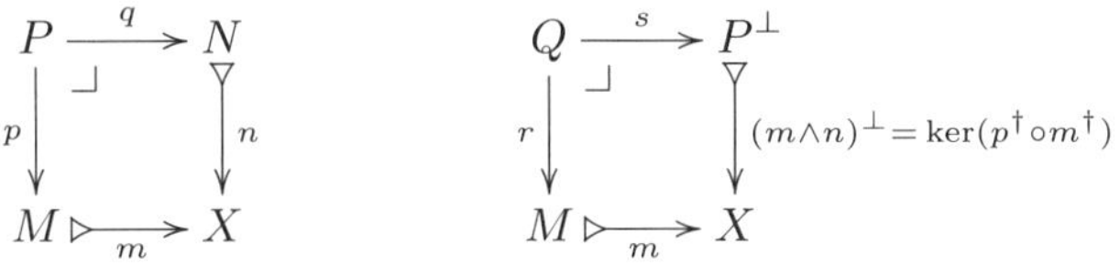

このとき，次の等式が成り立つ．

$$\begin{aligned} m^{\perp} \vee (m \wedge n) &= \big(m \wedge (m \wedge n)^{\perp}\big)^{\perp} \\ &= \ker\big((m \wedge (m \wedge n)^{\perp})^{\dagger}\big) \\ &= \ker\big(r^{\dagger} \circ m^{\dagger}\big) \\ &= \ker\big(\ker(\mathrm{coker}((m \wedge n)^{\perp}) \circ m)^{\dagger} \circ m^{\dagger}\big) \quad \text{(命題 3.4.3 によって)} \end{aligned}$$

$$
\begin{aligned}
&= \ker\left(\ker(\mathrm{coker}(\ker(p^\dagger \circ m^\dagger)) \circ m)^\dagger \circ m^\dagger\right) \\
&= \ker\left(\ker(p^\dagger \circ m^\dagger \circ m)^\dagger \circ m^\dagger\right) \qquad \text{(補題 3.4.4 によって)} \\
&= \ker(\mathrm{coker}(p) \circ m^\dagger) \\
&= \left(m^\dagger\right)^{-1}(p) \\
&= \left(m^\dagger\right)^{-1}(m^{-1}(n)) \\
&= P(m)^{-1}(n) \qquad \square
\end{aligned}
$$

4.4.17　論理結合子&に基づく量子論理は，[156] によって開発された．[184, 185] も参照のこと．この論理結合子&は，一般に，非可換であり，非結合的である．（とくに，論理結合子&を，クォンテールの乗法と混同しないように．後者はつねに結合的である．）佐々木随伴から簡単に導くことのできる，いくつかの基本的性質を列挙する．

- $m \mathbin{\&} m = m$
- $1 \mathbin{\&} m = m \mathbin{\&} 1 = m$
- $0 \mathbin{\&} m = m \mathbin{\&} 0 = 0$
- $k \mathbin{\&} m \leq n$ かつ $k^\perp \mathbin{\&} m \leq n$ ならば，$m \leq n$

一般的な&の非可換性は，ダガー核圏における圏論的論理が，行使する述語の順序が問題になるという意味で，時制的であることを示している．

例 4.4.18　命題 4.4.16 で述べた，関係 $R \subseteq X \times Y$ に沿った核 $l = (L = L \rightarrowtail Y)$ の引き戻しは，次の様相論理式によって与えられる X の部分集合である．

$$
\square_R(l)(x) = R^{-1}(l)(x) \iff (\forall_{y \in Y}.(x,y) \in R \Rightarrow y \in L)
$$

様相論理ではよく知られているように，$\square_R$ は連言を保つが，選言は保たない．これもまた，ダガー核圏の圏論的論理の動的特性を表している．

関手 $\mathrm{KSub}\colon \boldsymbol{D} \to \mathbf{OMLatGal}$ は，添字圏とみることもでき，それゆえ，本質的に，これまでに 2.4.7 で用いたグロタンディック完備化を介したファイバー化と同じものである．[125, 1.10 節] または [4] を参照のこと．関手 KSub の

「ファイバー化」された性質を論じて，この節を終える．しかし，簡単のために，(逆) ファイバー化ではなく，(逆) 添字付き半順序集合だけを考える．

定義 4.4.19 **添字付き半順序集合**とは，半順序集合と単調関数の圏に対する関手 $F\colon \boldsymbol{C}^{\mathrm{op}} \to \mathbf{POSet}$ である．この関手は，圏論的論理の非常に単純な実例を構成する．直感的には，添字圏 $\boldsymbol{C}$ の対象 X を型と考えると，$F(X)$ はその型 X の上の（すなわち，自由変数が型 X の上を動く）述語である．すると，量化子は，$\boldsymbol{C}$ の射 f に対する $\exists_f \dashv Ff \dashv \forall_f$ ということができる．

$F\colon \boldsymbol{B}^{\mathrm{op}} \to \mathbf{POSet}$ から $G\colon \boldsymbol{C}^{\mathrm{op}} \to \mathbf{POSet}$ への添字付き半順序集合の射は，関手 $H\colon \boldsymbol{B} \to \boldsymbol{C}$ で，自然変換 $F \Rightarrow G \circ H^{\mathrm{op}}$ が存在するようなものである．この自然変換が自然同型の場合には，添字付き半順序集合の射 H は，**基底変換**と呼ばれる．添字付き半順序集合とその射は，圏 $\mathbf{IPOSet}$ を構成する．

同様にして，**逆添字付き半順序集合**は関手 $F\colon \boldsymbol{C} \to \mathbf{POSet}$ であり，逆添字付き半順序集合 $F \to G$ の射は関手 H で自然変換 $F \Rightarrow G \circ H$ が存在するようなものである．逆添字付き半順序集合の圏は $\mathbf{oIPOSet}$ と表記する．

命題 4.4.20 $X \mapsto \mathrm{KSub}(X)$ および $f \mapsto \mathrm{KSub}(f)^*$ によって決まる関手 KSub^* として対象 $\boldsymbol{D}$ に作用するような関手 $\mathbf{DagKerCat} \to \mathbf{IPOSet}$ が存在する．

また，$X \mapsto \mathrm{KSub}(X)$ および $f \mapsto \mathrm{KSub}(f)_*$ によって決まる関手 KSub_* として対象 $\boldsymbol{D}$ に作用するような関手 $\mathbf{DagKerCat} \to \mathbf{oIPOSet}$ も存在する．

証明 $\mathbf{DagKerCat}$ の射 $F\colon \boldsymbol{D} \to \boldsymbol{E}$ は自然変換 $\mathrm{KSub}^* \Rightarrow \mathrm{KSub}^* \circ F^{\mathrm{op}}$ を誘導する．なぜなら，F は核とダガーを保つので，$\boldsymbol{D}$ の射 $f\colon X \to Y$ と $l \in \mathrm{KSub}^*(Y)$ に対して，

$$
\begin{aligned}
(F \circ \mathrm{KSub}^*(f))(l) &= F(f^{-1}(l^{\perp})) \\
&= (Ff)^{-1}((Fl)^{\perp}) && \text{（命題 3.4.3 によって）} \\
&= (Ff)^{-1}(F(l^{\perp})) = (\mathrm{KSub}^*(f) \circ F)(l)
\end{aligned}
$$

となるからである．同様にして，F は自然変換 $\mathrm{KSub}_* \Rightarrow \mathrm{KSub}_* \circ F$ を誘導する．なぜなら，

$$\begin{aligned}(F \circ \mathrm{KSub}_*(f))(l) &= F((\exists_f(l))^{\perp}) \\ &= F((f^{\dagger})^{-1}(l^{\perp})) \\ &= ((Ff)^{\dagger})^{-1}((Fl)^{\perp}) \\ &= (\exists_{Ff}(Fl))^{\perp} = (\mathrm{KSub}_*(f) \circ F)(l)\end{aligned}$$

となるからである．ただし，命題 **4.4.3** による∃の別記述を用いている． □

例 4.4.21　反変べき集合関手は，添字付き半順序集合 $\mathcal{P}\colon \mathbf{Set}^{\mathrm{op}} \to \mathbf{POSet}$ を誘導する．このとき，グラフ関手 $\mathcal{G}\colon \mathbf{Set} \to \mathbf{Rel}$ は添字付き圏の射 $\mathcal{P} \to \mathrm{KSub}_{\mathbf{Rel}}$ を誘導する．なぜなら，$\mathbf{Set}$ の $f\colon X \to Y$ と $L \subseteq Y$ に対して

$$\begin{aligned}\mathcal{G}(f)^{-1}(L) &= \{x \in X \mid \forall_{y \in Y}.(x,y) \in \mathcal{G}(f) \Rightarrow y \in L\} \\ &= \{x \in X \mid \forall_{y \in Y}.f(x) = y \Rightarrow y \in L\} \\ &= \{x \in X \mid f(x) \in L\} \\ &= f^{-1}(L)\end{aligned}$$

となるからである．実際にはグラフ関手は，例 **4.1.4** によって，$\mathcal{P}(X) \cong \mathrm{KSub}_{\mathbf{Rel}}(\mathcal{G}(X))$ として，基底変換を誘導する．したがって，お馴染みの $\mathbf{Set}$ の圏論的論理は，ダガー核圏 $\mathbf{Rel}$ の論理から得ることができる．（**[111]** も参照のこと．）

このグラフ関手は，逆添字付き半順序集合の射でもある．なぜなら，$\mathbf{Set}$ の $f\colon X \to Y$ と $K \subseteq X$ に対して

$$\begin{aligned}\exists_{\mathcal{G}}(f)(K) &= \{y \in Y \mid \exists_{x \in X}.(x,y) \in \mathcal{G}(f) \wedge x \in K\} \\ &= \{y \in Y \mid \exists_{x \in X}.f(x) = y \wedge x \in K\} \\ &= \{f(x) \mid x \in K\} = \exists_f(K)\end{aligned}$$

となるからである．ただし，最下行の $\exists_f$ は，圏 $\mathbf{Set}$ における引き戻し f^{-1} に対する左随伴である．

例 4.4.22　3.2.26 によって，3.1.13 の関手 $\ell^2\colon \mathbf{PInj} \to \mathbf{Hilb}$ は，$\mathbf{DagKerCat}$ の射であり，したがって，添字付き半順序集合の射と，逆添字付き半順序集合の射を誘導する．この射は基底変換ではない．なぜなら，写像 $\mathrm{KSub}_{\mathbf{PInj}}(X) = \mathcal{P}(X) \to \mathrm{KSub}_{\mathbf{Hilb}}(\ell^2(X))$ は同型ではないからである．

例 4.4.23　例 2.1.4 の関手 $P\colon \mathbf{Hilb} \to \mathbf{PHilb}$ は，例 3.2.27 によって，**DagKerCat** の射である．したがって，添字付き半順序集合の射と，逆添字付き半順序集合の射を誘導する．実際には，この関手は基底変換を誘導する．なぜなら，例 3.2.27 によって，**PHilb** の核は，**Hilb** の核にほかならないからである．

4.5　ブールダガー核圏

この節では，ダガー核圏の核部分対象束が古典論理を表現する，すなわち，直モジュラー束であるだけでなくブール代数である場合を正確に特徴づける．これによって，このようなダガー核圏はブールダガー核圏と呼ばれる．この概念は，関係の圏から部分単射の圏を得る方法の一般化である汎化された構成法を与える．また，任意のブール代数をブールダガー核圏に変える方法についても論じる．

定義 4.5.1　ダガー核圏は，すべての核 k, l に対して $k \wedge l = 0$ ならば $k^\dagger \circ l = 0$ となるとき，ブールダガー核圏と呼ばれる．

補題 4.5.2　ダガー核圏がブールダガー核圏であるのは，次の条件が成り立つとき，そしてそのときに限る．すべての $k, l \in \mathrm{KSub}(X)$ に対して

$$k \wedge l = 0 \iff k \perp l$$

すなわち，核が互いに素となるのは，それらが直交するとき，そしてそのときに限る．

証明　ブールダガー核圏であるというのは，$k \wedge l = 0$ ならば $k^\dagger \circ l = 0$ であるということである．これは，$l^\dagger \circ k = 0$ と同値であり，定義によって $k \perp l$ である．その逆は簡単である．$k \circ f = l \circ g$ ならば，$f = k^\dagger \circ k \circ f = k^\dagger \circ l \circ g = 0 \circ g = 0$ である．同様にして，$g = 0$ である．したがって，k と l の引き戻しはゼロ対象 0 である．　□

4.5.3　**ブール代数**は，ハイティング代数で，同じ束の演算によって同時に直モジュラー束であるようなものである．もっと正確にいうと，ブール代数は，ハイ

ティング代数で，すべての x に対して $x = x^{\perp\perp}$ となるようなものである．ただし，$x^{\perp}$ は $(x \Rightarrow 0)$ と定義する．ブール代数の場合には，通常これは，$x^{\perp}$ ではなく $\neg x$ と表記される．ブール代数は圏 **BoolAlg** を構成し，その射は有限結びおよび有限交わりを保つ関数である．

定理 4.5.4　ダガー核圏がブールダガー核圏となるのは，それぞれの対象 X に対して $\mathrm{KSub}(X)$ がブール代数になるとき，そしてそのときに限る．

証明　定理 4.3.3 から，それぞれの $\mathrm{KSub}(X)$ は直モジュラー束であることはすでに分かっている．直モジュラー分配束はブール束であるから，分配律 $k \wedge (l \vee m) = (k \vee l) \wedge (k \vee m)$ がブールダガー核圏の条件である $k \wedge l = 0 \Rightarrow k \perp l$ と同値であることを示せば十分である．

まず，ブールダガー核圏であると仮定すると，

$$(k \wedge (k \wedge l)^{\perp}) \wedge l = (k \wedge l) \wedge (k \wedge l)^{\perp} = 0$$

である．したがって，$k \wedge (k \wedge l)^{\perp} \leq l^{\perp}$ となる．同様にして，$k \wedge (k \wedge m)^{\perp} \leq m^{\perp}$ となる．それゆえ，

$$k \wedge (k \wedge l)^{\perp} \wedge (k \wedge m)^{\perp} \leq l^{\perp} \wedge m^{\perp} = (l \vee m)^{\perp}$$

であり，したがって，

$$k \wedge (k \wedge l)^{\perp} \wedge (k \wedge m)^{\perp} \wedge (l \vee m) = 0$$

である．しかし，このとき，もう一度ブールダガー核圏の条件を使うと

$$k \wedge (l \vee m) \leq ((k \wedge l)^{\perp} \wedge (k \wedge m)^{\perp})^{\perp} = (k \wedge l) \vee (k \wedge m)$$

が得られる．

逆に，$k \wedge l = 0$ と仮定すると，

$$\begin{aligned} k &= k \wedge 1 \\ &= k \wedge (l \vee l^{\perp}) \\ &= (k \wedge l) \vee (k \wedge l^{\perp}) && \text{（分配則によって）} \\ &= 0 \vee (k \wedge l^{\perp}) = k \wedge l^{\perp} \end{aligned}$$

であり，したがって，$k \leq l^{\perp}$ である．　□

例 4.5.5　定理 4.5.4 によって，**Rel** および **PInj** は必然的にブールダガー核圏になる．一方，**Hilb, PHilb, OMLatGal** はブールダガー核圏ではない．

また，ブールダガー核圏は，例 4.4.7 を拡張した次の系が示すように，必然的に全称量化子をもちえない．

系 4.5.6　ブールダガー核圏でないダガー核圏は，すべての射 f に対して f^{-1} の右随伴 $\forall_f$ をもちえない．

証明　ブールダガー核圏でないならば，定理 4.5.4 によって，ある対象 X で，$\mathrm{KSub}(X)$ がブール束でない直モジュラー束であるようなものが存在する．これは，$\mathrm{KSub}(X)$ が分配束でないことを意味し，したがって，ハイティング代数にはなりえない．すると，全称量化子が存在することは，補題 4.4.5 と矛盾する．□

ブールダガー核圏であることの条件は，次のように強めることができる．

命題 4.5.7　ダガー核圏 $\boldsymbol{D}$ に対して次の (a)–(b) は同値である．

(a)　$\boldsymbol{D}$ はブールダガー核圏である．

(b)　それぞれの核の引き戻し

$$\begin{array}{ccc} P & \xrightarrow{\;q\;} & K \\ {\scriptstyle p}\big\downarrow & \lrcorner & \big\downarrow{\scriptstyle k} \\ L & \underset{l}{\rightarrowtail} & X \end{array}$$

に対して，$l^\dagger \circ k = p \circ q^\dagger$ となる．

証明　ブールダガー核圏の定義は，$P = 0$ とした特別な場合であることが簡単に分かる．その逆が成り立つのは，命題の引き戻しに左側にさらに別の引き戻しを追加すると

$$\begin{array}{ccccc} 0 & \longrightarrow & P & \xrightarrow{\;q\;} & K \\ \big\downarrow & \lrcorner & {\scriptstyle p}\big\downarrow & \lrcorner & \big\downarrow{\scriptstyle k} \\ P^\perp & \underset{p^\perp}{\rightarrowtail} & L & \underset{l}{\rightarrowtail} & X \end{array}$$

となることから分かる．命題 3.4.3 によって，p, q は核である．このとき，$k \wedge$

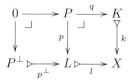

$(l \circ p^{\perp}) = 0$であり，したがって，ブールダガー核圏の条件によって，

$$\begin{aligned} k \leq (l \circ p^{\perp})^{\perp} &= \ker\Big((l \circ \ker(p^{\dagger}))^{\dagger}\Big) \\ &= \ker(\mathrm{coker}(p) \circ l^{\dagger}) \\ &= (l^{\dagger})^{-1}(p) \end{aligned}$$

となる．ただし，この引き戻しは，命題3.4.3で記述したものである．したがって，$p \circ \varphi = l^{\dagger} \circ k$となるような写像$\varphi\colon K \to P$が存在する．これは，

$$\varphi = p^{\dagger} \circ p \circ \varphi = p^{\dagger} \circ l^{\dagger} \circ k = (l \circ p)^{\dagger} \circ k = (k \circ q)^{\dagger} \circ k = q^{\dagger} \circ k^{\dagger} \circ k = q^{\dagger}$$

となることを意味し，したがって，求める$p \circ q^{\dagger} = l^{\dagger} \circ k$が得られた．　□

4.5.8　命題4.5.7は，ブールダガー核圏は**引き戻しによる合成**をもつと述べていると考えられる．この意味で，3.1.13の写像ℓ^2 : **PInj** → **Hilb**が結局関手的になっているということは，注目に値する．この結果として，**PInj**は引き戻しによる合成をもつが，**Hilb**はそうではない．実際には，**Hilb**の核k, lに対して命題4.5.7(b)の条件が成り立つのは，$k \perp l$であるとき，そしてそのときに限る．したがって，**Hilb**における合成は，**Hilb**の直交部分上だけの引き戻しによる合成と一致し，関手ℓ^2はそのような直交部分へと落とし込む．

例4.5.9　ここで，すべてのブール代数にブールダガー核圏を関連づけると，そのクラス全体がブールダガー核圏の例になる．はじめに，$(1, \wedge)$を伴うBを交わり半束とする．この構造は圏にすることができ，それを$\widehat{B}$と表記する．$\widehat{B}$の対象は，要素$x \in B$であり，射$x \to y$は要素$f \in B$で$f \leq x, y$，すなわち$f \leq x \wedge y$となるようなものである．$\widehat{B}$には恒等射$x\colon x \to x$があり，$f\colon x \to y$と$g\colon y \to z$の合成は単に$f \wedge g\colon x \to z$である．この$\widehat{B}$は$f^{\dagger} = f$となるダガー圏である．写像$f\colon x \to y$は，$f^{\dagger} \circ f = f \wedge f = x$ならば，ダガーモノ射である．したがって，ダガーモノ射は$x\colon x \to y$の形式で，$x \leq y$であるようなものである．

$B \mapsto \widehat{B}$という構成法は関手的である．交わり半束の射$h\colon B \to C$は，$x \mapsto h(x)$によって関手$\widehat{h}\colon \widehat{B} \to \widehat{C}$を生じる．これは，あきらかにダガーを保つ．

命題 4.5.10 B がブール代数ならば，$\widehat{B}$ はブールダガー核圏であり，ダガー関手 $\mathbf{BoolAlg} \to \mathbf{DagKerCat}$ が作られる．さらに，$\widehat{B}$ のダガーモノは核であり，$\mathrm{KSub}_{\widehat{B}}(x)$ は（主）下方集合 $\downarrow x$ である．

証明 最小元 $0 \in B$ はゼロ対象 $0 \in \widehat{B}$ を作り出し，またゼロ写像 $0\colon x \to y$ も作り出す．なぜなら，任意の写像 $f\colon x \to y$ に対して，核 $\ker(f) = \neg f \wedge x$ が存在し，この核は $\widehat{B}$ におけるダガーモノ $\ker(f)\colon \ker(f) \to x$ だからである．あきらかに，$f \circ \ker(f) = f \wedge \neg f \wedge x = 0 \wedge x = 0$ が成り立つ．$g\colon z \to x$ も $f \circ g = 0$ を満たすならば，$g \leq x, z$ かつ $f \wedge g = 0$ である．後者から $g \leq \neg f$ が得られ，それゆえ，$g \leq \neg f \wedge x = \ker(f)$ である．したがって，g は求める中間写像 $g\colon z \to \ker(f)$ で，$\ker(f) \circ g = g$ となるようなものを構成する．

$k \leq x$ であるようなダガーモノ $k\colon k \to x$ は核，具体的には，その余核 $\neg k \wedge x\colon x \to (\neg k \wedge x)$ の核である．なぜなら，$k, l \leq x$ であるような二つの核 $k\colon k \to x$ と $l\colon l \to x$ に対して，核として $k \leq l$ となるのは，B において $k \leq l$ であるとき，そしてそのときに限るからである．したがって，$\mathrm{KSub}(x) = \downarrow x$ であり，これも（$\neg_x k = \neg k \wedge x$ を否定とする）ブール代数になる．部分対象としての共通集合 $k \wedge l$ は，B における交わり $k \wedge l$ である．これによって，$\widehat{B}$ がブールダガー核圏であること，すなわち，$k \wedge l = 0$ ならば $k^\dagger \circ l = k \circ l = k \wedge l = 0$ となることが示される． □

4.5.11 ブール代数 B から得られた圏 $\widehat{B}$ において，$f\colon x \to y$ の分解は，合成 $x \xrightarrow{f} f \xrightarrow{f} y$ である．とくに，$k \leq x$ に対して，核 $k\colon k \to x$ と考えると，$\exists_f(k) = (k \wedge f\colon (k \wedge f) \to x)$ が得られる．

それでは，関係の圏から部分単射の圏を得る方法の一般化である汎化された構成法に取り組もう．

定義 4.5.12 $\boldsymbol{D}$ をブールダガー核圏とする．$\boldsymbol{D}$ と同じ対象で，$(X \overset{c}{\twoheadrightarrow} \bullet \overset{k}{\rightarrowtail} Y)$ の形式をした余核と核の対 (c, k) で与えられる $X \to Y$ を射とする圏を $\boldsymbol{D}_{\mathrm{kck}}$ と書く．X の恒等射は，対 $(X \overset{\mathrm{id}}{\twoheadrightarrow} X \overset{\mathrm{id}}{\rightarrowtail} X)$ であり，$(X \overset{c}{\twoheadrightarrow} K \overset{k}{\rightarrowtail} Y)$ と $(Y \overset{d}{\twoheadrightarrow} L \overset{l}{\rightarrowtail} Z)$ の合成は，次の引き戻しを介して得られる対 $(q^\dagger \circ c, l \circ p)$

である．

$$
\begin{array}{ccccc}
 & & P & \overset{p}{\rightarrowtail} & L & \overset{l}{\rightarrowtail} & Z \\
 & & {\scriptstyle q}\big\downarrow & \lrcorner & \big\downarrow{\scriptstyle d^\dagger} & & \\
X & \underset{c}{\twoheadrightarrow} & K & \underset{k}{\rightarrowtail} & Y & &
\end{array}
\tag{4.6}
$$

正確にいえば，同型射 φ に対して，(c, k) と $(\varphi \circ c, k \circ \varphi^{-1})$ を同一視する．

実際には，この代表的な例が $\mathbf{PInj} = \mathbf{Rel}_{\mathrm{kck}}$ である．$(\_)_{\mathrm{kck}}$ による構成法は，次の定理が示すように，普遍性をもつ．

定理 4.5.13　ブールダガー核圏 $\boldsymbol{D}$ に対して，圏 $\boldsymbol{D}_{\mathrm{kck}}$ もまたブールダガー核圏になる．**DagKerCat** には射 $D\colon \boldsymbol{D}_{\mathrm{kck}} \to \boldsymbol{D}$ があり，$\mathrm{KSub}_{\boldsymbol{D}_{\mathrm{kck}}}(X) \cong \mathrm{KSub}_{\boldsymbol{D}}(X)$ となる．さらに，$\boldsymbol{D}_{\mathrm{kck}}$ において

$$\text{核} \;=\; \text{ダガーモノ射} \;=\; \text{モノ射} \;=\; \text{ゼロモノ射}$$

である．また，$\boldsymbol{D}_{\mathrm{kck}}$ は，射 $\boldsymbol{E}_{\mathrm{kck}} \to \boldsymbol{D}$ をもち，すべてのゼロモノ射が核であるようなダガー核圏の中で普遍的である．

証明　自明な定義 $(c, k)^\dagger = (k^\dagger, c^\dagger)$ によって，$\boldsymbol{D}_{\mathrm{kck}}$ はダガー圏になる．ゼロ対象 $0 \in \boldsymbol{D}$ は，余核と核の対で構成されるゼロ写像 $X \twoheadrightarrow 0 \rightarrowtail Y$ をもつゼロ対象 $0 \in \boldsymbol{D}_{\mathrm{kck}}$ でもある．射 (c, k) がダガーモノ射となるのは，$(c, k)^\dagger \circ (c, k) = (k^\dagger, k)$ が恒等射であるとき，そしてそのときに限る．これは，$k = \mathrm{id}$ ということである．

射 $(d, l) = (\,Y \overset{d}{\twoheadrightarrow} L \overset{l}{\rightarrowtail} Z\,)$ の核は

$$\ker(d, l) = (\,L^\perp \overset{\mathrm{id}}{\twoheadrightarrow} L^\perp \overset{(d^\dagger)^\perp}{\rightarrowtail} Y\,)$$

であるので，$\ker(d, l)$ はダガーモノ射であり，$(d, l) \circ \ker(d, l) = 0$ である．また，$(d, l) \circ (c, k) = 0$ でもあれば，$k \wedge d^\dagger = 0$ となる．したがって，ブールダガー核圏の条件によって，$(d^\dagger)^\perp \circ \varphi = k$ と $\varphi\colon K \to L^\perp$ を介して，$k \le (d^\dagger)^\perp$ となる．$\ker(d, l) \circ (c, \varphi) = (\mathrm{id}, (d^\dagger)^\perp) \circ (c, \varphi) = (c, (d^\dagger)^\perp \circ \varphi) = (c, k)$ を満たす中間写像 $(c, \varphi) = (\,X \overset{c}{\twoheadrightarrow} K \overset{\varphi}{\rightarrowtail} L^\perp\,)$ が得られる．$\boldsymbol{D}_{\mathrm{kck}}$ において (id, k)

の形式をした射が核，具体的には余核 $(k^{\perp}, \mathrm{id})$ の核であることを示すのは難しくない．このようにして，$\boldsymbol{D}_{\mathrm{kck}}$ はダガー核圏になる．

$\boldsymbol{D}_{\mathrm{kck}}$ の二つの核 $(\mathrm{id}, k) = (K \Longrightarrow K \overset{k}{\rightarrowtriangle} X)$ と $(\mathrm{id}, l) = (L \Longrightarrow L \overset{l}{\rightarrowtriangle} X)$ の共通集合は，$\boldsymbol{D}$ において射影 $(P \Longrightarrow P \rightarrowtriangle K)$ と $(P \Longrightarrow P \rightarrowtriangle L)$ を伴った共通集合 $k \wedge l \colon P \rightarrowtail X$ である．したがって，$\boldsymbol{D}_{\mathrm{kck}}$ において (id, k) と (id, l) の共通集合が 0 ならば，$\boldsymbol{D}$ においても k と l の共通集合は 0 であり，それから $l^{\dagger} \circ k = 0$ が得られる．しかし，このとき，$\boldsymbol{D}_{\mathrm{kck}}$ において，$(\mathrm{id}, l)^{\dagger} \circ (\mathrm{id}, k) = (l^{\dagger}, \mathrm{id}) \circ (\mathrm{id}, k) = 0$ である．したがって，$\boldsymbol{D}_{\mathrm{kck}}$ はブールダガー核圏である．

関手 $D \colon \boldsymbol{D}_{\mathrm{kck}} \to \boldsymbol{D}$ で，対象に対しては $D(X) = X$ と作用し，射に対しては $D(c, k) = k \circ c$ と作用するようなものが存在する．合成は，命題 4.5.7 によって保たれる．なぜなら，定義 4.5.12 での射に対して

$$(d, l) \circ (c, k) = (q^{\dagger} \circ c, l \circ p) \longmapsto l \circ p \circ q^{\dagger} \circ c = (l \circ d) \circ (k \circ c)$$

となるからである．

核とダガーモノ射が一致することはすでに分かっている．ここで，これらがゼロモノ射とも一致することを示す．$(d, l) \colon Y \to Z$ をゼロモノ射とする．これは，それぞれの写像 (c, k) に対して，$(d, l) \circ (c, k) = 0 \Rightarrow (c, k) = 0$ であることを意味する．図式 (4.6) を用いると，これは，$d^{\dagger} \wedge k = 0 \Rightarrow k = 0$ ということである．ブールダガー核圏の条件によって，前件 $d^{\dagger} \wedge k = 0$ は $k \leq (d^{\dagger})^{\perp} = \ker(d)$ と同値である．これは，$d \circ k = 0$ を意味する．したがって，d は，$\boldsymbol{D}$ のゼロモノ射であり，それゆえ，（それはすでに余核であるから）同型であることが分かる．

最後に，$\boldsymbol{E}$ をブールダガー核圏で，ゼロモノ射が核であるようなものとし，$F \colon \boldsymbol{E} \to \boldsymbol{D}$ を $\mathbf{DagKerCat}$ の関手とする．$\boldsymbol{E}$ のすべての射 f は，核 i_f と余核 e_f に対して $f = i_f \circ e_f$ と分解する．したがって，$G(X) = F(X)$ および $G(f) = (e_f, i_f)$ によって定義される $G \colon \boldsymbol{E} \to \boldsymbol{D}_{\mathrm{kck}}$ は，$F = D \circ G$ を満たす唯一の関手である． □

4.6 部分対象分類子

この章を終えるにあたって，部分対象分類子の概念を再考し，それをここまでの核部分対象に当てはめる．

4.6.1 終対象 1 をもつ圏 $\boldsymbol{C}$ の**部分対象分類子**とは，モノ射 $\top\colon 1 \to \Omega$ で，任意のモノ $m\colon M \to X$ に対して，次の図式が引き戻しとなる一意な $\chi_m\colon X \to \Omega$ があるようなもののことである．

$$\begin{array}{ccc} M & \longrightarrow & 1 \\ {\scriptstyle m}\downarrow & \lrcorner & \downarrow{\scriptstyle \top} \\ X & \xrightarrow[\chi_m]{} & \Omega \end{array}$$

対象 Ω だけでも，部分対象分類子と呼ばれることもある [131, A1.6]．したがって，部分対象分類子 Ω は，自然同型 $\mathrm{Sub}(X) \cong \boldsymbol{C}(X, \Omega)$ を誘導する．ただし，関手 $\mathrm{Sub}(X)$ は引き戻しによって射に作用し，$\boldsymbol{C}(X, \Omega)$ は前合成によって射に作用する．そして，それらの対応は，前述の一意な引き戻し $[m] \mapsto \chi_m$ である．

例 4.6.2 圏 $\mathbf{Set}$ は，$\top(*) = 1$ で決まる射 $\top\colon 1 \to \Omega$ により，部分対象分類子 $\Omega = \{0, 1\}$ をもつ．

任意の小さい圏 $\boldsymbol{C}$ に対して，関手圏 $[\boldsymbol{C}, \mathbf{Set}]$ は部分対象分類子をもつ．ここで，それを記述しよう．対象 $X \in \boldsymbol{C}$ 上の**余層** S とは，X をドメインとする射 f で，f と合成可能な任意の射 g に対して $f \in S$ ならば $g \circ f \in S$ となるようなものの族である．$X \in \boldsymbol{C}$ に対して，$\Omega(X)$ の要素は X 上の余層である [131, A1.6.6]．射 $f\colon X \to Y$ に対して，作用 $\Omega(f)\colon \Omega(X) \to \Omega(Y)$ は次の式で与えられる．

$$\Omega(f)(S) = \{g\colon Y \to Z \mid Z \in \boldsymbol{C}, g \circ f \in S\}$$

さらに，関手 $F, G\colon \boldsymbol{C} \rightrightarrows \mathbf{Set}$ に対して $F \in \mathrm{Sub}(G)$ となるのは，F が G の**部分関手**，すなわち，すべての $X \in \boldsymbol{C}$ に対して $F(X) \subseteq G(X)$ であるとき，そしてそのときに限る．

とくに簡単な，$\boldsymbol{C}$ が半順序集合の場合を圏とみなすと，X 上の余層 S は，$Y \in S$ かつ $Y \leq Z$ ならば $Z \in S$ かつ $X \leq Y$ であるという意味で，X より上の**上方集合**にすぎない.

部分対象識別子を本書の核部分対象に当てはめるために, まず, 圏 **OMLatGal** における対象 $\{0,1\}$ を調べる. 最初に, 定理 3.4.17 と同じように, **OMLatGal** がダガー核圏であることから得られる分解を明示的に記述する.

補題 4.6.3 $f\colon X \to Y$ を **OMLatGal** の任意の射とするとき, 次が成り立つ.

$$\mathrm{coker}(f) = \big(Y \overset{c}{\longrightarrow\!\!\triangleright} {\downarrow} f_*(1)\big), \qquad \begin{aligned} c_*(y) &= y^\perp \wedge f_*(1) \\ c^*(v) &= v^\perp \end{aligned}$$

$$\mathrm{Im}(f) = \big({\Downarrow}(f_*(1)^\perp) \triangleright\!\!\overset{i_f}{\longrightarrow} Y\big), \qquad \begin{aligned} (i_f)_*(v) &= v^\perp \\ (i_f)^*(y) &= y^\perp \wedge f_*(1)^\perp \end{aligned}$$

$$\big(X \overset{e_f}{\longrightarrow\!\!\!\!\circ\!\!\!\!\twoheadrightarrow} {\downarrow} f_*(1)^\perp\big), \qquad \begin{aligned} (e_f)_*(x) &= f_*(x) \wedge f_*(1)^\perp \\ (e_f)^*(v) &= f^*(v) \end{aligned}$$

$$\big({\downarrow} f^*(1) \rightarrowtail\!\!\overset{m_f}{\circ}\!\!\twoheadrightarrow {\downarrow} f_*(1)^\perp\big), \qquad \begin{aligned} (m_f)_*(x) &= f_*(x) \wedge f_*(1)^\perp \\ (m_f)^*(v) &= f^*(v) \wedge f^*(1)^\perp \end{aligned}$$

さらに, f がゼロエピ射となるのは, $f_*(1) = 0$ であるとき, そしてそのときに限る.

証明 これは, ただ定義を解きほぐすだけのことである. たとえば,

$$\mathrm{coker}(f) = \ker(f^\dagger)^\dagger = \big({\Downarrow}(f^\dagger)^*(1) \triangleright\!\!\longrightarrow Y\big)^\dagger = \big(Y \longrightarrow\!\!\triangleright {\downarrow} f_*(1)\big)$$

$$\mathrm{Im}(f) = \ker(\mathrm{coker}(f)) = \ker\big(Y \longrightarrow\!\!\triangleright {\downarrow} f_*(1)\big) = \big({\downarrow} f_*(1)^\perp \triangleright\!\!\longrightarrow Y\big)$$

である. したがって, $f_*(1) = 0$ であるとき, そしてそのときに限り, f はゼロエピ射になり, これは定義から $\mathrm{coker}(f) = 0$ である. $i_f \circ e_f = f$ となることは, $x \leq 1$ であるから $f_*(1) \leq f_*(x)$ であり, 直モジュール性によって

$$(i_f \circ e_f)_*(x) = \big((e_f)_*(x)^\perp \wedge f_*(1)^\perp\big)^\perp = (f_*(x) \wedge f_*(1)^\perp) \vee f_*(1) = f_*(x)$$

となることから確かめられる. 射 e_f は, $(e_f)_*(1) = f_*(1) \wedge f_*(1)^\perp = 0$ であるので, 実際にはゼロエピ射である.

つぎに，$1 \le f_*(f^*(1))$ であることから，

$$f_*(x \vee f^*(1)) = f_*(x) \wedge f_*(f^*(1)) = f_*(x) \wedge 1 = f_*(x) \tag{4.7}$$

となることに注意する．これを二度用いると

$$\begin{aligned}(m_f \circ (i_{f^\dagger})^\dagger)_*(x) &= (m_f)_*\big(f^*(1)^\perp \wedge ((f^\dagger)_*(1)^\perp \wedge x^\perp)^\perp\big)\\ &= f_*\big(f^*(1)^\perp \wedge (f^*(1) \vee x)\big) \wedge f_*(1)^\perp\\ &= f_*\big(f^*(1) \vee (f^*(1)^\perp \wedge (f^*(1) \vee x))\big) \wedge f_*(1)^\perp\\ &\qquad\qquad \text{((4.7) によって)}\\ &= f_*(f^*(1) \vee x) \wedge f_*(1)^\perp\\ &= f_*(x) \wedge f_*(1)^\perp \qquad \text{((4.7) によって)}\\ &= (e_f)_*(x)\end{aligned}$$

が得られる．この射 m_f はゼロエピ射になる．

$$\begin{aligned}(m_f)_*(1) &= f_*(f^*(1)^\perp) \wedge f_*(1)^\perp \qquad \text{(左辺の 1 は，} {\downarrow} f^*(1)^\perp \text{ の最大限なので)}\\ &= f_*(f^*(1) \vee f^*(1)^\perp) \wedge f_*(1)^\perp \qquad \text{((4.7) によって)}\\ &= f_*(1) \wedge f_*(1)^\perp = 0\end{aligned}$$

同様にして，m_f がゼロモノ射になることも示せる． □

補題 4.6.4　$f\colon X \to Y$ を **OMLatGal** の射とする．f の逆像と順像は，それぞれ次のように明示的に与えられる．

$$\begin{array}{ccc}\mathrm{KSub}(Y) & \xrightarrow{f^{-1}} & \mathrm{KSub}(X)\\ \big({\downarrow} b \to Y\big) & \longmapsto & \big({\downarrow} f^*(b^\perp) \to X\big)\end{array} \qquad \begin{array}{ccc}\mathrm{KSub}(X) & \xrightarrow{\exists_f} & \mathrm{KSub}(Y)\\ \big({\downarrow} a \to X\big) & \longmapsto & \big({\Downarrow}(f_*(a)^\perp) \to Y\big)\end{array}$$

証明　$b \in Y$ に対して，命題 3.4.3 と補題 4.6.3 によって

$$\begin{aligned}f^{-1}({\downarrow} b \to Y) &= \ker(\mathrm{coker}({\downarrow} b \to Y) \circ f)\\ &= \ker((Y \to {\downarrow} c) \circ f) \qquad (c = b_*(1_{\downarrow b}) = (1_{\downarrow b})^\perp = b^\perp \text{ なので})\\ &= {\downarrow} a \to X = {\downarrow} f^*(b^\perp) \to X\end{aligned}$$

が得られる．ただし，

$$a = (c^\dagger \circ f)^*(1_{\downarrow b}) = f^*(c_*(1_{\downarrow c})^\perp) = f^*(c^{\perp\perp}) = f^*(c) = f^*(b^\perp)$$

である．補題 4.6.3 によって，順像は次のように記述される．

$$\exists_f(\downarrow a \to X) = \mathrm{Im}(f \circ (\downarrow a \to X)) = \downarrow b \to Y = \Downarrow(f_*(a)^\perp) \to Y$$

ただし，

$$b = (f \circ a)_*(1_{\downarrow a})^\perp = f_*(a_*(1_{\downarrow a})^\perp)^\perp = f_*(a^{\perp\perp})^\perp$$

である． □

次の命題は，直モジュラー束の主下方集合が圏 **OMLatGal** のダガー核にほかならないという補題 4.3.8 の主張を満たしている．

命題 4.6.5 **OMLatGal** において，$a \in X$ とするとき，補題 4.3.8 の $a\colon \downarrow a \to X$ の形式をしたすべてのダガーモノ射は核である．これから得られる直モジュラー束の同型

$$\begin{array}{rcl} X & \xrightarrow{\cong} & \mathrm{KSub}(X) \\ a & \longmapsto & (a\colon \downarrow a \to X) \end{array}$$

は，**OMLatGal** の $f\colon X \to Y$ に対して次の図式が可換になるという意味で，自然である．

$$\begin{array}{ccccc} X & \xrightarrow{\ \perp \circ f_*\ } & Y & \xrightarrow{\ f^* \circ \perp\ } & X \\ \cong\downarrow & & \downarrow\cong & & \downarrow\cong \\ \mathrm{KSub}(X) & \xrightarrow[\ \exists_f\ ]{} & \mathrm{KSub}(Y) & \xrightarrow[\ f^{-1}\ ]{} & \mathrm{KSub}(X) \end{array}$$

証明 まず，$a\colon \downarrow a \to X$ が，実際には核，具体的には余核 $\mathrm{coker}(a)\colon X \to \downarrow a_*(1)$ の核であることを確かめる．$a_*(1) = a_*(1_{\downarrow a}) = a_*(a) = a^\perp$ として，補題 4.6.3 を参照せよ．すると，$\ker(\mathrm{coker}(a)) = \mathrm{coker}(a)^*(1) = \mathrm{coker}(a)^*(1_{\downarrow a^\perp}) = \mathrm{coker}(a)^*(a^\perp) = a^{\perp\perp} = a$ となる．

命題 4.3.10 は，写像 $X \to \mathrm{KSub}(X)$ が前者であると述べている．ここで，この写像が直モジュラー束の順序を反映する単射準同型写像であることを示す．すると，この写像は直モジュラー束の同型写像になる．

X において，$a \le b$ と仮定する．$\varphi\colon \downarrow a \to \downarrow b$ を，$x \in \downarrow a$ と $y \in \downarrow b$ に対して $\varphi_*(x) = x^{\perp_b} = b \wedge x^\perp$ および $\varphi^*(y) = a \wedge y^\perp$ と定義する．このとき，

$y \leq \varphi_*(x)$ となるのは，$x \leq \varphi^*(y)$ であるとき，そしてそのときに限るので，φ は **OMLatGal** の射である．KSub(X) において $a \leq b$ を示すために，$b \circ \varphi = a$ を証明する．まず，$x \in \downarrow a$ に対して，

$$
\begin{aligned}
(b \circ \varphi)_*(x) &= b_*\big(\varphi_*(x)^{\perp_b}\big) \\
&= b_*\big(x^{\perp_b \perp_b}\big) \\
&= b_*(x) && (x \in \downarrow a \subseteq \downarrow b \text{ なので}) \\
&= x^{\perp} \\
&= a_*(x)
\end{aligned}
$$

である．写像 $X \to$ KSub(X) は，順序を保つだけではなく，順序を反映する．すなわち，$b \circ \psi = a$ となるような任意の $\psi\colon \downarrow a \to \downarrow b$ に対して

$$
\begin{aligned}
a = a^{\perp\perp} = a_*(a)^{\perp} = (b \circ \psi)_*(a)^{\perp} &= b_*(\psi_*(a)^{\perp_b})^{\perp} \\
&= \psi_*(a)^{\perp_b \perp\perp} \\
&= \psi_*(a)^{\perp_b} \\
&= b \wedge \psi_*(a)^{\perp} \\
&\leq b
\end{aligned}
$$

となる．この写像は $\perp$ も保つ．なぜなら，

$$
\big(\downarrow a \overset{a}{\rightarrowtriangle} X\big)^{\perp} = \ker(a^{\dagger}) = \big(\downarrow b \overset{b}{\rightarrowtriangle} X\big)
$$

において，a は $\downarrow a$ の中の最大元であるため，命題 4.3.10 によって

$$
b = (a^{\dagger})^*(1) = a_*(1) = 1^{\perp} = a^{\perp}
$$

となるからである．

あとは，写像 $X \to$ KSub(X) が有限交わりを保つことを示せばよい．これは，この写像が最大元 $1 \in X$ を KSub(X) の恒等写像に写すことからほぼすぐに分かる．また，この写像は有限連言も保つ．なぜなら，核 $\downarrow a \to X$ と $\downarrow b \to X$ の共通集合は，$\Downarrow(a \wedge b) \to X$ によって与えられるからである．$a \wedge b \leq a, b$ なので，写像 $\Downarrow(a \wedge b) \to \downarrow a$ および $\Downarrow(a \wedge b) \to \downarrow b$ が存在する．$k\colon \downarrow f^*(1) \to X$ を

$f\colon X \to Y$ の核とするとき，写像 $k \to {\downarrow}a$ と $k \to {\downarrow}b$ が得られたと仮定する．すでに分かっているように，順序は反映されるので，$f^*(1) \le a, b$ が得られ，したがって，$f^*(1) \le a \wedge b$ であり，ここから，求める写像 ${\downarrow}f^*(1) \to {\downarrow}(a \wedge b)$ が得られる．

最後に，自然性は，補題 4.6.4 から導かれる． □

4.6.6 **OMLatGal** において，任意のダガー核圏において存在する随伴 $\exists_f \dashv f^{-1}$ は，次のように，**OMLatGal** の射の定義における $f^* \dashv f_*$ の間の随伴ということができる．

$$
\begin{aligned}
\exists_f({\downarrow}a \to X) \le ({\downarrow}b \to Y) &\iff ({\downarrow}f_*(a)^{\perp} \to Y) \le ({\downarrow}b \to Y) \\
&\iff f_*(a)^{\perp} \le b \\
&\iff b^{\perp} \le f_*(a) \\
&\iff a \le f^*(b^{\perp}) \\
&\iff ({\downarrow}a \to X) \le ({\downarrow}f^*(b^{\perp}) \to X) \\
&\iff ({\downarrow}a \to X) \le f^{-1}({\downarrow}b \to X)
\end{aligned}
$$

4.6.7 **OMLatGal** では，佐々木アロー $\Rightarrow_{\mathrm{S}}$ と命題 4.4.16 の演算子 & は，直モジュラー束の理論における通常の定義になる [82, 136]．圏 **OMLatGal** では，命題 4.1.12 の射影 $P(m)$ は $P({\downarrow}a \to X) = a \circ a^{\dagger}\colon X \to X$ になるので，

$$({\downarrow}a \to X) \Rightarrow_{\mathrm{S}} ({\downarrow}b \to X) = P({\downarrow}a \to X)^{-1}({\downarrow}b \to X) = ({\downarrow}c \to X)$$

が得られる．ただし，補題 4.6.4 に従って，

$$c = (a \circ a^{\dagger})^*(b^{\perp}) = a_*\big(a^*(b^{\perp})^{\perp_a}\big) = \big(a \wedge (a \wedge b)^{\perp}\big)^{\perp} = a^{\perp} \vee (a \wedge b) = a \Rightarrow_{\mathrm{S}} b$$

である．同様にして，演算子 & に対して

$$({\downarrow}a \to X) \mathbin{\&} ({\downarrow}b \to X) = \exists_{P({\downarrow}b \to X)}({\downarrow}a \to X) = ({\downarrow}c \to X)$$

となる．ただし，補題 4.6.4 の記述から

$$c = (b \circ b^{\dagger})_*(a)^{\perp} = b_*\big(b^*(a)^{\perp_a}\big)^{\perp} = \big(b \wedge (b \wedge a^{\perp})^{\perp}\big)^{\perp\perp} = b \wedge (b^{\perp} \vee a) = a \mathbin{\&} b$$

が得られる．

4.6.8　例 4.6.2 の状況設定では，動的論理 [14, 15, 68] から最弱事前条件様相性 $[f]$ を定義することができる．**OMLatGal** の射 $f\colon X \to Y$ と $y \in Y$ に対して，「f のあとで y が成り立つ」を

$$[f](y) = f^*(y^{\perp})$$

と定義する．この演算 $[f](\_)$ は，通常通り，交わりを保つ．要素 $a \in X$ は，テスト演算 $a? = P(a) = a \circ a^{\dagger}$ を作り出す．このとき，この様相性を介して，佐々木アロー $a \Rightarrow_{\mathrm{S}} b$ は $[a?]b$ として回復される．また，それゆえ，直交成分 $a^{\perp}$ は $[a?]0$ として回復される．これは，ダガー核圏の圏論的論理の時相的，動的特性を明示している．

これで，ダガー核圏に対する「核部分対象分類子」を考える準備が整った．圏 **OMLatGal** から始めることにしよう．

補題 4.6.9　$2 = \{0, 1\}$ を2要素ブール代数とし，直モジュラー束 $2 \in$ **OMLatGal** を考える．それぞれの直モジュラー束 X に対して，（集合としての）同型

$$X \xrightarrow{\;\cong\;} \mathbf{OMLatGal}(2, X)$$

で，次のように $a \in X$ を $\overline{a}\colon 2 \to X$ に写像するものが存在する．

$$\overline{a}_*(w) = \begin{cases} 1 & (w = 0 \text{ の場合}) \\ a^{\perp} & (w = 1 \text{ の場合}) \end{cases} \qquad \overline{a}^*(x) = \begin{cases} 1 & (x \le a^{\perp} \text{ の場合}) \\ 0 & (\text{それ以外の場合}) \end{cases}$$

$f\colon X \to Y$ に対して次の図式が可換になるように，この同型は自然である．

$$\begin{array}{ccc} X & \xrightarrow{\;\perp \circ f_*\;} & Y \\ {\scriptstyle \cong}\downarrow & & \downarrow{\scriptstyle \cong} \\ \mathbf{OMLatGal}(2, X) & \xrightarrow[\;f \circ (\_)\;]{} & \mathbf{OMLatGal}(2, Y) \end{array}$$

証明　**OMLatGal** の写像 $f\colon 2 \to X$ に対して，$f_*\colon 2^{\mathrm{op}} \to Y$ は右随伴なので，$f_*(0) = 1$ となることに注意する．したがって，$a = f_*(1) \in X$ だけを選ぶことができる．これを選ぶと，左随伴 $f^*\colon X \to 2^{\mathrm{op}}$ は完全に決まる．具体的には，$1 \le f^*(x)$ となるのは，$x \le f_*(1)$ であるとき，そしてそのときに限る．

自然性に関しては，次の等式によって成り立つことが分かる．

$$\begin{aligned}(f \circ \overline{a})_*(1) &= f_*(\overline{a}_*(1)^{\perp}) \\ &= f_*(a^{\perp\perp}) \\ &= f_*(a)^{\perp\perp} \\ &= \overline{f_*(a^{\perp})}_*(1) \\ &= \overline{(\perp \circ f_*)(a)}_*(1)\end{aligned}$$

□

系 4.6.10 2 要素束 $2 \in \mathbf{OMLatGal}$ は「**核部分対象分類子**」である．すなわち，任意の $f\colon X \to Y$ に対して $\chi \circ \exists_f = f \circ \chi$ となる自然な同型

$$\mathrm{KSub}(X) \xrightarrow[\cong]{\chi} \mathbf{OMLatGal}(2, X)$$

が存在する．

証明 もちろん, 命題 4.6.5 および補題 4.6.9 の同型 $\mathrm{KSub}(X) \cong X \cong \mathbf{OMLatGal}$ を使うと，$\chi(\downarrow a \to X) = \overline{a}$ となる．このとき，$f\colon X \to Y$ に対して，

$$\begin{aligned}\chi\big(\exists_f(\downarrow a \to X)\big)_*(1) &= \chi\big(\downarrow(f_*(a)^{\perp}) \to Y\big)_*(1) \\ &= \overline{(f_*(a)^{\perp})}_*(1) \\ &= f_*(a)^{\perp\perp} \\ &= f_*(a^{\perp\perp}) \\ &= f_*(\overline{a}_*(1)^{\perp}) \\ &= (f \circ \overline{a})_*(1) \\ &= (f \circ \chi(\downarrow a \to X))_*(1)\end{aligned}$$

となる． □

Rel でも，定義 4.5.12 のように B から構成されたブールダガー核圏 $\widehat{B}$ でも，同じような現象が生じる．

補題 4.6.11 単元集合 $1 \in \mathbf{Rel}$ は「核部分対象分類子」である．すなわち，任意の $S\colon X \to Y$ に対して $\chi \circ \exists_S = S \circ \chi$ となる自然な同型

$$\mathrm{KSub}(X) \xrightarrow[\cong]{\chi} \mathbf{Rel}(1, X)$$

が存在する．

証明　圏 **Rel** においては，次のような対応がある．

$$\mathrm{KSub}(X) \cong \mathcal{P}(X) \cong \mathbf{Set}(X, 2) \cong \mathbf{Set}(X, \mathcal{P}(1)) \cong \mathbf{Rel}(X, 1)$$

これらから，

$$\begin{array}{ccc} \mathrm{KSub}(X) = \mathcal{P}(X) & \xrightarrow[\cong]{\chi} & \mathbf{Rel}(1, X) \\ (K \subseteq X) & \longmapsto & \{(*, x) \mid x \in K\} \end{array}$$

によって与えられる同型 χ が誘導される．この自然性は，**Rel** において $S\colon X \to Y$ とすると，

$$\begin{aligned} S \circ \chi(K) &= \{(*, y) \mid \exists_x.(*, x) \in \chi(K) \wedge (x, y) \in S\} \\ &= \{(*, y) \mid \exists_x.x \in K \wedge (x, y) \in S\} \\ &= \{(*, y) \mid \exists_S(K)(y)\} \\ &= \chi(\exists_S(K)) \end{aligned}$$

によって確かめられる．□

補題 4.6.12　ブール代数 B の最大要素 1 は，$\widehat{B}$ に対する「核部分対象分類子」である．すなわち，任意の $x\colon X \to Y$ に対して $\chi \circ \exists_x = x \circ \chi$ となる自然な同型

$$\mathrm{KSub}(X) \xrightarrow[\cong]{\chi} \widehat{B}(1, X)$$

が存在する．

証明　$x \in B$ に対して，

$$\begin{array}{ccc} \mathrm{KSub}(x) = {\downarrow}x & \xrightarrow[\cong]{\chi} & \widehat{B}(1, x) \\ (k \leq x) & \longmapsto & (k\colon 1 \to x) \end{array}$$

である．そして，補題 4.6.11 の証明と同じように，$f \circ \chi(k) = f \wedge k = \exists_f(k) = \chi(\exists_f(k))$ となる．□

Hilb には自明な「核部分対象分類子」はないので，ここで述べた現象を公式の定義とすることは控える．

第5章

ボーア化

この最終章では，C*環を調べる．C*環は，第2章および第3章で調べた圏の単対象版と考えることができる．可換C*環は，古典的物理学の観測量の代数であり，それらのゲルファント・スペクトルは対応する状態空間になる．それに対して，非可換C*環は，量子物理学をモデル化する．非可換幾何学において，非可換C*環は，一般化空間とみることができる．トポスにおけるロケールは，空間の概念の別の一般化である．前者の意味での一般化空間（C*環）から後者の意味での一般化空間（トポスにおけるロケール）を構成する手法を導入し，この手順を**ボーア化**と呼ぶ．そう呼ぶのは，ニールス・ボーアの「古典的概念の教義」を数学的に捉えようとしているからである．トポスに由来する論理の言語において，もとのC*環は可換になり，それゆえ，古典的な（構成的）手法を用いて調べることができる．このようにして，空間的および論理的様相を伝える量子状態空間の概念を確立する．このアプローチは，[40, 75, 76, 122, 123] から着想を得た．

本章の結果は，[45, 117–119] として発表されたものである．

5.1 ロケールとトポス

この節では，よく知られた結果を要約することによってロケールとトポスを導入する．ロケールとトポスはどちらも位相空間の概念を一般化したものであり，論理的構造も伝える．まず，完備ハイティング代数から始めよう．これを圏にするにはいくつかの方法がある．これを論理的視点，順序論的視点，空間的視点から考える.

定義 5.1.1　**完備ハイティング代数の射**は，演算 $\wedge, \bigvee, \Rightarrow$ と定数 0 および 1 を保つ関数である．完備ハイティング代数とそれらの射の圏を **CHey** と表記する．この圏は，完備ハイティング代数に関する論理的視点を与える．

定義 5.1.2　例 4.4.7 は，ハイティング代数が必然的に分配的になることを示している．なぜなら，$(\_) \wedge x$ は右随伴であり，それゆえ余極限を保つからである．ハイティング代数が完備ならば，任意の結びが存在し，その結果として次のような無限分配則が成り立つ．

$$\Big(\bigvee_{i \in I} y_i\Big) \wedge x = \bigvee_{i \in I} (y_i \wedge x) \tag{5.1}$$

逆に，この無限分配則を満たす完備束は，$y \Rightarrow z = \bigvee \{x \mid x \wedge y \leq z\}$ と定義することによってハイティング代数になる．これが，完備ハイティング代数に関する順序論的視点を与える．**フレーム**の圏 **Frm** は，完備ハイティング代数を対象とし，有限交わりと任意の結びを保つ関数を射とする．圏 **Frm** と **CHey** は同一ではない．なぜなら，フレームの射は必ずしもハイティング代数の含意を保つわけではないからである．

定義 5.1.3　**ロケール**の圏 **Loc** は，フレームの圏の逆圏である．これは，完備ハイティング代数に関する空間的視点を与える．

例 5.1.4　ロケールが空間的視点を与える理由をみるために，X を位相空間とする．X の位相，すなわち，X の開集合の族を $\mathcal{O}(X)$ と表記する．包含関係によって順序を入れると，$\mathcal{O}(X)$ は (5.1) を満たし，それゆえ，フレームになる．$f\colon X \to Y$ が位相空間の間の連続関数ならば，その逆像 $f^{-1}\colon \mathcal{O}(Y) \to \mathcal{O}(X)$ は，フレームの射である．$\mathcal{O}(f) = f^{-1}$ を，ロケールにおける，もとの関数 f と同じ向きの射 $\mathcal{O}(X) \to \mathcal{O}(Y)$ と考えることもできる．したがって，$\mathcal{O}(\_)$ は位相空間と連続写像の圏 **Top** からロケールの圏 **Loc** への共変関手である．

5.1.5　ロケールの空間的側面を強調するために，ロケールを X と表記し，それに対応するフレームを（このフレームが位相空間から得られたものであるかどうかにかかわらず）$\mathcal{O}(X)$ と表記する慣習に従うことにする [164, 212]. また，ロケールの射を $f\colon X \to Y$ と表記し，それに対応するフレームの射を（f^{-1} が実際に位相空間の間の関数の引き戻しであるかどうかにかかわらず）$f^{-1}\colon \mathcal{O}(Y) \to \mathcal{O}(X)$ と表記する．さらに強い理由があって，$\mathbf{Loc}(X,Y) = \mathbf{Frm}(\mathcal{O}(Y),\mathcal{O}(X))$ を $C(X,Y)$ と書く．

5.1.6 位相空間 X の点 x は，連続関数 $1 \to X$ によって特定しうる．ただし，1 は，単元集合にその唯一の位相を入れたものである．これをロケールに拡張すると，ロケール X の**点**は，局所写像 $1 \to X$，または，それと同値なフレーム写像 $\mathcal{O}(X) \to \mathcal{O}(1)$ である．ここで，$\mathcal{O}(1) = \{0,1\} = \Omega$ は例 4.6.2 で詳しく述べた $\mathbf{Set}$ の部分対象分類子である．

同様にして，S を**シェルピンスキー空間**，すなわち，$\{1\}$ が唯一の自明でない開要素であるような $\{0,1\}$ によって定義されるロケールとするとき，ロケール X の**開要素**は，ロケールの射 $X \to S$ として定義される．これに対応するフレームの射 $\mathcal{O}(S) \to \mathcal{O}(X)$ は，その 1 における値によって決まる．したがって，X の開要素を $\mathbf{Set}$ における射 $1 \to \mathcal{O}(X)$ と考えることができる．X が本当の位相空間で，$\mathcal{O}(X)$ が開集合の族ならば，そのような射 $1 \to \mathcal{O}(X)$ は，それぞれ通常の意味での X の開部分集合に対応する．

ロケール X の点の集合 $\mathrm{Pt}(X)$ は，ある開要素 $U \in \mathcal{O}(X)$ に対して $\mathrm{Pt}(U) = \{p \in \mathrm{Pt}(X) \mid p^{-1}(U) = 1\}$ という形式の集合を開集合とすることによって，自然なやり方で位相化しうる．これは，関手 $\mathrm{Pt}\colon \mathbf{Loc} \to \mathbf{Top}$ を定義する [130, 定理 II.1.4]．実際，次のような随伴が存在する．

$$\mathbf{Top} \underset{\mathrm{Pt}}{\overset{\mathcal{O}(\_)}{\underset{\longleftarrow}{\overset{\longrightarrow}{\perp}}}} \mathbf{Loc}$$

これを，いわゆる**空間的**ロケールと **sober** な位相空間に制限すると同値になる．任意のハウスドルフ位相空間は sober である [130, 補題 I.1.6].

例 5.1.7 $(P, \leq)$ を半順序集合とする．これは**アレクサンドロフ位相**を賦与することによって位相空間にでき，そのときの開部分集合は P の上方集合であり，主上方集合がこの位相の基底を構成する．したがって，これに付随するロケール $\mathrm{Alx}(P) = \mathcal{O}(P)$ は，P の上方集合 UP から構成される．

集合 P に離散順序を与えると，それに関するアレクサンドロフ位相は離散位相（この場合，すべての部分集合が開集合）で，したがって，$\mathcal{O}(P)$ はべき集合 $\mathcal{P}(P)$ にすぎない．

ほかの例として，生成元と関係によってフレーム（ロケール）を構成する方法を調べよう．生成元は交わり半束を形成し，関係を組み合わせると一つの適切ないわゆる被覆関係になる．この技法は，形式トポロジーの文脈で発展した [191, 192]．

定義 5.1.8　L を交わり半束とする．L に関する**被覆関係**とは，次の (a)–(d) を満たす関係 $\lhd \subseteq L \times \mathcal{P}(L)$ である．ただし，$(x, U) \in \lhd$ であるときに，$x \lhd U$ と書く．

(a)　$x \in U$ ならば，$x \lhd U$

(b)　$x \lhd U$ かつ $U \lhd V$（すなわち，すべての $y \in U$ に対して，$y \lhd V$）ならば，$x \lhd V$

(c)　$x \lhd U$ ならば，$x \wedge y \lhd U$

(d)　$x \in U$ かつ $x \in V$ ならば，$x \lhd U \wedge V$（ただし，$U \wedge V = \{x \wedge y \mid x \in U, y \in V\}$ とする．）

例 5.1.9　$X \in \mathbf{Top}$ ならば，$\mathcal{O}(X)$ は，$U \lhd \mathcal{U}$ によって定義された被覆関係をもつのは，$U \subseteq \bigcup \mathcal{U}$ であるとき，そしてそのときに限る．すなわち，$\mathcal{U}$ が U を覆うとき，そしてそのときに限る．

定義 5.1.10　DL を，包含関係を順序とする，交わり半束 L のすべての下方集合からなる半順序集合とする．L に関する被覆関係 $\lhd$ は，閉包演算 $\overline{(\_)} \colon DL \to DL$，具体的には，$\overline{U} = \{x \in L \mid x \lhd U\}$ を誘導する．このとき，次のように定義する．

$$\mathcal{F}(L, \lhd) = \{U \in DL \mid \overline{U} = U\} = \{U \in \mathcal{P}(L) \mid x \lhd U \Rightarrow x \in U\} \tag{5.2}$$

$\overline{(\_)}$ は閉包演算であり，DL はフレーム [130, 1.2 節] なので，$\mathcal{F}(L, \lhd)$ もフレームである．

命題 5.1.11 フレーム $\mathcal{F}(L,\lhd)$ は，被覆関係 $\lhd$ に対して $x \lhd U$ であるときには $x \leq \bigvee U$ を満たすような交わり半束 L 上の自由フレームである．$i(x) = \overline{(\downarrow x)}$ によって定義されるカノニカルな包含関係 $i\colon L \to \mathcal{F}(L,\lhd)$ は，$x \lhd U$ であるときには $i(x) \leq \bigvee U$ を満たす普遍写像である．すなわち，$f\colon L \to F$ が交わり半束のフレーム F の中への射で，$x \lhd U$ ならば $f(x) \leq \bigvee f(U)$ を満たすようなものならば，f は i を通るように一意に分解される．

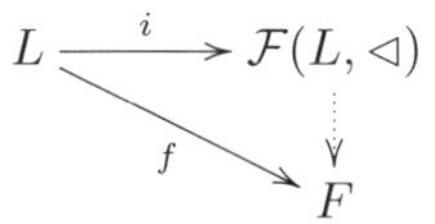

それぞれの $V \in F$ に対して $V = \bigvee\{f(x) \mid x \in L, f(x) \leq V\}$ であるという意味で，f が F を生成するならば，フレームの同型写像 $F \cong \mathcal{F}(L,\lhd)$ で，$x \lhd U$ となるのは，$f(x) \leq \bigvee f(U)$ であるとき，そしてそのときに限るものが存在する．

証明 与えられた f に対して，$g\colon \mathcal{F}(L,\lhd) \to F$ を $g(U) = f(\bigvee U)$ と定義する．$x, y \in L$ で $x \lhd \downarrow y$ を満たすものに対して，$f(x) \leq g(\bigvee \downarrow y) = f(y)$ であり，その結果として，$g \circ i(y) = \bigvee\{f(x) \mid x \lhd \downarrow y\} \leq f(y)$ となる．逆に，$y \in \downarrow y$ なので，$y \lhd \downarrow y$ であり，したがって，$f(y) \leq \bigvee\{f(x) \mid x \lhd \downarrow y\} = g \circ i(y)$ となる．それゆえ，$g \circ i = f$ である．さらに，g はこのようなフレームの射として一意に決まる．後半の主張は [6, 定理 12] で証明されている． □

定義 5.1.12 $(L,\lhd)$ と $(M,\blacktriangleleft)$ を被覆関係をもつ交わり半束とする．**連続写像** $f\colon (M,\blacktriangleleft) \to (L,\lhd)$ は，次の (a)–(c) を満たす関数 $f^*\colon L \to \mathcal{P}(M)$ である．

(a) $f^*(L) = M$

(b) $f^*(x) \wedge f^*(y) \blacktriangleleft f^*(x \wedge y)$

(c) $x \lhd U$ ならば $f^*(x) \blacktriangleleft f^*(U)$（ただし，$f^*(U) = \bigcup_{u \in U} f^*(u)$ とする．）

すべての $x \in L$ に対して $f_1^*(x) \blacktriangleleft f_2^*(x)$ かつ $f_2^*(x) \blacktriangleleft f_1^*(x)$ ならば，このような二つの関数を同一視する．

命題 5.1.13 それぞれの連続写像 $f\colon (M,\blacktriangleleft) \to (L,\lhd)$ は，$\mathcal{F}(f)(U) = \overline{f^*(U)}$ で与えられるフレームの射 $\mathcal{F}(f)\colon \mathcal{F}(L,\lhd) \to \mathcal{F}(M,\blacktriangleleft)$ と同値である．

5.1.14　実際には，命題 5.1.13 は，フレームの圏と形式的位相の圏の間の同値 $\mathcal{F}$ に拡張される．これは，$\leq$ が単に前順序であることを要求したときの，前述の三つ組 $(L, \leq, \lhd)$ の一般化である．このさらに一般的な場合において，被覆関係 $\lhd$ に関する公理は少しばかり異なる形式になる．それについては，命題 5.1.13 も含めて，[6, 24, 172] を参照せよ．

それでは，トポスを導入することによってロケールの概念を一般化しよう．

定義 5.1.15　**トポス**とは，有限極限，べき（すなわち，$(\_) \times X$ に対する右随伴 $(\_)^X$），部分対象分類子（4.6.1 を参照のこと）をもつ圏である．

例 5.1.16　集合と関数の圏 **Set** はトポスである．べき乗 Y^X は関数 $X \to Y$ の集合であり，集合 $\Omega = \{0, 1\}$ が部分対象分類子である（例 4.6.2 を参照のこと）．

任意の小さい圏 $\boldsymbol{C}$ に対して，関手圏 $[\boldsymbol{C}, \mathbf{Set}]$ はトポスである．極限は点ごとに計算し [33, 定理 2.15.2]，べきは米田の埋め込み [164, 命題 I.6.1] を介して定義し，例 4.6.2 の余層関手 Ω が部分対象分類子である．

例 5.1.17　詳しくは説明しないが，ロケール X 上の**層**とは，X^{op}（ロケール X をその順序構造を介して圏とみなす）から **Set** への関手で，ある種の連続性条件を満たすものである．X 上の層の圏 $\mathrm{Sh}(X)$ はトポスである．その部分対象分類子は $\Omega(x) = {\downarrow}x$ である [35, 例 5.2.3]．

圏 $\mathrm{Sh}(X)$ と $\mathrm{Sh}(Y)$ が同値となるのは，それぞれのロケール X と Y が同型であるとき，そしてそのときに限る．したがって，トポスは，ロケールの一般化であり，それゆえ，位相空間の一般化である．さらに，ロケールの射 $X \to Y$ は，特定の形式の射 $\mathrm{Sh}(X) \to \mathrm{Sh}(Y)$，すなわち，トポスの間のいわゆる**幾何学的射** $\boldsymbol{S} \to \boldsymbol{T}$ を誘導する．それは，関手 $\mathrm{Sh}(X) \to \mathrm{Sh}(Y)$ と $f_* \colon \boldsymbol{S} \to \boldsymbol{T}$ の対で，f^* は有限極限を保ち，$f^* \dashv f_*$ となるようなものである．トポスと幾何学的射の圏を **Topos** と表記する．

5.1.18　X が半順序 P 上アレクサンドロフ位相を入れた結果のロケールならば，$[P, \mathbf{Set}] \cong \mathrm{Sh}(X)$ となる．この場合，例 5.1.16 は，例 5.1.17 の特別な場合である．半順序 P に対する圏 $[P, \mathbf{Set}]$ を**クリプキ・トポス**と呼ぶ．

層はトポスの一般化としてその空間的特性を示している点において，層はトポスの重要な例であるということができる．しかしながら，この章では，主として関手トポスに注目する．そして，それゆえ，層についてはこれ以上言及しない．それでは，その内部的な言語と意味論を概観することによって，トポスに内在する論理的側面に移ろう．正確な記述については，[131, 第D部], [164, 第VI章], [35, 第6章] を参照のこと．

5.1.19 （余完備）トポス $\boldsymbol{T}$ において，それぞれの部分対象束 $\mathrm{Sub}(X)$ は，（完備）ハイティング代数である．さらに，$f\colon X \to Y$ に沿った引き戻し $f^{-1}\colon \mathrm{Sub}(Y) \to \mathrm{Sub}(X)$ は，（完備）ハイティング代数の射である．そして，f^{-1} に対して左随伴 $\exists_f$ と右随伴 $\forall_f$ がつねに存在する．これは，$\boldsymbol{T}$ の対象と射の性質を，慣れ親しんだ一階述語論理を用いて書けることを意味する．たとえば，論理式 $\forall_{x\in M}\forall_{y\in M}.x \cdot y = y \cdot x$ は，$\boldsymbol{T}$ の任意の対象 M と射 $\cdot\colon M \times M \to M$ に対して意味をなし，次のように解釈される．まず，部分論理式 $x \cdot y = y \cdot x$ は，$M \times M \xrightarrow{\ \cdot\ } M$ と $M \times M \xrightarrow{\ \gamma\ } M \times M \xrightarrow{\ \cdot\ } M$ の等化子によって与えられる部分対象 $a\colon A \rightarrowtail M \times M$ と解釈される．つぎに，部分論理式 $\forall_{y\in M}.x \cdot y = y \cdot x$ は，$\pi_1\colon M \times M \to M$ とするときの部分対象 $b = \forall_{\pi_1}(a) \in \mathrm{Sub}(M)$ と解釈される．そして，全体の論理式 $\forall_{x\in M}\forall_{y\in M}.x \cdot y = y \cdot x$ は，$\pi\colon M \to 1$ とするときの部分対象 $c = \forall_{\pi}(b) \in \mathrm{Sub}(1)$ と解釈される．部分対象 $c \in \mathrm{Sub}(1)$ は，一意な $\chi_c\colon 1 \to \Omega$ によって分類される．このとき，これはこの論理式の**真偽値**である．一般に，論理式 φ は，その真偽値が部分対象分類子 $\top\colon 1 \to \Omega$ を通って分解されるならば，トポス $\boldsymbol{T}$ において**成り立つ**といい，$\Vdash \varphi$ と表記する．

$\boldsymbol{T} = \mathbf{Set}$ ならば，部分対象 a は単に集合 $\{(x, y) \in M \times M \mid x \cdot y = y \cdot x\}$ であり，それゆえ，この論理式の真偽値は，すべての $x, y \in M$ に対して $x \cdot y = y \cdot x$ ならば，$1 \in \Omega$ であり，そうでなければ，$0 \in \Omega$ である．しかし，$1 \to M$ がほとんどないかまったくないような任意のトポス $\boldsymbol{T}$ であっても，前述のように解釈することができる．したがって，トポス $\boldsymbol{T}$ の対象について，しばしば，それが集合であるかのように推論する．実際には，トポスがべきと部分対象分類子をもつという事実は次のことを意味する．すなわち，べき集合 $\mathcal{P}(X)$ をべき Ω^X と解釈し，所属関係 $\in$ を $X \times \Omega^X$ の部分対象で $\mathrm{id}\colon \Omega^X \to \Omega^X$ の転置 $X \times \Omega^X \to \Omega$ によって分類されるものと解釈すると，その対象の性質を記述するために高階論理を使えるということである．これらはすべて，トポスの**内部言語**または**ミッチェル–ベナボウ言語**を定義することで厳密になる．この言語は，トポスの対象と射についてのどの論理式が「文法的に正しく」，どの論理式が成り立つかを，詳細に規定する．

5.1.20　内部言語の解釈は，クリプキ・トポスではとくに簡単な形式になる．ここでは，いわゆる**クリプキ–ジョアル意味論**という特別な場合にこの解釈を与える．まず，項 t の 5.1.19 における解釈を $[\![t]\!]$ と書く．たとえば，5.1.19 の表記では，$[\![x]\!]$ は射 $\mathrm{id}\colon M \to M$ であり，$[\![x \cdot y]\!]$ は射 $\cdot\colon M \times M \to M$ である．ここで，$p \in P$，$[P, \mathbf{Set}]$ の言語の中で型 X_i の自由変数 x_i をもつ論理式 φ，$a_i \in X_i(p)$ であるような $\vec{a} = (a_1, \ldots, a_n)$ に対して，$p \Vdash \varphi(\vec{a})$ を帰納的に定義する．

- $p \Vdash (t = t')(\vec{a})$ となるのは，$[\![t]\!]_p(\vec{a}) = [\![t']\!]_p(\vec{a})$ であるとき，そしてそのときに限る．
- $p \Vdash R(t_1, \ldots, t_k)(\vec{a})$ となるのは，$([\![t_1]\!]_p(\vec{a}), \ldots, [\![t_k]\!]_p(\vec{a})) \in R(p)$ であるとき，そしてそのときに限る．ただし，R は，$X_1 \times \cdots \times X_n$ の部分対象と解釈された $X_1 \times \cdots \times X_n$ 上の関係である．
- $p \Vdash (\varphi \wedge \psi)(\vec{a})$ となるのは，$p \Vdash \varphi(\vec{a})$ かつ $p \Vdash \psi(\vec{a})$ であるとき，そしてそのときに限る．
- $p \Vdash (\varphi \vee \psi)(\vec{a})$ となるのは，$p \Vdash \varphi(\vec{a})$ または $p \Vdash \psi(\vec{a})$ であるとき，そしてそのときに限る．
- $p \Vdash (\varphi \Rightarrow \psi)(\vec{a})$ となるのは，すべての $q \geq p$ に対して $q \Vdash \varphi(\vec{a})$ が $q \Vdash \psi(\vec{a})$ を含意するとき，そしてそのときに限る．
- $p \Vdash \neg\varphi(\vec{a})$ となるのは，$q \Vdash \varphi(\vec{a})$ となるような $q \geq p$ がないとき，そしてそのときに限る．
- $p \Vdash \exists_{x \in X}.\varphi(\vec{a})$ となるのは，ある $a \in X(p)$ に対して $p \Vdash \varphi(a, \vec{a})$ であるとき，そしてそのときに限る．
- $p \Vdash \forall_{x \in X}.\varphi(\vec{a})$ となるのは，すべての $q \geq p$ と $a \in X(q)$ に対して，

$q \Vdash \varphi(a, \vec{a})$ であるとき，そしてそのときに限る．

これで，すべての $p \in P$ とすべての $\vec{a} \in X_1(p) \times \cdots \times X_n(p)$ に対して，$p \Vdash \varphi(\vec{a})$ となるとき，そしてそのときに限り，$[P, \mathbf{Set}]$ において φ は成り立つ，すなわち，$\Vdash \varphi$ であることが分かる．

5.1.21 任意のトポスでの解釈において，直観主義論理の公理は成り立ち，直観主義論理の公理から導出できない内部言語の論理式が成り立たないようなトポスが存在する．たとえば，排中律 $\varphi \vee \neg\varphi$ は，トポス $\mathrm{Sh}(\mathbb{R})$ で成り立たない [35, 6.7.2]．したがって，トポスの対象の性質は，選択公理も排中律も使わないという意味で**構成的**な推論である限り，通常の高階論理を用いて，あたかもそれらが集合であるように導出できる．

賢明な読者は，この章の（命題 5.1.11 の前後も含めた）ここまでの説明が，この意味で構成的であったことに気づいているだろう．とくに，定義されるロケールの性質を満たすトポス $\boldsymbol{T}$ の対象は，**トポスの中にあるロケール**ということができる．具体的には，射 $0, 1 \colon 1 \rightrightarrows L$ と $\bigwedge, \bigvee \colon \Omega^L \rightrightarrows L$ を伴う対象 L で，(5.1) のようなロケールを定義する公式が $\boldsymbol{T}$ で成り立つようなものが存在する [35, 6.11 節]．このような対象の圏を $\mathrm{Loc}(\boldsymbol{T})$ と表記すると，$\mathrm{Loc}(\mathbf{Set}) \cong \mathbf{Loc}$ となる．この章の残りでは，トポスの内部言語で推論するときは，つねに構成的推論を用いるようにも注意しよう．

5.1.22 トポスの中の対象と射の性質を証明する方法は 2 通りある．その一つは，**外部的**視点をとることである．たとえば，$[P, \mathbf{Set}]$ の対象の構造を $\mathbf{Set}$ 値関手として使うときは，こうなる．もう一つの方法として，前述のように，トポスの**内部**論理を採用することができる．この視点においては，トポスを「論議領域」とみなす．少なくとも直観主義的推論は妥当であるが，調べているトポスによっては，そのほかの論理法則が成り立つかもしれない．この節を終えるにあたって，いくつかの例で内部的視点と外部的視点を検討してみよう．

例 5.1.23 $\boldsymbol{T}$ をトポスとし，X をその中の対象とする．外部的には，圏 $\mathbf{Set}$ の中にハイティング代数の構造を入れて，単に $\mathrm{Sub}(X)$ を集合とみる．内部的には，$\mathrm{Sub}(X)$ はべき Ω^X または $\mathcal{P}(X)$ として記述される．これは，トポス $\boldsymbol{T}$ の中の対象であるハイティング代数である [164, p. 201].

例 5.1.24　任意の半順序集合 P に対して，圏 $\mathrm{Loc}([P, \mathbf{Set}])$ は，（5.1.18 および [134] によって）あるロケール L から P 上のアレクサンドロフ位相へのロケールの射のスライス圏 $\mathbf{Loc}/\mathrm{Alx}(P)$ と同値である．それゆえ，$[P, \mathbf{Set}]$ の内部ロケール対象 $\underline{L}$ は，外部的には次のようにして決まるロケールの射 $f\colon L \to \mathrm{Alx}(P)$ として記述される．まず，$\mathcal{O}(\underline{L})(P)$ は $\mathbf{Set}$ の中のフレームであり，$\mathrm{Alx}(P)$ の中の U に対して，射に関する作用 $\mathcal{O}(\underline{L})(P) \to \mathcal{O}(\underline{L})(U)$ はフレームの射である．$\mathcal{O}(\underline{L})$ は完備であるから，左随伴 $l_U^{-1}\colon \mathcal{O}(\underline{L})(U) \to \mathcal{O}(\underline{L})(P)$ が存在し，これが $f^{-1}(U) = l_U^{-1}(1)$ によってフレームの射 $f^{-1}\colon \mathcal{O}(\mathrm{Alx}(P)) \to \mathcal{O}(\underline{L})(P)$ を定義する．ここで，$L = \mathcal{O}(\underline{L})(P)$ とすると，求めたいロケールの射が得られた．

例 5.1.25　L を，半順序集合 P 上のクリプキ・トポスのロケール対象とする．内部的には，L の点はロケールの射 $1 \to L$ であり，これは，内部フレームの射 $\mathcal{O}(L) \to \Omega$ と同じものである．外部的には，Ω を $\mathbf{Set}$ の中のフレーム $\mathrm{Sub}(1)$ と見なす．$[P, \mathbf{Set}]$ において $\mathrm{Sub}(1) \cong \mathcal{O}(\mathrm{Alx}(P))$ であるから，$\mathrm{Loc}([P, \mathbf{Set}]) \cong \mathbf{Loc}/\mathrm{Alx}(P)$ であることが分かる．例 5.1.24 によって，L はロケールの射 $f\colon K \to L$ としての外部記述をもち，したがって，L の点は f の断面，すなわち，$f \circ g = \mathrm{id}$ を満たすロケールの射 $g\colon L \to K$ によって外部的に記述される．任意のトポス $\boldsymbol{T}$ に対して $\mathcal{O}(\mathrm{Loc}(\boldsymbol{T})) = \mathrm{Sub}_{\boldsymbol{T}}(1)$ となる事実を，45 ページの脚注 1 と比較せよ．

5.1.26　完備ハイティング代数に関する論理的視点はロケールに関する空間的視点に翻訳できるので，ロケールは，空間的様相だけでなく論理的様相もすでにもつ．ハイティング代数 $\mathcal{O}(L)$ の元 $1 \to \mathcal{O}(L)$ は，それに付随するロケール L の開要素であり，命題とみなすことができる．その一方で，ロケールの点は，これらの命題によって定義される論理のモデルに対応する [212].

もっと正確にいえば，論理式は，原子命題から論理結合子 $\wedge$ と $\vee$ だけによって組み立てられていて，$\vee$ の添字には無限集合を許すが，$\wedge$ の添字には許さないならば，**正論理式**であったことを思い出そう．これは，次のような観察に端を発しているとも考えられる．命題 $\bigvee_{i \in I} p_i$ を確かめるためには，単一の p_i を見つけさえすればよいが，$\bigwedge_{i\in I} p_i$ を確かめるためには，それぞれの p_i の妥当性を立証する必要があり [5]，これは I が無限集合の場合には現実的には不可能な作業である．φ と ψ を正論理式とするとき，**幾何学的論理式**は $\varphi \Rightarrow \psi$ という形式の論理式である．

このようにして，フレーム $\mathcal{O}(L)$ は，$\mathcal{O}(L)$ の束構造によって与えられる論理結合子を組み合わせることによって，命題が L の開に対応するような幾何学的命題理論を定義する．逆に，幾何学的命題理論 $\mathfrak{T}$ が，これに付随する，$\mathfrak{T}$ の論理式の半順序集合として定義される**リンデンバウム代数** $\mathcal{O}([\mathfrak{T}])$ をもち，それは含意によって順序づけられる．この半順序集合がフレームになり，$\mathfrak{T}$ の集合論的モデルは，フレームの射 $\mathcal{O}([\mathfrak{T}]) \to \{0,1\}$ と 1 対 1 に対応する．**Set** の中の $\{0,1\}$ を $\Omega = \mathcal{O}(1)$ と同一視すると，理論 $\mathfrak{T}$ のモデルは，ロケール $[\mathfrak{T}]$ の点 $1 \to [\mathfrak{T}]$ であることが分かる．さらに一般的には，例 5.1.24 によって，フレーム $\mathcal{O}(L)$ の中の $\mathfrak{T}$ のモデルは，ロケールの射 $L \to [\mathfrak{T}]$ だと考えてもよい．

例 5.1.27 トポス $\boldsymbol{T}$ の中の幾何学理論 $\mathfrak{T}$ のモデルを考える．外部的には，これらは，ロケールの射 $\mathrm{Loc}(\boldsymbol{T}) \to [\mathfrak{T}]$ によって与えられている [164, 定理 X.6.1, IX.5 節]．$\boldsymbol{T}$ の中で $\mathfrak{T}$ を解釈してもよく，したがって，ロケール $[\mathfrak{T}]_{\boldsymbol{T}}$ を $\boldsymbol{T}$ の内部的に定義してもよい．このロケールの点，すなわち，ロケールの射 $1 \to [\mathfrak{T}]_{\boldsymbol{T}}$ またはフレームの射 $\mathcal{O}([\mathfrak{T}]_{\boldsymbol{T}}) \to \Omega$ は，$\boldsymbol{T}$ の中の $\mathfrak{T}$ のモデルを内部的に記述する．

例 5.1.28 クリプキ・トポスにおけるいくつかの重要な内部的数体系は，幾何学的命題理論 $\mathfrak{T}$ によって定義され，例 5.1.17 と 5.1.18 を経由して計算することができる．外部的には，$[P, \mathbf{Set}]$ の中の $\mathfrak{T}$ の解釈に対応するフレーム $\mathcal{O}([\mathfrak{T}])$ は，関手 $\mathcal{O}([\mathfrak{T}])\colon p \mapsto \mathcal{O}(\uparrow p \times [\mathfrak{T}])$ によって与えられる [45, 付録 A]．

例 5.1.29 例 5.1.28 の応用として，**デデキント実数**の明示的構成を思い出そう．（[85] または [131, D4.7.4] を参照のこと．）$q < r$ であるような形式的記号 $(q,r) \in \mathbb{Q} \times \mathbb{Q}$ によって生成される幾何学的命題理論 $\mathfrak{T}_{\mathbb{R}}$ を定義し，$(q,r) \le (q',r')$ となるのは，$q' \le q$ かつ $r \le r'$ であるとき，そしてそのときに限るように順序づけ，次の関係に従うものとする．

$$(q_1, r_1) \wedge (q_2, r_2)$$

$$= \begin{cases} (\max(q_1,q_2),\min(r_1,r_2)) & (\max(q_1,q_2)<\min(r_1,r_2)\text{ の場合}) \\ 0 & (\text{それ以外}) \end{cases}$$

$$(q,r) = \bigvee\{(q',r') \mid q<q'<r'<r\}$$

$$1 = \bigvee\{(q,r) \mid q<r\}$$

$$(q,r) = (q,r_1) \vee (q_1,r) \qquad (q \le q_1 \le r_1 \le r\text{ の場合})$$

この理論は, 自然数を対象とする任意のトポス$\boldsymbol{T}$の中で解釈することができ, 内部ロケール$\mathbb{R}_{\boldsymbol{T}}$を定義する. $\mathbb{R}_{\boldsymbol{T}}$の点$p$, すなわち, フレームの射$p^{-1}\colon \mathcal{O}(\mathbb{R}_{\boldsymbol{T}}) \to \Omega$は, 次の式によってデデキント切断$(L,U)$と対応する [164, p. 321].

$$L = \{q \in \mathbb{Q} \mid p \models (q,\infty)\}$$

$$U = \{r \in \mathbb{Q} \mid p \models (-\infty,r)\}$$

ただし, (q,∞)と$(-\infty,r)$は, フレーム$\mathcal{O}(\mathbb{Q})$の形式的生成元を使って, $(q,\infty) = \bigvee\{(q,r) \mid q<r\}$および$(-\infty,r) = \bigvee\{(q,r) \mid q<r\}$によって定義される. (q,r)を射$1 \to \mathbb{Q}\times\mathbb{Q} \to \mathcal{O}(\mathbb{R}_{\boldsymbol{T}})$とみると, $p \models (q,r)$という表記は, $m^{-1}(q,r)$が部分対象分類子$\top\colon 1 \to \Omega$であることを意味する. 逆に, デデキント切断(L,U)は, $(q,r) \mapsto \top$となるのは, $(q,r)\cap U \neq \emptyset$かつ$(q,r)\cap L \neq \emptyset$であるとき, そしてそのときに限ることによって, 点pを一意に決める. それゆえ, デデキント実数は, 任意のトポス$\boldsymbol{T}$において, $\mathcal{P}(\mathbb{Q}_{\boldsymbol{T}}) \times \mathcal{P}(\mathbb{Q}_{\boldsymbol{T}})$の部分対象で, $\mathbb{R}_{\boldsymbol{T}}$の点であるような$(L,U)$から構成されるものとして定義される.

通常の意味で, $\mathrm{Pt}(\mathbb{R}_{\mathbf{Set}})$を体$\mathbb{R}$と同一視し, $\mathcal{O}(\mathbb{R}_{\mathbf{Set}})$を$\mathbb{R}$上の通常のユークリッド位相と同一視できる.

半順序集合Pに対して$\boldsymbol{T} = [P,\mathbf{Set}]$であるような場合には, $\mathcal{O}(\mathbb{R}_{\boldsymbol{T}})$は関手$p \mapsto \mathcal{O}(\uparrow p \times \mathbb{R}_{\mathbf{Set}})$であることが分かる. (例 5.1.28 を参照せよ.) 後者の集合は, 単調関数$\uparrow p \to \mathcal{O}(\mathbb{R}_{\mathbf{Set}})$の集合と同一視することができる. Pに最小元があるときは, 関手$\mathrm{Pt}(\mathbb{R}_{\boldsymbol{T}})$は定数関手$p \mapsto \mathbb{R}_{\mathbf{Set}}$と同一視できる.

5.2　C*環

この節では, 位相空間の概念に対する, ロケールとトポスとは別の一般化を考える．それは，いわゆるC*環である [71, 135, 206]．これらの作用素代数も，量子論において大きな役割を演じる [101, 153, 196]．まず，[16–18] に従って，任意の（自然数を対象とする）トポスの中で解釈できるC*環の構成的定義を与える．

5.2.1（自然数を対象とする）任意のトポスの中で，有理数 $\mathbb{Q}$ は**ガウス有理数** $\mathbb{C}_\mathbb{Q} = \{q + ri \mid q, r \in \mathbb{Q}\}$ と解釈できる [164, VI.8 節]．たとえば，半順序集合 P 上のクリプキ・トポスの中の $\mathbb{C}_\mathbb{Q}$ の解釈は，集合 $\mathbb{C}_\mathbb{Q}$ をそれぞれの $p \in P$ に割り当てる定数関手である．

5.2.2 ある $K \in \mathbf{Fld}$ に対する $\mathbf{Vect}_K$ の中のモノイドは，（単位的）K **代数**と呼ばれる．これを，モナドのエイレンバーグ–ムーア代数と混同しないように．K 代数は，そのモノイド構造の乗法が可換であるならば，**可換**と呼ばれる．***環**は，対合的体上の代数 A に反線形対合 $(\_)^* \colon A \to A$ を合わせたものである．

より一般的には，代数を双積をもつモノイダル圏の中のモノイド，*環をダガー双積をもつダガーモノイダル圏の中のモノイドと考えることができる [210]．

定義 5.2.3 $\mathbb{C}_\mathbb{Q}$ 上の*環 A に関する**半ノルム**とは，すべての $a, b \in A$, $q, r \in \mathbb{Q}^+$, $z \in \mathbb{C}_\mathbb{Q}$ に対して次の条件を満たす関係 $N \subseteq A \times \mathbb{Q}^+$ である．

$$
\begin{aligned}
&(0, p) \in N \\
&\exists_{q \in \mathbb{Q}^+}.(a, q) \in N \\
(a, q) \in N \Rightarrow\ &(a^*, q) \in N \\
(a, r) \in N \iff &\exists_{q<r}.(a, q) \in N \\
(a, q) \in N \ \wedge\ (b, r) \in N \Rightarrow\ &(a + b, q + r) \in N \\
(a, q) \in N \ \wedge\ (b, r) \in N \Rightarrow\ &(ab, qr) \in N \\
(a, q) \in N \Rightarrow\ &(za, qr) \in N \qquad (|z| < r) \\
&(1, q) \in N \qquad (q > 1)
\end{aligned}
$$

この関係が，さらにすべての $a \in A$ と $q \in \mathbb{Q}^+$ に対して，

$$(a^* a, q^2) \in N \iff (a, q) \in N$$

を満たすならば，A は**前C*半環**と呼ばれる．

半ノルム N は，すべての $q \in \mathbb{Q}^+$ に対して $(a, q) \in N$ であるときには必ず $a = 0$ となるならば，**ノルム**と呼ばれる．このノルムを使って，選択公理に依存することなく，完備性の概念を適切に定式化することができる．具体的には，コーシー列の代わりに集合のコーシー列を考える [18]．**C*環**は，A が完備になるようなノルムを半ノルムとする前C*半環である．定義によって，C*環は単位元をもつことに注意しよう．ここでC*環として定義したものは，文献中では単位的C*環と呼ばれることもある．

C*環 A と B の間の射は，線形関数 $f \colon A \to B$ で，$f(ab) = f(a)f(b)$, $f(a^*) = f(a)^*$ および $f(1) = 1$ を満たすようなものである．C*環とその射は圏 **CStar** を構成する．可換C*環による充満部分圏を **cCStar** と表記する．

5.2.4　古典的には，$(a, q) \in N$ となるのは，$\|a\| < q$ であるとき，そしてそのときに限ることによって，半ノルムはノルムを誘導し，また，逆に，ノルムは半ノルムを誘導する．したがって，C*環は単対象C*環（の hom 集合）にほかならない．後者の概念は例 3.1.7 で導入された．

5.2.5　例 5.1.29 の幾何学理論 $\mathfrak{T}_{\mathbb{R}}$ は，複素化ロケール $\mathbb{C} = \mathbb{R} + i\mathbb{R}$ を記述する幾何学理論 $\mathfrak{T}_{\mathbb{C}}$ に拡張することができる．$\mathbb{R}$ の役割を定義せずに直接記述することもできる [18]．**Set** において，$\mathfrak{T}_{\mathbb{C}}$ によって定義されるフレーム $\mathcal{O}(\mathbb{C})$ は，通常の複素数体 $\mathbb{C}$ の通常の位相である．その完備性の結果として，C*環は自動的に（その定義から受け継がれることによる $\mathbb{C}_{\mathbb{Q}}$ 上だけではなく）$\mathbb{C}$ 上の代数になる．

例 5.2.6　ヒルベルト空間 H の連続線形作用素 $\mathbf{Hilb}(H, H)$ はC*環をなす．実際には，古典的なゲルファント–ナイマルク定理によって，任意のC*環はこの形式の一つに埋め込むことができる [92]．定理 3.7.18 と比較せよ．

例 5.2.7　ロケール X は，$\bigvee S = 1$ となるすべての部分集合 $S \subseteq X$ が，$\bigvee F = 1$ となる有限部分集合 $F \subseteq S$ をもつならば，**コンパクト**である．ロケール X は，すべての $y \in X$ に対して $y = \bigvee(\twoheaddownarrow y)$ となるならば，**正則**である．ただし，$\twoheaddownarrow y = \{x \in X \mid x \ll y\}$ であり，$x \ll y$ となるのは，$z \in X$ で，$z \wedge x = 0$ かつ $z \vee y = 1$ となるようなものがあるとき，そしてそのときに限る．クリプキ・ト

ポス [86] のように，従属選択公理が使えるならば，正則ロケールは自動的に完全正則になる．完全な選択公理を仮定すれば，**Set** の中のコンパクト正則ロケールの圏 **KRegLoc** はコンパクト・ハウスドルフ位相空間の圏 **KHausTop** と同値である．一般に，X がコンパクト完全正則ロケールならば，$C(X, \mathbb{C})$ は可換 C*環である．実際，次の定理によって，すべての可換 C*環はこの形になることが示される．このような C*環が位相空間の「非可換」な一般化であることは，いわゆる**ゲルファント双対性**によって正当化される [56].

5.2.8 まず，可換 C*環を古典的に特徴づける 2 通りの方法について述べる．一つ目として，**CStar** はモノイダル圏であり，その中のモノイドについて述べることは意味がある．そのモノイドは $\mathbf{Mon(CStar)} = \mathbf{cCStar}$ であることが分かる [120]．これは補題 2.2.20 と比較せよ．もう一つは，C*環 A が可換となるのは，すべての $a \in A$ に対して $a^2 = 0$ が $a = 0$ を含意するとき，そしてそのときに限るということである [73, p. 288]．これは補題 3.6.3 と比較せよ．

定理 5.2.9 [16–18] 次の同値が成り立つ．

$$\mathbf{cCStar} \underset{C(\_,\mathbb{C})}{\overset{\Sigma}{\underset{\longleftarrow}{\overset{\longrightarrow}{\perp}}}} \mathbf{KRegLoc}^{\mathrm{op}}$$

ロケール $\Sigma(A)$ は A の**ゲルファント・スペクトル**と呼ばれる． □

定理 5.2.9 は，それを任意のトポスに適用することによって証明される．これは，ゲルファント・スペクトルの明示的記述を与えうることを意味する．シエリー・コクアンドとバス・スピッタースによる完全に構成的な定式化 [57, 58] に従って，この節の残りはこれに充てる．

5.2.10 次の記述に対する動機づけとして，古典的な証明 [91, 92] では，$\Sigma(A)$ を A の**指標**，すなわち，ゼロではない乗法的汎関数 $\rho\colon A \to \mathbb{C}$ の集合と定義することに言及しておく．この集合は，$a \in A$, $\rho_0 \in \Sigma$ および $\varepsilon > 0$ に対する $\{\rho \in \Sigma(A) \mid |\rho(a) - \rho_0(a)| < \varepsilon\}$ で構成される部分基底によって，コンパクト・ハウスドルフ位相空間になる．もっと単純な部分基底の選び方は，$a \in A_{\mathrm{sa}} = \{a \in A \mid a^* = a\}$ に対して $\mathcal{D}_a = \{\rho \in \Sigma \mid \rho(a) > 0\}$ とすることで

あろう．ρ が乗法的であるという性質と，$\mathcal{D}_a$ が部分基底を構成するという事実は，いずれも，$\mathcal{O}(\Sigma(A))$ を $a \in A_{\mathrm{sa}}$ に対する形式記号 $\mathcal{D}_a$ によって自由生成されたフレームで次の関係を満たすようなものによって，束論的に表現することができる．

$$\mathcal{D}_1 = 1 \tag{5.3}$$

$$\mathcal{D}_a \wedge \mathcal{D}_{-a} = 0 \tag{5.4}$$

$$\mathcal{D}_{-b^2} = 0 \tag{5.5}$$

$$\mathcal{D}_{a+b} \leq \mathcal{D}_a \vee \mathcal{D}_b \tag{5.6}$$

$$\mathcal{D}_{ab} = (\mathcal{D}_a \wedge \mathcal{D}_b) \vee (\mathcal{D}_{-a} \wedge \mathcal{D}_{-b}) \tag{5.7}$$

これに，次の「正則性規則」を追加する．

$$\mathcal{D}_a \leq \bigvee_{r \in \mathbb{Q}^+} \mathcal{D}_{a-r} \tag{5.8}$$

5.2.11　古典的には，**ゲルファント変換** $A \xrightarrow{\cong} C(\Sigma(A), \mathbb{C})$ は $\hat{a}(\rho) = \rho(a)$ とする $a \mapsto \hat{a}$ によって与えられ，A_{sa} に制限すると同型 $A_{\mathrm{sa}} \cong C(\Sigma(A), \mathbb{R})$ が得られる．したがって，古典的には $\mathcal{D}_a = \{\rho \in \Sigma(A) \mid \hat{a}(\rho) > 0\}$ であり，これは例 2.2.17 で定義されるような $\mathrm{supp}(\hat{a})$ に等しい．（本書で台と呼ぶものの閉包を，関数の台と定義している文献もある．）構成的な状況設定では，それぞれの $a \in A_{\mathrm{sa}}$ に対して，ロケールの射 $\hat{a}\colon \Sigma(A) \to \mathbb{R}$ を関連づける．これは，定義によって，フレームの射 $\hat{a}^{-1}\colon \mathcal{O}(\mathbb{R}) \to \mathcal{O}(\Sigma(A))$ である．5.2.10 で与えられる直感を用いると，基本開要素として $\hat{a}^{-1}(-\infty, s) = \mathcal{D}_{s-a}$ および $\hat{a}^{-1}(r, \infty) = \mathcal{D}_{a-r}$ が見つかる．したがって，有理数 $r < s$ に対して，$\hat{a}^{-1}(r, s) = \mathcal{D}_{s-a} \wedge \mathcal{D}_{a-r}$ である．例 5.1.29 によって，$A_{\mathrm{sa}} \cong C(\Sigma(A), \mathbb{R}) = \Gamma(\mathrm{Pt}(\mathbb{R})_{\mathrm{Sh}(\Sigma(A))})$ となる．ただし，Γ は大域的断面関手である．したがって，A_{sa} は（ゲルファント変換を介して）そのスペクトルに関する層のトポスにおける実数の大域的断面に同型になる．（そして，A そのものは，同じ意味で複素数に「なる」．）

5.2.12　ゲルファント・スペクトルをさらに明示的に記述するために，$a \in A_{\mathrm{sa}}$ に対する形式記号 $\mathtt{D}_a$ で，関係 (5.3)–(5.7) を満たすようなもので自由生成される分配束 L_A から始めよう．A_{sa} は対合的半環であるから，3.5.1 によって正錐

$A^+ = \{a \in A_{\rm sa} \mid a \geq 0\} = \{a^2 \mid a \in A_{\rm sa}\}$をもつ．($A = \mathbf{Hilb}(H,H)$の場合，$a \in A^+$となるのは，すべての$x \in H$に対して$\langle x \,|\, a(x)\rangle \geq 0$であるとき，そしてそのときに限る．) A^+が分配束であることを考慮すると，このA^+の定義から，$a \leq b$となるのは，$0 \leq a - b$であるとき，そしてそのときに限ることによって半順序$\leq$が誘導される．ここで，A^+上の半順序$\preccurlyeq$を，$a \preccurlyeq b$となるのは，ある$n \in \mathbb{N}$に対して$a \leq nb$であるとき，そしてそのときに限ると定義する．A^+上の同値関係$a \approx b$を，$a \preccurlyeq b$かつ$b \preccurlyeq a$であるとき，そしてそのときに限るように定義する．A^+上の束演算は$\approx$を保つので，$A^+/\approx$は束である．これで，

$$L_A \cong A^+/\approx$$

が得られた．L_Aの生成元$\mathtt{D}_a$の像は，$A^+/\approx$の同値類$[a^+]$で，$a^\pm \in A^+$に対して$a = a^+ - a^-$であるようなものに対応する．定理 **5.3.12** は，束L_Aがある種のクリプキ・トポスにおいて局所的に計算できることを示している．その準備として，次に補題 **5.2.17** に取り組もう．

5.2.13　5.1.26 の幾何学的**命題**論理を拡張すると，幾何学的**述語**論理の正論理式はさらに有限個の自由変数と存在量化子$\exists$をもち，その公理は正論理式φ, ψに対して$\forall_{x\in X}.\varphi(x) \Rightarrow \psi(x)$の形とすることができる．幾何学的論理式は論理式の重要なクラスを構成する．なぜなら，幾何学的論理式は真理値がトポスの間の幾何学的射の逆像によって保たれる論理式にほかならないからである．この構文形式だけからも，次の補題が示すように，それらの外部解釈がクリプキ・トポスの中で局所的に決まることが導かれる．

補題 5.2.14　[131, 系 D1.2.14] $\mathfrak{T}$を幾何学的理論とし，トポス$\boldsymbol{T}$の中でのそのモデルの圏を$\mathbf{Model}(\mathfrak{T}, \boldsymbol{T})$と表記する．任意の圏$\boldsymbol{C}$に対して，圏のカノニカルな同型$\mathbf{Model}(\mathfrak{T}, [\boldsymbol{C}, \mathbf{Set}]) \cong [\boldsymbol{C}, \mathbf{Model}(\mathfrak{T}, \mathbf{Set})]$が存在する．　□

定義 5.2.15　**リース空間**は，すべてのhに対して，$f \leq g$ならば$f + h \leq g + h$であり，すべての$r \in \mathbb{R}^+$に対して，$f \geq 0$ならば$rf \geq 0$となるような分配束でもあるような，$\mathbb{R}$上のベクトル空間Rである [160, 定義 11.1].

f 環は，可換$\mathbb{R}$代数Rで，その基礎となるベクトル空間が$f, g \geq 0$ならば$fg \geq 0$となり，$f \wedge g = 0$ならばすべての$h \geq 0$に対して$hf \wedge g = 0$となる

ようなリース空間である．さらに，それぞれの $f \in R$ に対して，ある $n \in \mathbb{N}$ で $-n1 \leq f \leq n1$ となるものがあるという意味で，乗法単位元1は**強く**なければならない [217, 定義 140.8].

例 5.2.16　A が可換 C*環ならば，5.2.12 で定義された順序の下で，A_{sa} は $\mathbb{R}$ 上の f 環になる．逆に，ストーン–吉田の表現定理によって，すべての $\mathbb{R}$ 上の f 環は，あるコンパクト・ロケール X に対して $C(X, \mathbb{R})$ に稠密に埋め込まれる [60].

あきらかに，通常の順序による実数体 $\mathbb{R}$ は f 環である．f 環 R の**スペクトル**は，古典的には，そのすべての表現の空間として定義される [217]．R の**表現**は，$\sigma(1) = 1$ および $\sigma(f \vee g) = \sigma(f) \vee \sigma(g)$ を満たす線形関数 $\sigma\colon R \to \mathbb{R}$ である．これは，（コンパクト，完備正則）ロケールとして構成的に定義することもでき，そのロケールの点は，5.2.10 と非常によく似た方法での表現にほかならない [60].

可換 C*環 A の場合には，そのゲルファント・スペクトルは，次の補題の (a) に示すように，f 環としての A_{sa} のスペクトルに一致する．

補題 5.2.17　A を可換 C*環とすると，次の (a)–(b) が成り立つ．

(a)　A のゲルファント・スペクトルは，f 環 A_{sa} のスペクトルに一致する．
(b)　f 環の理論は幾何学的である．

証明　(a) は [58] で証明されている．(b) については，$\mathbb{Q}$ 上の f 環は一意可除な束順序環 [57, p. 151] にほかならない．なぜなら，一意可除性は環を $\mathbb{Q}$ 環にするからである．（例 2.5.2 を参照のこと．）束順序環の定義は等式だけを用いて書くことができる．ねじれ元を含まない環の理論，すなわち，$n > 0$ かつ $nx = 0$ ならば $x = 0$ となる環は，代数的でもある．可除環の理論は，それぞれの $n > 0$ に対して一つずつ無限個の幾何学的公理 $\exists_y . ny = x$ を環の代数理論に追加して得られる．最後に，ねじれ元のない可除環は，一意可除環と同じものである．$ny = x$ かつ $nz = x$ ならば，$n(y - z) = 0$ であり，したがって，$y - z = 0$ となるからである．これで，一意加除な束順序環の理論，すなわち，f 環の理論は，幾何学的であり，(b) が成り立つということができる．　□

命題 5.2.18 可換C*環のスペクトルを生成する束 L_A は，幾何学的射の逆像の下で保たれる．

証明 補題 5.2.17によって，A_{sa}，そして，その結果として A^+ は，幾何学的理論によって定義可能である．**5.2.12** の関係 $\approx$ は存在量化子によって定義されるので，$L_A \cong A^+/\approx$ は幾何学的射の逆像の下で保たれる． □

つぎに，L_A に課されることになる正則性条件 **(5.8)** を考えよう．この条件は，関係 $\ll$ の特別な場合であることが分かる．（例 **5.2.7** を参照のこと．）

補題 5.2.19 すべての $\mathtt{D}_a, \mathtt{D}_b \in L_A$ に対して，次の (a)–(b) は同値である．

(a) $\mathtt{D}_c \vee \mathtt{D}_a = 1$ かつ $\mathtt{D}_c \wedge \mathtt{D}_b = 0$ となる $\mathtt{D}_c$ が存在する．

(b) $\mathtt{D}_b \leq \mathtt{D}_{a-q}$ となる有理数 $q > 0$ が存在する．

証明 (a) を仮定すると，[57, 系 1.7] によって，$\mathtt{D}_{c-q} \vee \mathtt{D}_{a-q} = 1$ となる有理数 $q > 0$ が存在する．したがって，$\mathtt{D}_c \vee \mathtt{D}_{a-q} = 1$ であり，$\mathtt{D}_b = \mathtt{D}_b \wedge (\mathtt{D}_c \vee \mathtt{D}_{a-q}) = \mathtt{D}_b \wedge \mathtt{D}_{a-q} \leq \mathtt{D}_{a-q}$ となって，(b) が成り立つ．逆は，$\mathtt{D}_c = \mathtt{D}_{q-a}$ とすればよい．□

5.2.20 補題 5.2.19 に照らし合わせてみて，$\mathtt{D}_b \leq \mathtt{D}_{a-q}$ となる有理数 $q > 0$ が存在するならば，$\mathtt{D}_b \ll \mathtt{D}_a$ と書き，正則性条件 **(5.8)** はフレーム $\mathcal{O}(\Sigma(A))$ が正則である [57] と述べているにすぎないことに注意する．

束 L の**イデアル**とは有限結びの下で閉じた下方集合 $U \subseteq L$ であることを思い出そう．L のすべてのイデアルからなる族を $\mathrm{Idl}(L)$ と表記する．分配束 L のイデアル U は，$\downarrow x \subseteq U$ が $x \in U$ を含意するならば，**正則**である．任意のイデアル U は，[46] で定義された閉包演算 $\overline{(\_)}\colon DL \to DL$ と命題 **5.1.11** のカノニカルな包含関係を使って，正則イデアル $\overline{U} = \{x \in L \mid \forall_{y \in L}.y \ll x \Rightarrow y \in U\}$ にすることができる．

定理 5.2.21 可換C*環 A のゲルファント・スペクトル $\mathcal{O}(\Sigma(A))$ は，L_A のすべての正則イデアルのフレームと同型である．すなわち，次の同型が成り立つ．

$$\mathcal{O}(\Sigma(A)) \cong \{U \in \mathrm{Idl}(L_A) \mid (\forall_{\mathtt{D}_b \in L_A}.\mathtt{D}_b \ll \mathtt{D}_a \Rightarrow \mathtt{D}_b \in U) \Rightarrow \mathtt{D}_a \in U\}$$

この具体化において，カノニカルな写像 $f\colon L_A \to \mathcal{O}(\Sigma(A))$ は，次の式で与えられる．

$$f(\mathtt{D}_a) = \{\mathtt{D}_c \in L_A \mid \forall_{\mathtt{D}_b \in L_A}.\mathtt{D}_b \ll \mathtt{D}_c \Rightarrow \mathtt{D}_b \leq \mathtt{D}_a\}$$

証明　可換C*環Aに対して，束L_Aは**強正規**であり [57, 定理1.11]，したがって，**正規**である．（分配束は，$b_1 \vee b_2 = 1$となるすべてのb_1, b_2に対して，$c_1 \wedge c_2 = 0$かつ$c_1 \vee b_1 = 1$かつ$c_2 \vee b_2 = 1$となるようなc_1, c_2が存在するならば，**正規**である．）[46, 定理27] によって，正規分配束の正則イデアルはコンパクト正則フレームを構成する．すると，定理の結果が [57, 定理1.11] から導かれる．　□

系 5.2.22　可換C*環のゲルファント・スペクトルは，次の式で与えられる．

$$\mathcal{O}(\Sigma(A)) \cong \{U \in \mathrm{Idl}(L_A) \mid \forall_{a \in A_{\mathrm{sa}}} \forall_{q>0}.\mathtt{D}_{a-q} \in U \Rightarrow \mathtt{D}_a \in U\}$$

証明　補題 5.2.19 と定理 5.2.21 を組み合わせる．　□

次の定理は，トポスにおけるC*環Aのゲルファント・スペクトル$\mathcal{O}(\Sigma(A))$の外部記述を明示的に決めるための鍵となる．

定理 5.2.23　可換C*環Aに対して，定理 5.2.21 の表記を使って，L_A上の被覆関係$\triangleleft$を，$x \triangleleft U$となるのは，$f(x) \leq \bigvee f(U)$であるとき，そしてそのときに限るように定義する．

(a)　$\mathcal{O}(\Sigma(A)) \cong \mathcal{F}(L_A, \triangleleft)$が成り立ち，$\mathcal{D}_a \mapsto \downarrow\mathtt{D}_a$と写像される．

(b)　このとき，$\mathtt{D}_a \triangleleft U$となるのは，すべての有理数$q > 0$に対して，$\mathtt{D}_{a-q} \leq \bigvee U_0$となるような（クラトフスキ）有限な$U_0 \subseteq U$があるとき，そしてそのときに限る．

証明　(a) は命題 5.1.11 から導かれる．(b) については，まず$\mathtt{D}_a \triangleleft U$を仮定し，$q > 0$を満たすように$q \in \mathbb{Q}$とする．補題 5.2.17（の証明）から，$\mathtt{D}_a \vee \mathtt{D}_{q-a} = 1$が得られ，したがって，$\bigvee f(U) \vee f(\mathtt{D}_{q-a}) = 1$である．$\mathcal{O}(\Sigma(A))$はコンパクトであるから，$\bigvee f(U_0) \vee f(\mathtt{D}_{q-a}) = 1$となるような有限の$U_0 \subseteq U$が存在する．定理 5.2.21 によって，$f(\mathtt{D}_a) = 1$となるのは，$\mathtt{D}_a = 1$であるとき，そしてそのときに限るので，$\mathtt{D}_b = \bigvee U_0$とすると$\mathtt{D}_b \vee \mathtt{D}_{q-a} = 1$が得られる．(5.4) によって$\mathtt{D}_{a-q} \wedge \mathtt{D}_{q-a} = 0$が得られ，したがって，

$$\mathtt{D}_{a-q} = \mathtt{D}_{a-q} \wedge 1 = \mathtt{D}_{a-q} \wedge (\mathtt{D}_b \vee \mathtt{D}_{q-a}) = \mathtt{D}_{a-q} \wedge \mathtt{D}_b \leq \mathtt{D}_b = \bigvee U_0$$

となる．逆は，その構成法から $f(\mathtt{D}_a) \leq \bigvee\{f(\mathtt{D}_{a-q}) \mid q \in \mathbb{Q}, q > 0\}$ であることに注意する．すると，仮定から $f(\mathtt{D}_a) \leq \bigvee f(U)$ が得られ，したがって，$\mathtt{D}_a \lhd U$ となる． □

5.3 ボーア化

この節では**ボーア化**の手法を説明する．（一般には）非可換 C*環 A に対して，ボーア化は，A が可換になるようなトポスを構築する．もっと正確にいえば，任意の C*環 A に対して，クリプキ・トポス $[\mathcal{C}(A), \mathbf{Set}]$ における特定の可換 C*環 $\underline{A}$ を割り当てる．ただし，$\mathcal{C}(A)$ は，A の可換 C*部分環の集合である．ゲルファント双対性によって，可換 C*環 $\underline{A}$ は，スペクトル $\Sigma(\underline{A})$ をもつ．このスペクトルは，$[\mathcal{C}(A), \mathbf{Set}]$ におけるロケールである．

5.3.1 ボーア化のアイディアを説明するために，一般的手法の概要を説明する．そのあとで，具体的な例を提示する．

$\mathfrak{T}_1$ と $\mathfrak{T}_2$ を幾何学的理論で，それらの変数は $\mathbb{N}$ や $\mathbb{Q}$ などの構成的な型を除いては 1 種類の範囲だけを動くものとする．$\mathfrak{T}_1$ は $\mathfrak{T}_2$ の部分理論であると仮定する．このとき，関手 $\mathcal{C}\colon \mathbf{Model}(\mathfrak{T}_1, \mathbf{Set}) \to \mathbf{Poset}$ で，対象に対しては包含関係による順序で $\mathcal{C}(A) = \{C \subseteq A \mid C \in \mathbf{Model}(\mathfrak{T}_2, \mathbf{Set})\}$ と定義されるものが存在する．$\mathbf{Model}(\mathfrak{T}_1, \mathbf{Set})$ の射 $f\colon A \to B$ に対しては，関手 $\mathcal{C}$ は，順像 $C \mapsto f(C)$ によって $\mathcal{C}(f)\colon \mathcal{C}(A) \to \mathcal{C}(B)$ のように作用する．したがって，対象に対しては $\mathcal{T}(A) = [\mathcal{C}(A), \mathbf{Set}]$ と定義され，射に対しては $\mathcal{T}(f)^* = (\_) \circ \mathcal{C}(f)$ によって決まる関手 $\mathcal{T}\colon \mathbf{Model}(\mathfrak{T}_1, \mathbf{Set}) \to \mathbf{Topos}$ が存在する．$\mathcal{C}(A)$ の射 $D \subseteq C$ には包含 $\underline{A}(D) \hookrightarrow \underline{A}(C)$ として作用するように，カノニカルな対象 $\underline{A} \in \mathcal{T}(A)$ を $\underline{A}(C) = C$ によって定義する．このとき，補題 5.2.14 によって，$\underline{A}$ は，クリプキ・トポス $\mathcal{T}(A)$ における $\mathfrak{T}_2$ のモデルである．

例 5.3.2 $\mathfrak{T}_1$ を群の理論とし，$\mathfrak{T}_2$ を可換群の理論とする．これらはともに幾何学的理論であり，$\mathfrak{T}_1$ は $\mathfrak{T}_2$ の部分理論である．このとき，$\mathcal{C}(G)$ は包含関係

で順序づけられた G の可換部分群 C の集まりであり，関手 $\underline{G}\colon C \mapsto C$ は $\mathcal{T}(G) = [\mathcal{C}(G), \mathbf{Set}]$ の中の可換群である．

ここで，関心のある状況は（可換）C*環であり，これを調べる．C*環の理論は幾何学的ではないので，$\underline{A}$ が $\mathcal{T}(A)$ の中の可換C*環になるという5.3.1の議論を使うことはできない．それにもかかわらず，次の定理5.3.8は，$\underline{A}$ が $\mathcal{T}(A)$ の中の可換C*環であることを示している．

命題 5.3.3　関手 $\mathcal{C}\colon \mathbf{CStar} \to \mathbf{Poset}$ で，包含関係によって順序づけられる対象に対して

$$\mathcal{C}(A) = \{C \in \mathbf{cCStar} \mid C \text{ は } A \text{ の C*部分環}\}$$

と定義されるものが存在する．$\mathbf{CStar}$ の射 $f\colon A \to B$ に対する作用 $\mathcal{C}(f)\colon \mathcal{C}(A) \to \mathcal{C}(B)$ は，順像 $C \mapsto f(C)$ である．したがって，関手 $\mathcal{T}\colon \mathbf{CStar} \to \mathbf{Topos}$ で，対象に対しては $\mathcal{T}(A) = [\mathcal{C}(A), \mathbf{Set}]$ と定義され，射に対しては $\mathcal{T}(f)^* = (\_) \circ \mathcal{C}(f)$ と定義されるものが存在する．

証明　$\mathcal{T}(f)^*$ が幾何学的射の一部であることを示せば十分である．これは，[164, 定理VII.2.2] から導かれる．　□

例 5.3.4　次の例は，複素 2×2 行列のC*環 $A = \mathbf{Hilb}(\mathbb{C}^2, \mathbb{C}^2)$ に対する $\mathcal{C}(A)$ を定める．任意のC*環は，単一の1次元可換C*部分環をもつ．具体的には，単位元のスカラー倍である $\mathbb{C}$ である．さらに，任意の2次元C*部分環は，直交する1次元射影の対によって生成される．A における1次元射影は次の形をしている．

$$p(x, y, z) = \frac{1}{2}\begin{pmatrix} 1+x & y+iz \\ y-iz & 1-x \end{pmatrix} \tag{5.9}$$

ただし，$(x, y, z) \in \mathbb{R}^3$ は $x^2 + y^2 + z^2 = 1$ を満たす．したがって，A の1次元射影は，S^2 によって正確に助変数表示される．$1 - p(x, y, z) = p(-x, -y, -z)$ であり，$(p, 1-p)$ と $(1-p, p)$ の対は同じC*環を定義するので，$\mathcal{C}(A)$ の2次元の要素は $S^2/\sim$ によって助変数表示される．ただし，$(x, y, z) \sim (-x, -y, -z)$ である．つぎに，この空間は，実射影空間 $\mathbb{RP}^2$，すなわち，原点を通る $\mathbb{R}^3$ の直

線の集合と準同型である[1]．このとき，$\mathcal{C}(A) \cong \{\mathbb{C}\} + \mathbb{RP}^2$ を助変数表示する点 $[x, y, z] \in S^2/\sim$ は，射影 $\{p(x, y, z), p(-x, -y, -z)\}$ によって生成される C*環 $C_{[x,y,z]}$ に対応する．$\mathcal{C}(A)$ の順序は平坦，すなわち，$C < D$ となるのは，$C = \mathbb{C}$ であるとき，そしてそのときに限る．

例 5.3.5 つぎに，前の例を任意の $n \in \mathbb{N}$ に対する $A = \mathbf{Hilb}(\mathbb{C}^n, \mathbb{C}^n)$ に一般化する．一般に，$\mathcal{C}(k, n)$ を A の k 次元可換単位的 C*部分環全体の族とすると，$\mathcal{C}(A) = \coprod_{k=1}^{n} \mathcal{C}(k, n)$ となる．$\mathcal{C}(k, n)$ を助変数表示するために，まず，$U \in SU(n)$ と D をすべての対角行列の代数に含まれる部分代数とするとき，$\mathcal{C}(k, n)$ の要素 C はそれぞれユニタリ回転 $C = UDU^*$ であることを示す．これは，$k = n$ の場合から導かれる．なぜなら，$k < n$ の場合の $\mathcal{C}(k, n)$ の要素はそれぞれ，ある極大可換部分代数に含まれるからである．$k = n$ に対して，$C \in \mathcal{C}(n, n)$ は n 個の互いに直交する位数 1 の射影 $p_1, \ldots, p_n$ によって生成されることに注意する．それぞれの p_i は，固有値 1 をもつ単位固有ベクトル u_i を一つだけもつ．それ以外の固有値は 0 である．この u_i を列とする行列を U と呼ぶ．このとき，すべての i に対して，U^*p_iU は対角行列である．なぜなら，(e_i) が $\mathbb{C}^n$ の標準基底ならば，すべての i に対して $Ue_i = u_i$ であり，したがって，$U^*p_iUe_i = U^*p_iu_i = U^*u_i = e_i$ であり，一方，$i \neq j$ に対しては，$U^*p_iUe_j = 0$ となるからである．したがって，行列 U^*p_iU は，ii 成分は 1 であり，それ以外の成分は 0 である．そのほかの要素 $a \in C$ は p_i の関数なので，U^*aU はどれも同じように対角行列である．すなわち，D_n をすべての対角行列からなる代数とすると，$C = UD_nU^*$ である．したがって，$D_n = \{\mathrm{diag}(a_1, \ldots, a_n) \mid a_i \in \mathbb{C}\}$ とするとき，

$$\mathcal{C}(n, n) = \{UD_nU^* \mid U \in SU(n)\}$$

であり，$k < n$ に対する $\mathcal{C}(k, n)$ は，$\{1, \ldots, n\}$ を k 個の空でない部分に分割し，同じ部分に属する i, j に対しては $a_i = a_j$ を要請することで得られる．しかしながら，任意の $U \in SU(n)$ についての共役によって，このような分割は，同じ大

---

[1] この空間は，$\mathcal{C}(A)$ 上のアレクサンドロフ位相とはきわめて異なる興味深い位相をもつが，ここではそれは無視する．

きさの部分を置換してもまったく同じ部分代数を誘導する．そのような置換は，ヤング図形を用いることによって扱える [90]．分割された部分そのものよりもその部分の大きさに関心があるので，

$$Y(k,n) = \{(i_1,\ldots,i_k) \mid 0 < i_1 < i_2 < \cdots < i_k = n,\ \ i_{j+1} - i_j \leq i_j - i_{j-1}\}$$

を，異なる部分代数を誘導する分割の集合として定義する．（ただし，$i_0 = 0$ とする.）したがって，

$$\mathcal{C}(k,n) \cong \big\{(p_1,\ldots,p_k) : p_j \in \mathrm{Proj}(A),\ \ (i_1,\ldots,i_k) \in Y(k,n) \\ \mid \dim(\mathrm{Im}(p_j)) = i_j - i_{j-1},\ \ j \neq j' \text{に対して}\, p_j \wedge p_{j'} = 0\big\}$$

が得られる．つぎに，$\mathbb{C}^n$ の d 次元直交射影は，それによって写される像である $\mathbb{C}^n$ の d 次元（閉）部分空間と 1 対 1 に対応するので，

$$\mathcal{C}(k,n) \cong \big\{(V_1,\ldots,V_k) : (i_1,\ldots,i_k) \in Y(k,n), V_j \in \mathrm{Gr}(i_j - i_{j-1}, n) \\ \mid j \neq j' \text{に対して}\, V_j \cap V_{j'} = 0\big\}$$

と書くことができる．ただし，$\mathrm{Gr}(d,n) = U(n)/(U(d) \times U(n-d))$ はよく知られたグラスマン多様体，すなわち，$\mathbb{C}^n$ の d 次元部分空間全体の集合である [97]．部分旗多様体を使うと，$(i_1,\ldots,i_k) \in Y(k,n)$ に対して

$$\mathrm{G}(i_1,\ldots,i_k;n) = \prod_{j=1}^{k} \mathrm{Gr}(i_j - i_{j-1}, n - i_{j-1})$$

となる（[90] を参照のこと）ので，最終的に

$$\mathcal{C}(k,n) \cong \{V \in \mathrm{G}(i;n) : i \in Y(k,n)\}/\sim$$

が得られる．ただし，同じ大きさの部分の置換によって一方から他方が得られるならば，$i \sim i'$ とする．

これは，実際に，$n = 2$ の前の例の一般化である．まず，任意の n に対して，集合 $\mathcal{C}(1,n)$ は単一の要素をもつ．なぜなら，$k = 1$ に対してヤング図形はただ一つしか存在しないからである．つぎに，$Y(2,2) = \{(1,2)\}$ なので，

$$\mathcal{C}(2,2) \cong (\mathrm{Gr}(1,2) \times \mathrm{Gr}(1,1))/S(2) \cong \mathrm{Gr}(1,2)/S(2) \cong \mathbb{CP}^1/S(2) \cong \mathbb{RP}^2$$

が得られる．

定義 5.3.6 A を C*環とする．関手 $\underline{A}\colon \mathcal{C}(A) \to \mathbf{Set}$ を，対象に対しては $\underline{A}(C) = C$ と作用し，$\mathcal{C}(A)$ の射 $C \subseteq D$ に対しては包含写像 $\underline{A}(C) \hookrightarrow \underline{A}(D)$ と作用するように定義する．$\underline{A}$，あるいはこれを得るための過程を，A の**ボーア化**と呼ぶ．

5.3.7 内部的視点と外部的視点を区別するために，$\mathcal{T}(A)$ に対し内部的なものに下線をつける．

C*環の理論は幾何学的ではないにもかかわらず，個々の対象 $\underline{A}$ は，トポス $\mathcal{T}(A)$ における可換C*環であることが分かる．これは，内部実体の構造が周囲圏の同じような構造に依存するという，いわゆる「縮図原理」に似ている [13, 109].

定理 5.3.8 A から継承される演算によって，$\underline{A}$ は $\mathcal{T}(A)$ の中の可換C*環になる．もっと正確にいえば，$\underline{A}$ は，複素数体 $\mathrm{Pt}(\underline{\mathbb{C}})\colon C \mapsto \mathbb{C}$ 上で，

$$
\begin{array}{lll}
0\colon \underline{1} \to \underline{A}, & +\colon \underline{A} \times \underline{A} \to \underline{A}, & \cdot\colon \mathrm{Pt}(\underline{\mathbb{C}}) \times \underline{A} \to \underline{A} \\
0_C(*) = 0, & a +_C b = a + b, & z \cdot_C a = z \cdot a
\end{array}
$$

を備えたベクトル空間であり，

$$
\begin{array}{ll}
\cdot\colon \underline{A} \times \underline{A} \to \underline{A}, & (\_)^*\colon \underline{A} \to \underline{A} \\
a \cdot_C b = a \cdot b, & (a^*)_C = a^*
\end{array}
$$

による対合的代数である．ノルム関係は，次の式で与えられる部分対象 $N \in \mathrm{Sub}(\underline{A} \times \underline{\mathbb{Q}^+})$ である．

$$N_C = \{(a, q) \in C \times \mathbb{Q}^+ \mid \|a\| < q\}$$

証明 前C*半環は，必ずしもコーシー完備にはならないC*環であり，その半ノルムは必ずしもノルムではないことを思い出そう（定義 5.2.3）．前C*半環の理論は幾何学的なので，5.3.1 と同じように，補題 5.2.14 は $\underline{A}$ が $\mathcal{T}(A)$ の可換前C*半環であることを示している．$\underline{A}$ が実際に前C*環，すなわち，半ノルムがノルムであることを証明しよう．それには，すべての $C \in \mathcal{C}(A)$ に対して $C \Vdash \forall_{a \in \underline{A}_{\mathrm{sa}}} \forall_{q \in \underline{Q^+}}.(a, q) \in N \Rightarrow a = 0$ であることを示せば十分である．これ

は，5.1.20 によって，

$$\text{すべての}\, C' \supseteq C \,\text{と}\, a \in C \,\text{に対して，}\, C' \Vdash \forall_{q \in \underline{\mathbb{Q}^+}}.(a, q) \in N \,\text{ならば，}$$
$$C' \Vdash a = 0$$

すなわち，すべての $C' \supseteq C$ と $a \in C'$ に対して，

$$\text{すべての}\, C'' \supseteq C' \,\text{と}\, q \in \mathbb{Q}^+ \,\text{について}\, C'' \Vdash (a, q) \in N \,\text{ならば，}$$
$$C' \Vdash a = 0$$

すなわち，すべての $C' \supseteq C$ と $a \in C'$ に対して，$\|a\| = 0$ ならば，$a = 0$

であることを意味する．これは，すべての C' は C*環であるので，成り立つ．

最後に，$\underline{A}$ が実際に C*環であることを証明する．$\mathcal{T}(A)$ において従属選択公理が成り立つ [86] ので，すべての**正則**コーシー列が収束することを証明すれば十分である．ただし，数列 (x_n) は，すべての $n, m \in \mathbb{N}$ に対して $\|x_n - x_m\| \leq 2^{-n} + 2^{-m}$ となるならば，正則コーシー列である．したがって，次の式を証明する必要がある．

$$C \Vdash \forall_{n,m \in \underline{\mathbb{N}}}.\|x_n - x_m\| \leq 2^{-n} + 2^{-m} \Rightarrow \exists_{x \in \underline{A}}.\forall_{n \in \underline{\mathbb{N}}}.\|x - x_n\| \leq 2^{-n}$$

すなわち，すべての $C' \supseteq C$ に対して，

$$C' \Vdash (\forall_{n,m \in \underline{\mathbb{N}}}.\|x_n - x_m\| \leq 2^{-n} + 2^{-m}) \,\text{ならば，}$$
$$C' \Vdash \exists_{x \in \underline{A}}.\forall_{n \in \underline{\mathbb{N}}}.\|x - x_n\| \leq 2^{-n}$$

すなわち，すべての $C' \supseteq C$ に対して，

$$C' \Vdash \text{「}(x)_n \text{は正則」ならば，}\, C' \Vdash \text{「}(x)_n \text{は収束する」}$$

ここでも，すべての C' は C*環なので，これは成り立つ．　□

5.3.9　5.2.9 をトポス $\mathcal{T}(A)$ の可換 C*環 $\underline{A}$ に適用すると，そのトポスの中のロケール $\underline{\Sigma}(\underline{A})$ が得られる．第1章で論じたように，$\underline{\Sigma}(\underline{A})$ は，その観測量の代数が A であるような物理体系の論理をもつ「状態空間」である．

$\underline{\Sigma}(\underline{A})$ の重要な性質として，次の定理が証明するように，典型的には高度に非空間的だということがある．この定理は，コーチェン–スペッカー定理 [143] のトポス論的再定式化に対する，ジェレミー・バターフィールドとクリス・イシャムによるロケール的拡張である [39–42]．

定理 5.3.10 H を $\dim(H) > 2$ であるようなヒルベルト空間とし，$A = \mathbf{Hilb}(H,H)$ とする．このとき，ロケール $\underline{\Sigma}(\underline{A})$ は点をもたない．

証明 $\mathcal{T}(A)$ の実数対象は（$\mathcal{T}(A)$ における）環であり，したがって，（$\mathcal{T}(A)$ の中の C*環 $\underline{A}$ に関する）乗法的汎関数について述べることは意味がある．$\underline{\Sigma}(\underline{A})$ の点が存在するとしたら，それは $\underline{A}$ の乗法的汎関数にほかならない．（[18] を参照のこと．そこでは，トポスに適用できる構成法と論証だけを明示的に使っている．）したがって，ロケール $\underline{\Sigma}(\underline{A})$ の任意の点 $\underline{\rho}\colon \underline{1} \to \underline{\Sigma}(\underline{A})$ に対して，写像 $\underline{V}_\rho\colon \underline{A}_{\mathrm{sa}} \to \mathrm{Pt}(\underline{\mathbb{R}})$ が存在する．$\mathcal{T}(A)$ の射として，写像 $\underline{V}_\rho$ は，$\underline{V}_\rho(C)\colon \underline{A}_{\mathrm{sa}}(C) \to \mathrm{Pt}(\underline{\mathbb{R}})(C)$ をコンポーネントとする自然変換である．これは，定義 5.3.6 と例 5.1.29 によって，$\underline{V}_\rho(C)\colon C_{\mathrm{sa}} \to \mathbb{R}$ そのものである．したがって，それぞれの $C \in \mathcal{C}(A)$ に対して，乗法的汎関数 $\underline{V}_\rho(C)$ は，$C \subseteq D$ ならば $\underline{V}_\rho(D)$ の C_{sa} への制限が $\underline{V}_\rho(C)$ になるという性質によって通常の意味での自然性（あるいは「非文脈性」）を備えている．しかし，これは，$\mathbf{Hilb}(H,H)$ 上で，コーチェン–スペッカー定理が存在しないことを立証する種類の関数にほかならない [143]. □

5.3.11 定理 5.3.10 は，（十分に大きいヒルベルト空間 H に対する）$\mathbf{Hilb}(H,H)$ だけでなく，もっと一般的な C*環に対しても成り立つ．フォンノイマン環についての結果は，[74] を参照のこと．C*環 A は，両側閉イデアルが自明ならば，**単純**と呼び，$a^*a = 1$ であるが $aa^* \neq 1$ であるような $a \in A$ が存在するならば，**無限**と呼ぶ [61]．単純無限 C*環は，分散自由擬状態を許容しない [106]．一方，そのような C*環に対しても定理 5.3.10 は成り立つ．

この節の残りは，外部的視点によって A のボーア化 $\underline{A}$ のゲルファント・スペクトル $\underline{\Sigma}(\underline{A})$ の構造を記述することに充てる．

定理 5.3.12 C*環 A とそれぞれの $C \in \mathcal{C}(A)$ に対して，$\underline{L}_{\underline{A}}(C) = L_C$ となる．さらに，$\underline{L}_{\underline{A}}(C \subseteq D)\colon L_C \to L_D$ は，$c \in C_{\mathrm{sa}}$ に対するそれぞれの生成元 $\mathtt{D}_c$ を D のスペクトルの同じ生成元に写像するフレームの射である．

証明 補題 5.2.14 と命題 5.2.18 から導かれる． □

5.3.13　次の系では，本書の状況において $\mathtt{D}_a \lhd U$ を解釈し，被覆関係 $\lhd$ もまた局所的に計算できることを示す．そのために，関手 $\underline{L_A}\colon \mathcal{C}(A) \to \mathbf{Set}$ の $\uparrow C \subseteq \mathcal{C}(A)$ への制限に対して，$\underline{L}_{A|\uparrow C}$ という表記を導入する．このとき，[164, II.8 節] によって，$\underline{\Omega}^{\underline{L}_A}(C) \cong \mathrm{Sub}(\underline{L}_{A|\uparrow C})$ である．したがって，5.1.20 のクリプキ–ジョイアル意味論によって，$C \in \mathcal{C}(A)$ に対する $C \Vdash \mathtt{D}_a \lhd U$ における形式的変数 $\mathtt{D}_a$ と U は，実際の要素 $D_c \in L_C = \underline{L_A}(C)$ と $\underline{L}_{A|\uparrow C}$ の部分関手 $\underline{U}\colon \uparrow C \to \mathbf{Set}$ が具体例となる．$\lhd$ は $\underline{L_A} \times \underline{\mathcal{P}}(\underline{L_A})$ の部分関手なので，$C \in \mathcal{C}(A)$ に対する $\lhd_C$ を，C において評価することで誘導される関係 $\underline{L_A}(C) \times \underline{\mathcal{P}}(\underline{L_A})$ として述べることができる．

系 5.3.14　定理 5.2.23 の被覆関係 $\lhd$ は，局所的に計算される．すなわち，$C \in \mathcal{C}(A)$, $D_c \in L_C$ と $\underline{U} \in \mathrm{Sub}(\underline{L}_{A|\uparrow C})$ に対して，次の (a)–(c) は互いに同値である．

(a)　$C \Vdash \mathtt{D}_a \lhd U(D_c, \underline{U})$

(b)　$D_c \lhd_C \underline{U}(C)$

(c)　すべての有理数 $q > 0$ に対して，$D_{c-q} \leq \bigvee U_0$ となる有限の $U_0 \subseteq \underline{U}(C)$ が存在する．

証明　(b) と (c) の同値性は，定理 5.2.23 から導かれる．(a) と (c) の同値性を証明する．一般性を失うことなく，$\bigvee U_0 \in U$ と仮定すると，U_0 を $\mathtt{D}_b = \bigvee U_0$ で置き換えてもよい．すると，(a) の $\mathtt{D}_a \lhd U$ は次の論理式を意味する．

$$\forall_{q>0} \exists_{\mathtt{D}_b \in L_A}.(\mathtt{D}_b \in U \wedge \mathtt{D}_{a-q} \leq \mathtt{D}_b)$$

この論理式を，5.1.20 のように段階的に解釈する．まず，$C \Vdash (\mathtt{D}_a \in U)(D_c, \underline{U})$ となるのは，すべての $D \supseteq C$ に対して $D_c \in \underline{U}(D)$ であるとき，そしてそのときに限る．$\underline{U}(C) \subseteq \underline{U}(D)$ であるから，これは，$D_c \in \underline{U}(C)$ であるとき，そしてそのときに限る．また，$C \Vdash (\mathtt{D}_b \leq \mathtt{D}_a)(D_{c'}, D_c)$ であるのは，L_C において $D_{c'} \leq D_c$ であるとき，そしてそのときに限る．したがって，$C \Vdash (\exists_{\mathtt{D}_b \in L_A}.\mathtt{D}_b \in U \wedge \mathtt{D}_{a-q} \leq \mathtt{D}_b)(D_c, \underline{U})$ となるのは，$D_{c-q} \leq D_{c'}$ となる $D_{c'} \in \underline{U}(C)$ が存在するとき，そしてそのときに限る．最後に，$C \Vdash (\forall_{q>0} \exists_{\mathtt{D}_b \in L_A}.\mathtt{D}_b \in U \wedge \mathtt{D}_{a-q} \leq \mathtt{D}_b)(D_c, \underline{U})$ となるのは，すべての $D \supseteq C$ とす

べての有理数 $q > 0$ に対して，$D_{c-q} \leq D_d$ となるような $D_d \in \underline{U}(D)$ が存在するとき，そしてそのときに限る．ただし，定理 5.3.12 によって $D_c \in L_C \subseteq L_D$ であり，制限によって $\underline{U} \in \mathrm{Sub}(\underline{L}_{\underline{A}|\uparrow C}) \subseteq \mathrm{Sub}(\underline{L}_{\underline{A}|\uparrow D})$ である．これがすべての $D \supseteq C$ において成り立つのは，それが C において成り立つとき，そしてそのときに限る．なぜなら，$\underline{U}(C) \subseteq \underline{U}(D)$ であり，$D_d = D_{c'}$ とすることができるからである． □

5.3.15　次の定理は，外部的視点からゲルファント・スペクトル $\underline{\Sigma}(\underline{A})$ を明示的に定める．関手 $\underline{\Sigma}(\underline{A})$ は $\mathcal{C}(A)$ の最小元 $\mathbb{C}$ における値 $\underline{\Sigma}(\underline{A})(\mathbb{C})$ によって完全に決まることが分かる．それゆえ，$\underline{\Sigma}(\underline{A})(\mathbb{C})$ を Σ_A と略記し，A の**ボーア化状態空間**と呼ぶ．

定理 5.3.16　C*環 A に対して，次の (a)–(d) が成り立つ．

(a)　$C \in \mathcal{C}(A)$ において，集合 $\mathcal{O}(\underline{\Sigma}(\underline{A}))(C)$ は，すべての $D \supseteq C$ と $D_d \in L_D$ に対して $D_d \lhd_D \underline{U}(D) \Rightarrow D_d \in \underline{U}(D)$ を満たすような部分関手 $\underline{U} \in \mathrm{Sub}(\underline{L}_{\underline{A}|\uparrow C})$ によって構成される．

(b)　とくに，集合 $\mathcal{O}(\underline{\Sigma}(\underline{A}))(\mathbb{C})$ は，すべての $C \in \mathcal{C}(A)$ と $D_c \in L_C$ に対して $D_c \lhd_C \underline{U}(C) \Rightarrow D_c \in \underline{U}(C)$ を満たすような部分関手 $\underline{U} \in \mathrm{Sub}(\underline{L}_{\underline{A}})$ によって構成される．

(c)　$\mathcal{C}(A)$ の射 $C \subseteq D$ に対する $\mathcal{O}(\underline{\Sigma}(\underline{A}))$ の作用 $\mathcal{O}(\underline{\Sigma}(\underline{A}))(C) \to \mathcal{O}(\underline{\Sigma}(\underline{A}))(D)$ は，$\underline{U}\colon \uparrow C \to \mathbf{Set}$ を $\uparrow D$ に制限したもので与えられる．

(d)　$\mathcal{O}(\underline{\Sigma}(\underline{A}))$ の外部記述は，フレームの射

$$f^{-1}\colon \mathcal{O}(\mathrm{Alx}(\mathcal{C}(A))) \to \mathcal{O}(\underline{\Sigma}(\underline{A}))(\mathbb{C})$$

で，基底開要素 $\uparrow D \in \mathcal{O}(\mathrm{Alx}(\mathcal{C}(A)))$ に対して

$$f^{-1}(\uparrow D)(E) = \begin{cases} L_E & (E \supseteq D \text{ の場合}) \\ \emptyset & (\text{それ以外の場合}) \end{cases}$$

によって与えられるものである．

証明　定理 5.2.23(a) と (5.2) によって，$\mathcal{O}(\underline{\Sigma}(\underline{A}))$ は論理式 $\forall_{\mathtt{D}_a \in \underline{L}_{\underline{A}}}.\mathtt{D}_a \lhd U \Rightarrow \mathtt{D}_a \in U$ によって定義される $\underline{\Omega}^{\underline{L}_{\underline{A}}}$ の部分対象である．5.3.13 にあるように，要

素 $\underline{U} \in \mathcal{O}(\underline{\Sigma}(\underline{A}))(C)$ は，$\underline{L}_{\underline{A}|\uparrow C}$ の部分関手と同一視してよい．したがって，系 5.3.14 によって，$\underline{U} \in \mathcal{O}(\underline{\Sigma}(\underline{A}))$ となるのは，

$$\forall_{D \supseteq C} \forall_{D_d \in L_D} \forall_{E \supseteq D}. D_d \lhd_E \underline{U}(E) \Rightarrow D_d \in \underline{U}(E)$$

であるとき，そしてそのときに限る．ただし，D_d は L_E の要素とみなす．これは，それよりも弱いようにみえる条件

$$\forall_{D \supseteq C} \forall_{D_d \in L_D}. D_d \lhd_D \underline{U}(D) \Rightarrow D_d \in \underline{U}(D)$$

と同値である．なぜなら，後者の条件を $D = E$ に適用すると，$D_d \in L_D$ も L_E の中にあるので，前者の条件を含意するからである．これで，(a), (b), (c) が証明できた．(d) は，例 5.1.24 から導かれる．□

5.4　射影

この節では，量子状態空間 $\mathcal{O}(\underline{\Sigma}(\underline{A}))$ を，第 4 章の意味での量子論理と比較する．作用素代数の枠組みでは，第 4 章の伝統的な量子論理は射影と関連している．4.1.11 では，$\mathrm{Proj}(A) = \{p \in A \mid p^* = p = p \circ p\}$ であったことを思い出そう．すると，十分な射影をもつ C*環に特化する必要がある．簡単にボーア化できる，そのようなもっとも一般的なクラスは，いわゆる**リカート C*環**であることが知られている．リカート C*環を選ぶ動機づけとして，何種類かの C*環とそれらのスペクトルについて，知られている結果を復習しよう．

定義 5.4.1　A を C*環とする．$R(S) = \{a \in A \mid \forall_{s \in S}. sa = 0\}$ を，部分集合 $S \subseteq A$ の**右零化イデアル**と定義する．このとき，A は次のようにいうことができる．

(a)　A は，あるバナッハ空間の双対ならば，**フォンノイマン環**である [190].
(b)　それぞれの空でない $S \subseteq A$ に対して $R(S) = pA$ を満たす $p \in \mathrm{Proj}(A)$ が存在するならば，**AW*環**である [138].
(c)　それぞれの $x \in A$ に対して，$R(\{x\}) = pA$ を満たす $p \in \mathrm{Proj}(A)$ が存在するならば，**リカート C*環**である [182].

(d) それぞれの $a \in A^+$ と，$r < s$ であるそれぞれの $r, s \in (0, \infty)$ に対して $ap \geq rp$ かつ $a(1-p) \leq s(1-p)$ を満たす $p \in \mathrm{Proj}(A)$ が存在するならば，**スペクトル C*環**である [203].

すべての場合において，その射影 p は一意になる．

5.4.2 一般的に C*環は，十分な射影をもたないので，C*環全体のクラスが，第 4 章の意味で伝統的な量子論理と直接結びつくことはない．なぜなら，A が可換 C*環で，そのゲルファント・スペクトラム $\Sigma(A)$ が連結ならば，A は 0 と 1 以外の射影をもたないからである．

5.4.3 その一方で，任意のブール代数は，**ストーン空間**，すなわち，連結な部分集合は単元集合だけしかない**完全**不連結なコンパクト・ハウスドルフ空間 X の開かつ閉な部分集合の束 $\mathcal{B}(X)$ と同型になるという，**ストーンの表現定理** [130] を思い出そう．これは，ストーン空間が，コンパクトかつ T_0 で，開かつ閉な集合の基底をもつことと同値である．したがって，ストーン空間 X は，可換 C*環 $C(X, \mathbb{C})$ だけでなく，ブール代数 $\mathcal{B}(X)$ も生じさせる．ここで，フォンノイマン環 A が可換となるのは，$\mathrm{Proj}(A)$ がブール代数であるとき，そしてそのときに限る [180, 命題 4.16]．この場合，A のゲルファント・スペクトル $\Sigma(A)$ は，$\mathrm{Proj}(A)$ のストーン・スペクトルと同一視してよい．一般的には，A が可換 C*代数ならば，$\mathrm{Proj}(A)\mathcal{B}(\Sigma(A))$ は，$\Sigma(A)$ において開かつ閉な集合のブール束と同型になる．$\Sigma(A)$ を，5.2.10 のような指標から構成されるとみなすと，この同型は

$$
\mathrm{Proj}(A) \xrightarrow{\cong} \mathcal{B}(\Sigma(A))
$$
$$
p \mapsto \mathrm{supp}(\hat{p}) = \{\sigma \in \Sigma(A) \mid \sigma(p) \neq 0\}
$$

で与えられる．ただし，$\hat{p}$ は 5.2.11 にあるような p のゲルファント変換であり，台を例 2.2.17 にあるように定義するとき，$a \in A_{\mathrm{sa}}$ のゲルファント変換の台は $\mathrm{supp}(\hat{a}) = \{\sigma \in \Sigma(A) \mid \hat{a}(\sigma) \neq 0\} = \mathcal{D}_a$ である．

5.4.4 しかしながら，前述のブール代数と可換フォンノイマン環の対応は 1 対 1 対応ではない．A が可換フォンノイマン環ならば，$\mathrm{Proj}(A)$ は完備であり，し

たがって，$\Sigma(A)$ は，単なるストーン空間ではなく，**ストーン的**，すなわち，コンパクトかつハウスドルフかつ，すべての開集合の閉包が開集合であるという意味で**完全**不連結である．（ブール代数 L のストーン・スペクトルがストーン的となるのは，L が完備であるとき，そしてそのときに限る．）しかし，可換フォンノイマン環は，完備ブール代数と1対1に対応しない．なぜなら，可換フォンノイマン環のゲルファント・スペクトルは，単なるストーン空間ではなく，それよりも強い，十分に多くの正の正規計量を許容するという**超ストーン的**な性質をもつからである [206, 定義 1.14]．実際に，可換 C*環 A がフォンノイマン環となるのは，そのゲルファント・スペクトル（したがって，その射影束のストーン・スペクトル）が超ストーン的であるとき，そしてそのときに限る．

定理 5.4.5　A を可換 C*環とする．

(a) $\Sigma(A)$ が超ストーン的であるとき，そしてそのときに限り，A はフォンノイマン環である [206, III.1 節]．
(b) $\Sigma(A)$ がストーン的であるとき，そしてそのときに限り，また，$\Sigma(A)$ がストーン空間でかつ $\mathcal{B}(\Sigma(A))$ が完備であるとき，そしてそのときに限り，A は AW*環である [28, 定理 1.7.1]．
(c) $\Sigma(A)$ がストーン空間でかつ $\mathcal{B}(\Sigma(A))$ が可算完備であるとき，そしてそのときに限り，A はリカート C*環である [28, 定理 1.8.1]．
(d) $\Sigma(A)$ がストーン空間であるとき，そしてそのときに限り，A はスペクトル C*環である [203, 9.7 節]．　□

5.4.6　定義 5.4.1 において，スペクトル C*環はもっとも一般的なクラスであるが，非可換な場合には，その射影は束にならないこともある．リカート C*環の主たる利点は，次の命題で示すように，その射影が束になるということだ．リカート C*環は，次のような分類理論においても興味深いものである．いわゆる**実階数ゼロ** C*環のクラスは，K 理論を用いて分類されている．これは，**CStar** から次数付きアーベル群への関手 K である．実際，実階数ゼロの C*環は，$A \cong B$ となるのは，$K(A) \cong K(B)$ であるとき，そしてそのときに限るような C*環のもっとも広いクラスであると今のところ考えられている [186, 3 節]．リカート

C*環はつねに実階数ゼロである [31, 定理 6.1.2].

命題 5.4.7 A をリカート C*環とする.

(a) A が $p \leq q \Leftrightarrow pA \subseteq qA$ によって順序づけられるならば, $\mathrm{Proj}(A)$ は可算完備束である [28, 命題 1.3.7, 補題 1.8.3].
(b) A が可換ならば, A は $\mathrm{Proj}(A)$ の(ノルム)閉線形スパンである [28, 命題 1.8.1.(3)].
(c) A が可換ならば, A は単調可算完備, すなわち, A_{sa} のそれぞれの増大有界列は, A に上限をもつ [203, 命題 9.2.6.1]. □

5.4.8 定義 5.4.1(a) は, いわゆる超弱位相または σ 弱位相を要請し, これらはトポスに内部化することは困難である. フォンノイマン環の構成的定義がある [66, 202] が, それらは強作用素位相に依存しており, これらもトポスに内部化することは困難である. さらに, 後者は従属選択公理にも依存している. これは, クリプキ・トポスにおいて成り立つが, ここではリカート C*環を考えることにする. この一般化によって失うことになるものは, 射影による束が完備ではなく可算完備でしかないということである. これはそれほど大きな心配の種ではない. なぜなら, A が分離可能ヒルベルト空間上の忠実な表現をもつならば, $\mathrm{Proj}(A)$ の可算完備性は完備性を含意するからである. さらに, リカート C*環は, 次の定理 5.4.11 が示すように, 簡単にボーア化できる.

命題 5.4.9 可換 C*環 A に対して, 次の (a)–(c) は互いに同値である.

(a) A はリカート C*環である.
(b) それぞれの $a \in A$ に対して, $a[a = 0] = 0$ であり, $ab = 0$ のときには $b = b[a = 0]$ となるような $[a = 0] \in \mathrm{Proj}(A)$ が(一意に)存在する.
(c) それぞれの $a \in A_{\mathrm{sa}}$ に対して, $[a > 0]a = a^+$ かつ $[a > 0][-a > 0] = 0$ となるような $[a > 0] \in \mathrm{Proj}(A)$ が(一意に)存在する.

証明 (a) と (b) の同値性については, [28, 命題 1.3.3] を参照のこと. (b) を仮定して, $[a > 0] = 1 - [a^+ = 0]$ と定義すると,

$$
\begin{aligned}
[a>0]a &= (1-[a^+=0])(a^+-a^-) \\
&= a^+ - a^- - a^+[a^+=0] + a^-[a^+=0] \\
&= a^+ \qquad (a^-a^+=0 \text{ より，} a^-[a^+=0]=a^- \text{ となるので})
\end{aligned}
$$

が得られる．同様にして，$a^-[a>0]=a^- - a^-[a^+=0]=0$ となるので，

$$
\begin{aligned}
[a>0][-a>0] &= [a>0](1-[(-a)^+=0]) \\
&= [a>0]-[a>0][a^-=0]=0 \qquad (a^-[a>0]=0 \text{ なので})
\end{aligned}
$$

となり，(c) が証明された．その逆は，$a\in A^+$ の場合だけ扱えば十分であることに注意する．一般の $a\in A$ を4個の正数に分解すると，4個の対応する射影の乗算によって $[a=0]$ が得られるからである．(c) を仮定して，$a\in A^+$ に対して $[a=0]=1-[a>0]$ と定義する．すると，$a[a=0]=(1-[a>0])=a^+-a[a>0]=0$ である．$b\in A$ に対して $ab=0$ ならば，

$$
\mathtt{D}_{b[a>0]}=\mathtt{D}_{b\wedge[a>0]}=\mathtt{D}_b\wedge\mathtt{D}_{[a>0]}=\mathtt{D}_b\wedge\mathtt{D}_a=\mathtt{D}_{ba}=\mathtt{D}_0
$$

となるので，5.2.12によって，$b[a<0]\preccurlyeq 0$ が得られる．すなわち，ある $n\in\mathbb{N}$ に対して $b[a<0]\le n\cdot 0=0$ である． □

5.4.10　命題5.3.3に並行して，$\mathcal{C}_{\mathrm{R}}(A)$ を A の可換リカートC*部分環 C すべてからなる族と定義する．そして，$\mathcal{T}_{\mathrm{R}}(A)=[\mathcal{C}_{\mathrm{R}}(A),\mathbf{Set}]$ とする．このとき，リカートC*環 A のボーア化 $\underline{A}$ は，定義5.3.6にあるように，$\underline{A}(C)=C$ によって定義される．

定理 5.4.11　A をリカートC*環とすると，$\underline{A}$ は $\mathcal{T}_{\mathrm{R}}(A)$ における可換リカートC*環である．

証明　定理5.3.8によって，$\underline{A}$ は $\mathcal{T}_{\mathrm{R}}(A)$ の中の可換C*環であることはすでに分かっている．命題5.4.9は，幾何学的論理式において，可換C*環がリカートC*環になるための性質を示している．したがって，補題5.2.14によって，すべての $C\in\mathcal{C}_{\mathrm{R}}(A)$ はリカートC*環であるので，$\underline{A}$ はリカートC*環である． □

それでは，リカートC*環のボーア化のゲルファント・スペクトルを外部記述する明示的な論理式に取り組もう．

補題 5.4.12 A を可換リカート C*環とし，$a, b \in A$ を自己随伴とする．$ab \geq a$ ならば，$a \preccurlyeq b$，すなわち，$\mathtt{D}_a \leq \mathtt{D}_b$ となる．

証明 $a \leq ab$ ならば，たしかに $a \preccurlyeq ab$ である．したがって，$\mathtt{D}_a \leq \mathtt{D}_{ab} = \mathtt{D}_a \wedge \mathtt{D}_b$ が得られる．言い換えると，$\mathtt{D}_a \leq \mathtt{D}_b$ であり，それゆえ，$a \preccurlyeq b$ である． □

定義 5.4.13 $x \leq y$ であるときに $f(x) \geq f(y)$ を満たす半順序集合に対する関数 f は反単調と呼ばれることを思い出そう．分配束 L 上の**擬補元**とは，反単調関数 $\neg\colon L \to L$ で，$x \wedge y = 0$ となるのは，$x \leq \neg y$ であるとき，そしてそのときに限るようなものである．定義 4.5.1 とも比較せよ．

命題 5.4.14 可換リカート C*環 A に対して，束 L_A は，$a \in A^+$ に対して $\neg\mathtt{D}_a = \mathtt{D}_{[a=0]}$ で決まる擬補元をもつ．

証明 一般性を失うことなく，$b \leq 1$ としてよい．このとき，

$$
\begin{aligned}
\mathtt{D}_a \wedge \mathtt{D}_b = 0 &\iff \mathtt{D}_{ab} = \mathtt{D}_0 \\
&\iff ab = 0 \\
&\iff b[a=0] = b && \text{（}\Rightarrow\text{は命題 5.4.9 によって）} \\
&\iff b \preccurlyeq [a=0] && \text{（}\Leftarrow\text{は } b \leq 1 \text{ なので．}\Rightarrow\text{は補題 5.4.12 によって）} \\
&\iff \mathtt{D}_b \leq \mathtt{D}_{[a=0]} = \neg\mathtt{D}_a
\end{aligned}
$$

が得られる．$\neg$ が反単調であることをみるために，$\mathtt{D}_a \leq \mathtt{D}_b$ と仮定する．このとき，$a \preccurlyeq b$ であり，ある $n \in \mathbb{N}$ に対して，$a \leq nb$ である．したがって，$[b=0]a \leq [b=0]bn = 0$ であり，$\neg\mathtt{D}_b \wedge \mathtt{D}_a = \mathtt{D}_{[b=0]a} = 0$ が得られ，それゆえ，$\neg\mathtt{D}_b \leq \neg\mathtt{D}_a$ となる． □

補題 5.4.15 A が可換リカート C*環ならば，束 L_A は，すべての $a \in A^+$ に対して $\mathtt{D}_a \leq \bigvee_{r \in \mathbb{Q}^+} \mathtt{D}_{[a-r>0]}$ を満たす．

証明 $[a>0]a = a^+ \geq a$ なので，補題 5.4.12 によって $a \preccurlyeq [a>0]$ であり，それゆえ，$\mathtt{D}_a \leq \mathtt{D}_{[a>0]}$ となる．また，$r \in \mathbb{Q}^+$ と $a \in A^+$ に対して，$1 \leq \frac{2}{r}((r-a) \vee a)$ となるので，

$$[a-r>0] \leq \frac{2}{r}((r-a)\vee a)[a-r>0] = \frac{2}{r}(a[a-r>0])$$

が得られる．すると，補題 5.4.12 から $\mathtt{D}_{[a-r>0]} \leq \mathtt{D}_{\frac{2}{r}a} = \mathtt{D}_a$ が得られる．結果として，すべての $r \in \mathbb{Q}^+$ に対して $\mathtt{D}_{[a-r>0]} \leq \mathtt{D}_a \leq \mathtt{D}_{[a>0]}$ となり，ここから補題の主張が導かれる． □

次の定理は，可換 C*環をリカート C*環に制限することによって，定理 5.2.21 を単純化したものである．この結果は，これまで知られていなかったが，**Set** の場合には簡単に証明できる．

定理 5.4.16　可換リカート C*環 A のゲルファント・スペクトル $\mathcal{O}(\Sigma(A))$ は，$\mathrm{Proj}(A)$ のイデアルのフレーム $\mathrm{Idl}(\mathrm{Proj}(A))$ と同型になる．したがって，L_A の代わりに $\mathrm{Proj}(A)$ を用いると，正則性条件はなくてもよい．さらに，$\mathcal{O}(\Sigma(A))$ は，L_A の開かつ閉な集合による部分束 $P_A = \{\mathtt{D}_a \in L_A \mid a \in A^+, \neg\neg\mathtt{D}_a = \mathtt{D}_a\}$ によって生成される．この部分束は，その構成法からブール束である．

証明　$p \in \mathrm{Proj}(A)$ に対して $\neg\mathtt{D}_p = \mathtt{D}_{1-p}$ なので，$\neg\neg\mathtt{D}_p = \mathtt{D}_p$ となる．逆に，$\neg\neg\mathtt{D}_a = \mathtt{D}_{[a>0]}$ なので，P_A のそれぞれの要素は，ある $p \in \mathrm{Proj}(A)$ に対して $\mathtt{D}_a = \mathtt{D}_p$ という形をしている．したがって，$P_A = \{\mathtt{D}_p \mid p \in \mathrm{Proj}(A)\} \cong \mathrm{Proj}(A)$ である．なぜなら，それぞれの射影 $p \in \mathrm{Proj}(A)$ は，L_A の同値類 $\mathtt{D}_p$ の一意な代表元として選ぶことができるからである．補題 5.4.15 によって，$\mathcal{O}(\Sigma(A))$ を生成する束として，L_A の代わりに $\mathrm{Proj}(A)$ を用いてよい．すると，$\mathcal{O}(\Sigma(A))$ は，定理 5.2.21 によって，$\mathrm{Proj}(A)$ の正則イデアルの族である．しかし，$\mathrm{Proj}(A) \cong P_A$ はブール束なので，そのすべてのイデアルは，それぞれの $p \in \mathrm{Proj}(A)$ に対して $\mathtt{D}_p \ll \mathtt{D}_p$ となり，正則である [130]．これで，$\mathcal{O}(\Sigma(A)) \cong \mathrm{Idl}(\mathrm{Proj}(A))$ が証明された． □

これで，定理 5.3.16 を単純化して，リカート C*環 A のボーア化のゲルファント・スペクトルの簡潔な外部記述を与えることができる．

定理 5.4.17　リカート C*環 A のボーア化状態空間 Σ_A は，

$$\mathcal{O}(\Sigma_A) \cong \{F\colon \mathcal{C}(A) \to \mathbf{Set} \mid F(C) \in \mathcal{O}(\Sigma(C)) \text{ かつ},$$

$$C \subseteq D \text{ならば} \Sigma(C \subseteq D)(F(C)) \subseteq F(D)\}$$

によって与えられる．Σ_A は，次の式で与えられる基底をもつ．

$$\mathcal{B}(\Sigma_A) = \{G \colon \mathcal{C}(A) \to \mathrm{Proj}(A) \mid G(C) \in \mathrm{Proj}(C) \text{であり，} \\ C \subseteq D \text{ならば} G(C) \leq G(D)\}$$

もっと正確にいえば，**Set** において 5.2.11 のゲルファント変換を用いると，$f(G)(C) = \mathrm{supp}(\widehat{G(C)})$ によって与えられる単射 $f \colon \mathcal{B}(\Sigma_A) \to \mathcal{O}(\Sigma_A)$ が存在する．それぞれの $F \in \mathcal{O}(\Sigma_A)$ は，$F = \bigvee\{f(G) \mid G \in \mathcal{B}(\Sigma_A), f(G) \leq F\}$ として表すことができる．

証明 定理 5.4.16（の証明）によって，$\mathcal{O}(\Sigma(A))$ を生成する束として，$\underline{L_A}(C)$ の代わりに $\mathrm{Proj}(C)$ を使うことができる．この言葉を用いて定理 5.3.16(b) を翻訳すると，$\mathcal{O}(\Sigma_A)$ は，それぞれの $C \in \mathcal{C}(A)$ において $\underline{U}(C) \in \mathrm{Idl}(\mathrm{Proj}(C))$ となるような，$\underline{L_A}$ の部分関手 $\underline{U}$ で構成される．定理 5.3.16 は，（$\underline{L_A}(C)$ の代わりに $\mathrm{Proj}(C)$ で定理 5.2.23 を解釈することによって）$\mathcal{T}(A)$ と同じように $\mathcal{T}_R(A)$ に対しても成り立つことに注意する．すると，フレーム同型 $\mathrm{Idl}(\mathrm{Proj}(C)) \cong \mathcal{O}(\Sigma(C))$ および定理で述べた外部記述が得られる． □

任意のフォンノイマン環 A に対して，射影 $\mathrm{Proj}(A)$ は直モジュラー束（定義 4.3.1 を参照のこと）を構成する [180]．例 5.2.6 から，任意のリカート C* 環 A に対する $\mathrm{Proj}(A)$ は可算完備直モジュラー束であることが導かれる．定理 5.4.17 の記述を用いると，最終的には，ボーア化状態空間 $\mathcal{O}(\Sigma_A)$ を伝統的な「量子論理」$\mathrm{Proj}(A)$ と比較することができる．そのために，直モジュラー束の別の特徴づけを思い出そう．

定義 5.4.18 （完備）**部分ブール代数**は，重なり合った場合には演算が一致するような（完備）ブール代数の族 $(B_i)_{i \in I}$ である．

- それぞれの B_i は同じ最小限 0 をもつ．
- $x \Rightarrow_i y$ となるのは，$x, y \in B_i \cap B_j$ ならば $x \Rightarrow_j y$ であるとき，そしてそのときに限る．
- $x \Rightarrow_i y$ かつ $y \Rightarrow_j z$ ならば，$x \Rightarrow_k z$ となる $k \in I$ が存在する．

- $x \in B_i \cap B_j$ の場合には，$\neg_i x = \neg_j x$ となる．
- $x, y \in B_i \cap B_j$ の場合には，$x \vee_i y = x \vee_j y$ となる．
- ある $x, y \in B_i$ に対して $y \Rightarrow_i \neg_i x$ であり，$x \Rightarrow_j z$ かつ $y \Rightarrow_k z$ ならば，ある $l \in I$ に対して $x, y, z \in B_l$ となる．

5.4.19　部分ブール代数は，融合 $\mathcal{A}(B) = \bigcup_{i \in I} B_i$ が直モジュラー束になるために，$\vee, \wedge, 0, 1, \perp$ という構造がうまく定義できることを要請している．その一例は，$x \in B_i \subseteq \mathcal{A}(B)$ に対する $x^\perp = \neg_i x$ である．逆に，任意の直モジュラー束 B は，I を $\mathcal{A}(B)$ のすべての直交部分集合の族とし，B_i は I によって生成される $\mathcal{A}(B)$ の部分束であるような，部分ブール代数である．ここで，部分集合 $E \subseteq \mathcal{A}(B)$ は，E の相異なる元の対 (x, y) が直交する，すなわち，$x \leq y^\perp$ であるならば，直交するという．生成された部分束 B_i は，それゆえ，自動的にブール代数になる．I の順序を包含関係とすると，$i \leq j$ のときに $B_i \subseteq B_j$ となる．したがって，直モジュラー束の圏と部分ブール代数の間には同型写像が存在する [63, 83, 136, 143].

5.4.20　定理 5.4.17 のハイティング代数 $\mathcal{B}(\Sigma_A)$ においても，AW*代数や，とくにフォンノイマン環の場合に同様の現象が生じる．（もちろん，$\mathcal{C}(A)$ は同じクラスの可換部分代数から構成されることを要請する．）実際には，$\mathcal{B}(\Sigma_A)$ をブール代数の融合と考えることができる．定義 5.4.18 のすべての B_i がブール代数であるように，定理 5.4.17 のすべての $\mathrm{Proj}(C)$ はブール代数である．すると，定義 5.4.18 の集合 I を半順序集合 $\mathcal{C}(A)$ で置き換えられ，G が単調になるという定理 5.4.17 の要請によって，部分ブール代数 $\mathcal{O}(\Sigma_A)$ はハイティング代数になる．実際には，この構成法は，次の定理が示すように，もっと一般的になる．（直モジュラー束がそれぞれブール束および分配束の層と書かれている [96] および [218] とも比較せよ．）

定理 5.4.21　$(I, \leq)$ を半順序集合とし，B_i を $i \leq j$ ならば $B_i \subseteq B_j$ となるような I で添字づけられた完備ブール代数の族とする．このとき，

$$\mathcal{B}(B) = \{f\colon I \to \bigcup_{i \in I} B_i \mid \forall_{i \in I}.f(i) \in B_i \text{かつ} f \text{は単調}\}$$

は，完備ハイティング代数であり，ハイティング含意は

$$(g \Rightarrow h)(i) = \bigvee\{x \in B_i \mid \forall_{j \geq i}.x \leq g(j) \Rightarrow h(j)\}$$

となる．

証明 点ごとに演算を定義すると，$\mathcal{B}(B)$ はフレームになる．たとえば，$(f \wedge g)(i) = f(i) \wedge_i g(i)$ によって定義される $f \wedge g$ も，i における値が B_i に属するように矛盾なく定義された単調関数である．したがって，定義 **5.1.2** にあるように，$\mathcal{B}(B)$ は，$(g \Rightarrow h) = \bigvee\{f \in \mathcal{B}(B) \mid f \wedge g \leq h\}$ によって完備ハイティング代数である．このとき，このハイティング含意を次のように書き直す．

$$\begin{aligned}(g \Rightarrow h)(i) &= \left(\bigvee\{f \in \mathcal{B}(B) \mid f \wedge g \leq h\}\right)(i) \\ &= \bigvee\{f(i) \mid f \in \mathcal{B}(B), f \wedge g \leq h\} \\ &= \bigvee\{f(i) \mid f \in \mathcal{B}(B), \forall_{j\in I}.f(j) \wedge g(j) \leq h(j)\} \\ &= \bigvee\{f(i) \mid f \in \mathcal{B}(B), \forall_{j\in I}.f(j) \leq g(j) \Rightarrow h(j)\} \\ &\overset{*}{=} \bigvee\{x \in B_i \mid \forall_{j\geq i}.x \leq g(j) \Rightarrow h(j)\}\end{aligned}$$

証明を完成させるために，*印の等式が成り立つことを示す．まず，$f \in \mathcal{B}(B)$ は，すべての $j \in I$ に対して $f(j) \leq g(j) \Rightarrow h(j)$ を満たすと仮定する．$x = f(i) \in B_i$ とすると，すべての $j \geq i$ に対して，$x = f(i) \leq f(j) \leq g(j) \Rightarrow h(j)$ となる．したがって，*印の等式の左辺は，右辺よりも小さいかまたは等しい．逆に，$x \in B_i$ は，すべての $j \geq i$ に対して $x \leq g(j) \Rightarrow h(j)$ を満たすと仮定する．$f\colon I \to \bigcup_{i\in I} B_i$ を，$j \geq i$ ならば $f(j) = x$，そうでなければ $f(j) = 0$ と定義する．すると，f は単調であり，すべての $i \in I$ に対して $f(i) \in B_i$ なので，$f \in \mathcal{B}(B)$ である．さらに，すべての $j \in I$ に対して $f(j) \leq g(j) \Rightarrow h(j)$ となる．$f(i) \leq x$ なので，*印の等式の右辺は，左辺よりも小さいかまたは等しい．□

命題 5.4.22 $(I, \leq)$ を半順序集合とする．$(B_i)_{i\in I}$ を完備部分ブール代数とし，$i \leq j$ に対して $B_i \subseteq B_j$ であると仮定する．このとき，単射 $D\colon \mathcal{A}(B) \to \mathcal{B}(B)$ が存在する．この単射は，順序を反映する．すなわち，$\mathcal{B}(B)$ において $D(x) \leq D(y)$ ならば，$\mathcal{A}(B)$ において $x \leq y$ となる．

証明　$x \in B_i$ ならば $D(x)(i) = x$ と定義し，$x \notin B_i$ ならば $D(x)(i) = 0$ と定義する．$D(x) = D(y)$ を仮定すると，すべての $i \in I$ に対して，$x \in B_i$ となるのは，$y \in B_i$ であるとき，そしてそのときに限る．$x \in \mathcal{A}(B) = \bigcup_{i \in I} B_i$ なので，$x \in B_i$ となる $i \in I$ が存在する．この特定の i に対して，$x = D(x)(i) = D(y)(i) = y$ が得られる．したがって，D は単射である．$x, y \in \mathcal{A}(B)$ に対して $D(x) \leq D(y)$ ならば，$x \in B_i$ となるように $i \in I$ を選ぶ．$x = 0$ でなければ，$x = D(x)(i) \leq D(y)(i) = y$ となる．□

5.4.23　命題5.4.22の状況において，ハイティング代数 $\mathcal{B}(B)$ は，ハイティング含意を伴うが，直モジュラー束 $\mathcal{A}(B)$ は佐々木アローを伴う．4.4.15から，佐々木アローが随伴 $x \leq y \Rightarrow_{\mathrm{S}} z$ を満たすのは，y と z が両立する場合のみ $x \wedge y \leq z$ であるとき，そしてそのときに限ることを思い出そう．これは，y と z がブール部分代数を生成するとき，そしてそのときに限る．すなわち，ある $i \in I$ に対して $y, z \in B_i$ であるとき，そしてそのときに限る．この場合，佐々木アロー $\Rightarrow_{\mathrm{S}}$ は，B_i の含意 $\Rightarrow$ と一致する．したがって，

$$
\begin{aligned}
(D(x) \Rightarrow D(y))(i) &= \bigvee \{z \in B_i \mid \forall_{j \geq i}.z \leq D(x)(j) \Rightarrow D(y)(j)\} \\
&= \bigvee \{z \in B_i \mid z \leq x \Rightarrow y\} \\
&= (x \Rightarrow_{\mathrm{S}} y)
\end{aligned}
$$

が得られる．とくに，$i \in I$ に対して，$B_i \times B_i$ 上で $\Rightarrow$ と $\Rightarrow_{\mathrm{S}}$ は一致することが分かる．さらに，これは佐々木アローが（ハイティング）含意に対して定義された随伴を満たす場合にほかならない．

しかしながら，カノニカルな単射 D は，佐々木アローを一般的な含意に移す必要はない．

$$
D(x \Rightarrow_{\mathrm{S}} y)(i) = \begin{cases} x^{\perp} \vee (x \wedge y) & (x \Rightarrow_{\mathrm{S}} y \in B_i \text{の場合}) \\ 0 & (\text{それ以外の場合}) \end{cases}
$$

$$
(D(x) \Rightarrow D(y))(i) = \bigvee \left\{ z \in B_i \mid \forall_{j \geq i}.z \leq \begin{bmatrix} 1 & (x \notin B_j \text{の場合}) \\ x^{\perp} & (x \in B_j, y \notin B_j \text{の場合}) \\ x^{\perp} \vee y & (x, y \in B_j \text{の場合}) \end{bmatrix} \right\}
$$

なので，任意の $j \geq i$ に対して $x \notin B_j$ ならば，$D(x \Rightarrow_{\mathrm{S}} y)(i) = 0 \neq 1 =$

$(D(x) \Rightarrow D(y))(i)$ となる．

5.4.24 この節を終えるにあたって，いわゆる**ブルンズ–ラクサー完備化**を考える [36, 48, 205]．完備束のブルンズ–ラクサー完備化は，元の束を含む結び稠密な完備ハイティング代数である．この包含写像は，元からある分配的結びを保つという点で普遍的である．具体的には，束 L のブルンズ–ラクサー完備化は，その**分配的イデアル**の族 $\mathrm{DIdl}(L)$ である．イデアル M は，($\bigvee M$ が存在して) すべての $x \in L$ に対して $(\bigvee M) \wedge x = \bigvee_{m \in M}(m \wedge x)$ となるならば，**分配的**と呼ばれる．ここで，次のハッセ図式をもつ直モジュラー束 X を考える．

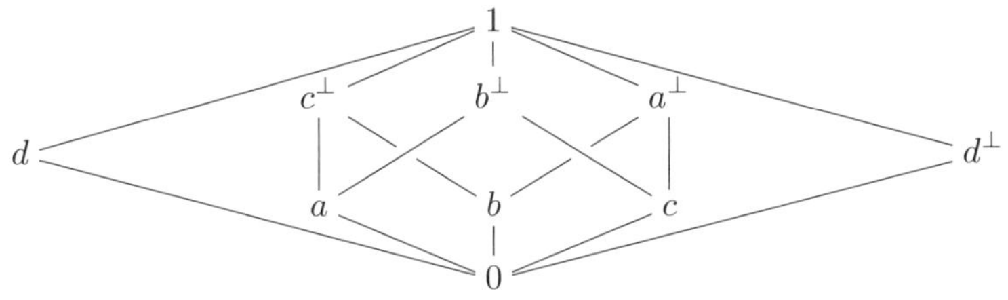

この図式にはちょうど 5 個のブール代数が含まれる．具体的には，$B_0 = \{0, 1\}$ と，$i \in \{a, b, c, d\}$ に対する $B_i = \{0, 1, i, i^\perp\}$ である．すると，$i < j$ となるのは，$i = 0$ であるとき，そしてそのときに限るように順序づけた $I = \{0, a, b, c, d\}$ を使って，$X = \mathcal{A}(B)$ が得られる．$\mathcal{B}(B)$ における単調性の要請は，$\forall_{i \in \{a,b,c,d\}}. f(0) \leq f(i)$ になる．$f(0) = 0 \in B_0$ ならば，この要請は無意味である．しかし，$f(0) = 1 \in B_0$ ならば，$f(i)$ は決まってしまう．したがって，$\mathcal{B}(B) \cong (B_1 \times B_2 \times B_3 \times B_4) + 1$ には 17 個の要素がある．

一方，$\mathcal{A}(B)$ の分配的イデアルは

$$\mathrm{DIdl}(X) = \left\{ \Big(\bigcup_{x \in A} \downarrow x \Big) \cup \Big(\bigcup_{y \in B} \downarrow y \Big) \;\middle|\; A \subseteq \{a, b, c, d, d^\perp\}, B \subseteq \{a^\perp, b^\perp, c^\perp\} \right\}$$
$$- \{\emptyset\} + \{X\}$$

で与えられる．この集合には，72 個の要素がある．すなわち，$\mathcal{A}(B)$ において分配的結びになる $\mathcal{A}(B)$ の要素はそれほど多くなく，ブルンズ–ラクサー完備化は，すべての分配的結びを獲得するために多くの要素をどんどん追加しなければならない．実際，[205] の記法を使うと

$$\mathcal{J}_{\rm dis}(x) = \{S \subseteq {\downarrow}x \mid x \in S\}$$

すなわち，被覆関係は自明なもので，$\mathrm{DIdl}(X)$ は半順序集合 X 上のアレクサンドロフ位相である．命題 5.4.22 のカノニカルな単射 D は，順序を保つ必要はない．したがって，ブルンズ–ラクサー完備化が解となるような普遍性の条件を満たさない．それゆえ，定理 5.4.21 の構成法が直モジュラー束 $\mathcal{A}(B)$ の構造をさらに使って，ブルンズ–ラクサー完備化よりも小さなハイティング代数を構成すると結論づけても問題はない．

5.5　状態と観測量

この最後の節では，外部的C*環 A とそのボーア化 $\underline{A}$ の関係を考える．たとえば，A に関する作用素代数的な意味での状態から，$\mathcal{T}(A)$ 内での $\underline{A}_{\rm sa}$ に関する確率積分がどのように生じるかを論じる．後者は，「ボーア化された」状態空間という名前の由来であるように，$\mathcal{O}(\underline{\Sigma}(\underline{A}))$ に関する確率測度を適切に当てはめたものに対応する．また，いわゆる**現存在化**がどのように観測量 $a \in A_{\rm sa}$ についての外部的命題をボーア化した状態空間の部分対象に翻訳されるかも考える．

定義 5.5.1　C*環 A 上の線形汎関数 $\rho\colon A \to \mathbb{C}$ は，$\rho(A^+) \subseteq \mathbb{R}^+$ となるならば，**正線形汎関数**と呼ばれる．また，ρ が正線形汎関数であり，$\rho(1) = 1$ を満たすときには，**状態**と呼ばれる．状態 ρ は，ある $t \in (0,1)$ とある ρ', ρ'' に対して $\rho = t\rho' + (1-t)\rho''$ であることが $\rho' = \rho''$ を含意するならば，**純粋**状態といい，そうでなければ，**混合**状態という．状態は，すべての $a \in A^+$ に対して，$\rho(a) = 0$ のときに $a = 0$ となるならば，**忠実**と呼ばれる．

状態は，$\rho(a^*)$ が $\rho(a)$ の複素共役であるという意味で，自動的にエルミート作用素になる．これは，$a \in A_{\rm sa}$ に対して，$\rho(a) \in \mathbb{R}$ となることと同値である．

例 5.5.2　あるヒルベルト空間 X に対して $A = \mathbf{Hilb}(X,X)$ ならば，それぞれの単位ベクトル $x \in X$ は，$\rho_x(a) = \langle x \,|\, a(x) \rangle$ によって A の純粋状態を定義する．正規混合状態 ρ は，$0 \le r_i \le 1$ かつ $\sum_i r_i = 1$ を満たす数の可算列 (r_i) を，$x_i \in X$ の族 (x_i) と組み合わせて $\rho(a) = \sum_i r_i \rho_{x_i}(a)$ とすることで作られる．

この状態は，(x_i) が X の正規直交基底を含み，それぞれの r_i が正ならば，忠実である．

ボーアの古典的概念の教義を真面目に受けとると，二つの作用素は，それらが可換であるときのみ，意味のあるやり方で追加できるということになり，次のような考えにつながる [1, 37, 38, 165].

定義 5.5.3　C*環 A 上の**擬線形**汎関数とは，写像 $\rho\colon A \to \mathbb{C}$ で，すべての可換部分環上で線形であり，すべての（非可換かもしれない）$a, b \in A_{\mathrm{sa}}$ に対して $\rho(a+ib) = \rho(a) + i\rho(b)$ を満たすもののことである．擬線形汎関数は，$\rho(A^+) \subseteq A^+$ であれば，**正擬線形汎関数**と呼ばれ，さらに $\rho(1) = 1$ であれば，**擬状態**と呼ばれる．

この種の擬線形性は，次の補題が示すように，A のある性質 P がそのボーア化 $\underline{A}$ の対応する性質 $\underline{P}$ に伝わるかどうかを決める．もっと正確にいえば，$P \subseteq A$ に対して，$\underline{P} \in \mathrm{Sub}(\underline{A})$ を $\underline{P}(C) = P \cap C$ と定義する．性質 $P \subseteq A$ は，$a, b \in P \cap A_{\mathrm{sa}}$ ならば，すべての $r, s \in \mathbb{R}$ に対して $ra + isb \in P$ となるとき，**擬線形**と呼ばれる．

補題 5.5.4　A を C*環とし，$P \subseteq A$ を擬線形な性質とする．このとき，$P = A$ となるのは，$\underline{P} = \underline{A}$ であるとき，そしてそのときに限る．

証明　$P = A$ ならば $\underline{P} = \underline{A}$ となるのは自明である．その逆を示すために，$\underline{P} = \underline{A}$ と仮定する．$a \in A$ に対して，a（と 1）によって生成される C*部分環を $C^*(a)$ と表記する．a が自己随伴ならば，$C^*(a)$ は可換である．したがって，$A_{\mathrm{sa}} \subseteq P$ であり，P の擬線形性と，要素は実部と虚部に一意に分解できることから，$A \subseteq P$ が得られる．□

定義 5.5.5　リース空間 R 上の**積分**とは，正の線形汎関数 $I\colon R \to \mathbb{R}$，すなわち，$f \geq 0$ ならば $I(f) \geq 0$ となるものである．R が強単位元 1（定義 5.2.15 を参照のこと）をもつならば，$I(1) = 1$ を満たす積分 I は，**確率積分**と呼ばれる．積分 I は，$I(f) = 0$ かつ $f \geq 0$ ならば $f = 0$ となるとき，**忠実**である．

例 5.5.6　$I(1)=0$ と退化する場合を除いて，あきらかに，任意の積分は確率積分に正規化することができる．積分の典型例として，順序づけられたベクトル空間 $C([0,1],\mathbb{C})$ 上のリーマン積分やルベーグ積分がある．さらに一般的には，可換C*環上の任意の正線形汎関数は，状態が確率積分を作り出す例になっている．

定義 5.5.7　R をリース空間とする．ここで，R 上の確率積分のロケール $\mathcal{I}(R)$ を定義する．まず，$\mathrm{Int}(R)$ を，$f\in R$ に対して記号 $\mathtt{P}_f$ によって自由生成され，次の関係を満たす分配束とする．

$$
\begin{aligned}
\mathtt{P}_1 &= 1 \\
\mathtt{P}_f \wedge \mathtt{P}_{-f} &= 0 \\
\mathtt{P}_{f+g} &\leq \mathtt{P}_f \vee \mathtt{P}_g \\
\mathtt{P}_f &= 0 && (f\leq 0\text{の場合})
\end{aligned}
$$

この束は，さらに次の正則性条件を課すことによって，フレーム $\mathcal{O}(\mathcal{I}(R))$ を生成する．

$$\mathtt{P}_f = \bigvee\{\mathtt{P}_{f-q}\mid q\in\mathbb{Q}, q>0\}$$

5.5.8　古典的には，$\mathcal{I}(R)$ の点 p は，$p_I(\mathtt{P}_f)=1$ となるのは $I(f)>0$ であるとき，そしてそのときに限るように I から点 p_I への写像を定めることによって，R の確率積分 I に対応する．逆に，点 p は積分 $I_p=(\{q\in\mathbb{Q}\mid p\models\mathtt{P}_{f-q}\},\{r\in\mathbb{Q}\mid p\models\mathtt{P}_{r-f}\})$ を定義する．この積分は，例 5.1.29 にあるように，$\mathtt{P}_{(\_)}$ に課した関係によるデデキント切断である．それゆえ，直感的には，$\mathtt{P}_f=\{\rho\colon R\to\mathbb{R}\mid\rho(f)>0,\ \rho\text{は正線形汎関数}\}$ である．

古典的には，局所コンパクト・ハウスドルフ空間 X に対して，リース–マルコフ定理は，リース空間 $\{f\in C(X,\mathbb{R})\mid\mathrm{supp}(f)\text{はコンパクト}\}$ 上の積分と X のボレル部分集合上の正則測度の間の双対性を与える．構成的には，測度の代わりに，X の開部分集合にだけ定義される，いわゆる付値を用いる．次の定理 5.5.13 は，リース–マルコフ定理を構成的に変更したものである．その準備として，一種の構成的な測度を考える．

5.5.9 古典的には，例 5.1.29 のロケール $\mathbb{R}$ の点は，デデキント切断 (L, U) である．（そして，$\mathcal{O}(\mathbb{R})$ は通常のユークリッド位相である．）ここで，ロケール $\mathbb{R}$ の 2 種類の変形を導入する．まず，次の関係式に従う形式的記号 $q \in \mathbb{Q}$ によって生成されるロケール $\mathbb{R}_l$ を考える．

$$q \wedge r = \min(q, r), \qquad q = \bigvee\{r \mid r > q\}, \qquad 1 = \bigvee\{q \mid q \in \mathbb{Q}\}$$

古典的には，このロケールの点は**下方実数**であり，$\mathbb{R}_l$ へのロケールの射は実数値下半連続関数に対応する．生成元を $0 \leq q \leq 1$ に制限すると，$[0,1]_l$ と表記されるロケールが得られる．

5.5.10 つぎに，$\mathbb{IR}$ を，例 5.1.29 と同じ生成元 (q, r) と関係によって定義されるが，$q \leq q_1 \leq r_1 \leq r$ に対する $(q, r) = (q, r_1) \vee (q_1, r)$ という 4 番目の関係だけは除いたロケールとする．こうすると，古典的には，$\mathbb{IR}$ の点は例 5.1.29 と同じく対 (L, U) に対応するが，もはや「重なり合う」ことは要請されないので，下方実数 L と上方実数 U を組み合わせてもデデキント切断になるとは限らない．古典的には，$\mathbb{IR}$ の点 (L, U) は，（単元集合 $[x, x] = \{x\}$ を含めた）コンパクト区間 $[\sup(L), \inf(U)]$ に対応する．逆包含関係によって順序づけると，これらが持ち込む位相は，有向結びの下で閉じた下方集合を閉集合とする**スコット位相**である [3]．したがって，$\mathbb{R}$ のそれぞれの開区間 (q, r)（$q = -\infty$ および $r = \infty$ を許す）は，$\mathbb{IR}$ のスコット開区間 $\{[a, b] \mid q < a \leq b < r\}$ に対応し，これらがスコット位相の基底になる．それゆえ，$\mathbb{IR}$ は，**区間領域**と呼ばれる [172, 194]．それぞれの区間を，調べている実数についての有限的な情報と解釈すると，有理区間による実数の近似と考えることもできる．このとき，逆包含関係による順序は，区間が小さいほど，調べている実数についてより多くの情報を提供しているということができる．

最小元をもつ半順序集合 P 上のクリプキ・トポス $[P, \mathbf{Set}]$ においては，$\mathcal{O}(\underline{\mathbb{IR}})(p) = \mathcal{O}((\uparrow p) \times \mathbb{IR})$ である．これを $\uparrow p$ から $\mathcal{O}(\mathbb{IR})$ への単調関数の集合と同一視してもよい．これは，[164, 定理 VI.8.2] の証明を注意深く当てはめることで導かれる．

定義 5.5.11 ロケール X 上の**連続確率付値**とは，単調関数 $\mu \colon \mathcal{O}(X) \to \mathcal{O}([0,1]_l)$

で，$\mu(1)=1$ および $\mu(U)+\mu(V)=\mu(U\wedge V)+\mu(U\vee V)$ が成り立ち，有向族 (U_i) に対して $\mu(\bigvee_i U_i)=\bigvee_i \mu(U_i)$ となるようなものである．積分と同じように，連続確率付値は，ロケール $\mathcal{V}(X)$ の中で組織化されている．

例 5.5.12　X がコンパクト・ハウスドルフ空間ならば，$\mathcal{O}(X)$ 上の連続確率付値は，X 上の正則確率測度と同じものである．

定理 5.5.13　[59] R を f 環とし，Σ をそのスペクトルとする．このとき，ロケール $\mathcal{I}(R)$ と $\mathcal{V}(\Sigma)$ は同型になる．連続確率付値 μ は，次の式により確率積分を与える．

$$I_\mu(f)=(\sup_{(s_i)}\sum s_i\mu(\mathtt{D}_{f-s_i}\wedge\mathtt{D}_{s_{i+1}-f}),\inf_{(s_i)}\sum s_{i+1}(1-\mu(\mathtt{D}_{s_i-f})-\mu(\mathtt{D}_{f-s_{i+1}})))$$

ただし，(s_i) は，$a\leq f\leq b$ であるような $[a,b]$ の分割である．逆に，確率積分 I は，次の連続確率付値を与える．

$$\mu_I(\mathtt{D}_a)=\sup\{I(na^+\wedge 1)\mid n\in\mathbb{N}\}$$ □

系 5.5.14　C*環 A に対して，$\underline{A}_{\mathrm{sa}}$ 上の確率積分のトポス $\mathcal{T}(A)$ におけるロケール $\mathcal{I}(\underline{A})$ は，$\underline{\Sigma}(\underline{A})$ 上の連続確率付値のトポス $\mathcal{T}(A)$ におけるロケール $\mathcal{V}(\underline{\Sigma}(\underline{A}))$ と同型になる．

証明　構成的に証明されている定理 5.5.13 を $\mathcal{T}(A)$ において解釈する．　□

定理 5.5.15　C*環 A 上の（忠実な）擬状態と $\underline{A}_{\mathrm{sa}}$ 上の（忠実な）確率積分の間には 1 対 1 対応がある．

証明　すべての擬状態 ρ は，自然変換 $I_\rho\colon\underline{A}_{\mathrm{sa}}\to\underline{\mathbb{R}}$ でそのコンポーネント $(I_\rho)_C\colon C_{\mathrm{sa}}\to\mathbb{R}$ が ρ の $C_{\mathrm{sa}}\subseteq A_{\mathrm{sa}}$ への制限 $\rho_{|C_{\mathrm{sa}}}$ であるようなものを与える．逆に，$I\colon\underline{A}_{\mathrm{sa}}\to\underline{\mathbb{R}}$ を積分とする．$\rho\colon A_{\mathrm{sa}}\to\mathbb{R}$ を $\rho(a)=I_{C^*(a)}(a)$ によって定義する．ただし，$C^*(a)$ は，a によって生成される C*部分環である．このとき，可換な $a,b\in A_{\mathrm{sa}}$ に対して

$$\rho(a+b)=I_{C^*(a+b)}(a+b)$$

$$
\begin{aligned}
&= I_{C^*(a,b)}(a+b) \\
&= I_{C^*(a,b)}(a) + I_{C^*(a,b)}(b) \\
&= I_{C^*(a)}(a) + I_{C^*(b)}(b) \\
&= \rho(a) + \rho(b)
\end{aligned}
$$

となる．なぜなら，I は自然変換 $C^*(a) \cup C^*(b) \subseteq C^*(a,b) \supseteq C^*(a+b)$ であり，I は局所線形だからである．さらに，ρ は正擬線形汎関数である．なぜなら，I は，補題 5.5.4 によって，局所的に正だからである．したがって，A_{sa} 上で ρ は定義され，それを複素線形性によって A にまで拡張できる．あきらかに，二つの写像 $I \mapsto \rho$ と $\rho \mapsto I$ が互いに逆写像になる． □

5.5.16 ρ を，C*環 A 上の（擬）状態とする．このとき，μ_ρ は，$\mathcal{O}(\underline{\Sigma}(\underline{A}))$ 上の連続確率付値である．すると，$\mu_\rho(\_) = 1$ は，$\mathcal{O}(\underline{\Sigma}(\underline{A}))$ 型の自由変数を一つもつ $\mathcal{T}(A)$ の内部言語の項である．その解釈 $[\![\mu_\rho(\_) = 1]\!]$ は，$\mathcal{O}(\underline{\Sigma}(\underline{A}))$ の部分対象を定義する．あるいは，それと同値であるが，射 $[\rho]\colon \mathcal{O}(\underline{\Sigma}(\underline{A})) \to \underline{\Omega}$ を定義する．これが，第 1 章で記述した状態の古典的記述を量子的状況に移す．

リカート C*環については，定理 5.5.15 をもう少し厳密にすることができる．

定義 5.5.17 (a) 可算完備直モジュラー束 X 上の**確率測度**とは，関数 $\mu\colon X \to [0,1]_l$ で，X の任意の可算完備ブール部分束上で（一般的な意味で）確率測度に制限するようなものである．

(b) 直モジュラー束 X 上の**確率付値**とは，関数 $\mu\colon X \to [0,1]_l$ で，$\mu(0) = 0$, $\mu(1) = 1$, $\mu(x) + \mu(y) = \mu(x \wedge y) + \mu(x \vee y)$ となり，$x \leq y$ ならば $\mu(x) \leq \mu(y)$ となるようなものである．

補題 5.5.18 μ をブール代数 X 上の確率付値とする．このとき，任意の $x \in X$ に対して，$\mu(x)$ はデデキント切断である．

証明 X はブール代数であるから，$\mu(\neg x) = 1 - \mu(x)$ である．$q, r \in \mathbb{Q}$ とし，$q < r$ と仮定する．このとき，$q < \mu(x)$ か，または $\mu(x) \leq r$ を証明しなければならない．これらは有理数についての不等式であるから，$q < \mu(x)$ または $1 - r < 1 - \mu(x) = \mu(\neg x)$ を証明すれば十分である．これは，$1 - (r - q) <$

$1 = \mu(1) = \mu(x \vee \neg x)$ および $q - r < 0 = \mu(0) = \mu(x \wedge \neg x)$ から導かれる. □

次の定理は，定義 5.5.11 と定義 5.5.17 を結びつける．定義 5.5.11 を，リカート C*環 A のボーア化のゲルファント・スペクトル $\underline{\Sigma}(\underline{A})$ に適用する．定義 5.5.17 の (a) は，リカート C*環 A に対する **Set** の $\mathrm{Proj}(A)$ に適用し，(b) は $\mathcal{T}(A)$ において定理 5.4.16 の束 $\underline{P_A}$ に適用する．

定理 5.5.19　リカート C*環 A に対して，次の (a)–(d) の間に 1 対 1 対応がある．

(a)　A 上の擬状態
(b)　$\mathrm{Proj}(A)$ 上の確率測度
(c)　$\underline{P_A}$ 上の確率付値
(d)　$\underline{\Sigma}(\underline{A})$ 上の連続確率付値

証明　(a) と (d) の対応は定理 5.5.15 である．(c) と (d) の対応は，定理 5.4.16 と，コンパクト正則フレーム上の付値はそれを生成する束の振る舞いによって決定されるという考察 [59, 3.3 節] から導かれる．実際には，フレーム $\mathcal{O}(X)$ が L によって生成されるならば，L 上の確率測度 μ から，$\nu(U) = \sup\{\mu(u) \mid u \in U\}$ によって $\mathcal{O}(X)$ 上の連続確率付値 ν が得られる．ただし，$U \subseteq L$ は $\mathcal{O}(X)$ の要素とみなす．最後に，(b) と (c) の対応を調べる．（$\underline{\mathbb{R}_l}$ とは対照的に）$\mathcal{T}(A)$ における $\underline{\mathbb{R}}$ は，定数関手 $C \mapsto \mathbb{R}$ なので，補題 5.5.18 に従うと，確率付値 $\mu\colon \underline{\mathrm{Idl}}(\underline{\mathrm{Proj}}(\underline{A})) \to \underline{[0,1]_l}$ は，そのコンポーネント $\mu_C\colon \mathrm{Proj}(C) \to [0,1]$ によって定義される．自然性によって，$p \in \mathrm{Proj}(C)$ に対して，実数 $\mu_C(p)$ は C とは独立である．このことから，すぐに (b) と (c) の対応が得られる． □

5.5.20　ここで，観測量 $a \in A_{\mathrm{sa}}$ と $q < r$ であるような有理数 $q, r \in \mathbb{Q}$ に関する基本命題 $a \in (q, r)$ を内部化することを考える．A が可換ならば，a はゲルファント変換 $\hat{a}\colon \Sigma(A) \to \mathbb{R}$ をもつので，直接 $\hat{a}^{-1}(q, r) \subseteq \Sigma(A)$ を内部化することができる．非可換な A に対しては，a を含まない文脈 $C \in \mathcal{C}(A)$ が存在しうるので，最善のことは近似である．ここでの方針は，実数 $\mathbb{R}$ を 5.5.10 の区間領域 $\mathbb{IR}$ で置き換えるというものだ．$a \in A_{\mathrm{sa}}$ の**現存在化**と呼ばれるロケールの射 $\underline{\delta}(a)\colon \underline{\Sigma}(\underline{A}) \to \underline{\mathbb{IR}}$ を構成する．この用語は [75] に由来するが，この射はその論

文での実装とはかなり異なるものである．このとき，基本命題 $a \in (q,r)$ は，次の合成射として内部化される．

$$\underline{1} \xrightarrow{\underline{(q,r)}} \mathcal{O}(\underline{\mathbb{IR}}) \xrightarrow{\underline{\delta}(a)^{-1}} \mathcal{O}(\underline{\Sigma}(\underline{A}))$$

ただし，$\underline{(q,r)}$ は，定数 $\Downarrow(q,r)$ を値とする単調関数に写像する．（5.5.10 にあるように，(q,r) は生成半束の要素とみることもできる．一方，$\Downarrow(q,r)$ は，命題 5.1.11 のカノニカルな包含写像によるフレーム $\mathcal{O}(\mathbb{IR})$ の中の (q,r) の像である．）

5.5.21　5.5.10 の区間領域 $\mathcal{O}(\mathbb{IR})$ は，定義 5.1.10 にあるように，$\mathcal{F}(\mathbb{Q}\times_{<}\mathbb{Q}, \blacktriangleleft)$ として構成することもできる [172]．適切な結び半束 $\mathbb{Q}\times_{<}\mathbb{Q}$ は，$q<r$ であるような対 $(q,r) \in \mathbb{Q}\times\mathbb{Q}$ で構成され，最小元 0 を加えることによって包含関係によって順序づけられる．（すなわち，$(q,r) \le (q',r')$ となるのは，$q' \le q$ かつ $r \le r'$ であるとき，そしてそのときに限る．）被覆関係 $\blacktriangleleft$ は，すべての U に対する $0 \blacktriangleleft U$ によって定義され，$(q,r) \blacktriangleleft U$ となるのは，$q < q' < r' < r$ であるようなすべての有理数 q', r' に対して $(q',r') \le (q'',r'')$ となる $(q'',r'') \in U$ が存在するとき，そしてそのときに限る．とくに，$\mathcal{O}(\mathbb{IR})$ を $\mathbb{Q}\times_{<}\mathbb{Q}$ の部分対象とみなしてもよい．5.3.13 と同じように，

$$\mathcal{O}(\underline{\mathbb{IR}})(\mathbb{C}) \cong \{\underline{F} \in \mathrm{Sub}(\underline{\mathbb{Q}\times_{<}\mathbb{Q}}) \mid \forall_{C\in\mathcal{C}(A)}.\underline{F}(C) \in \mathcal{O}(\mathbb{IR})\}$$

である．

補題 5.5.22　C*環 A と固定した要素 $a \in A_{\mathrm{sa}}$ に対して，次の式で与えられるコンポーネント $\underline{d}(a)_C \colon \mathbb{Q}\times_{<}\mathbb{Q} \to \mathrm{Sub}(\underline{L}_{\underline{A}|\uparrow C})$ は，5.3.13 を介して，$\mathcal{T}(A)$ の射 $\underline{d}(a)^* \colon \underline{\mathbb{Q}\times_{<}\mathbb{Q}} \to \underline{\Omega}^{\underline{L}_{\underline{A}}}$ を構成する．

$$\underline{d}(a)^*_C(q,r)(D) = \{\mathtt{D}_{f-q} \wedge \mathtt{D}_{r-g} \mid f,g \in D_{\mathrm{sa}}, f \le a \le g\}$$
$$\underline{d}(a)^*_C(0)(D) = \{\mathtt{D}_0\}$$

この射は，定義 5.1.12 の意味で，連続写像 $(\underline{L}_{\underline{A}}, \underline{\lhd}) \to (\underline{\mathbb{Q}\times_{<}\mathbb{Q}}, \underline{\blacktriangleleft})$ である．

任意の $C \in \mathcal{C}(A)$ に対して $\underline{\mathbb{Q}\times_{<}\mathbb{Q}}(C) = \mathbb{Q}\times_{<}\mathbb{Q}$ なので，自然変換 $\underline{d}(a)$ は，$\mathbb{C} \in \mathcal{C}(A)$ におけるコンポーネントによって完全に決まることに注意せよ．

証明　補題で定義された写像が定義 5.1.12 の条件を満たすことを確かめる．

(a) $\Vdash \forall_{\mathtt{D}_a \in \underline{L_A}} \exists_{(q,r) \in \underline{\mathbb{Q} \times_< \mathbb{Q}}} . \mathtt{D}_a \in \underline{d}(a)^*(q,r)$ を示さなければならない．5.1.20 を介して解釈することによって，すべての $C \in \mathcal{C}(A)$ と $\mathtt{D}_c \in L_C$ に対して $f \leq a \leq g$ かつ $\mathtt{D}_c = \mathtt{D}_{f-q} \wedge \mathtt{D}_{r-g}$ となる $(q,r) \in \mathbb{Q} \times_< \mathbb{Q}$ および $f, g \in C_{\mathrm{sa}}$ が存在することを証明しなければならない．あるいは，これと同値な，$f + q \leq a \leq r + g$ かつ $\mathtt{D}_c = \mathtt{D}_f \wedge \mathtt{D}_{-g}$ となる $(q,r) \in \mathbb{Q} \times_< \mathbb{Q}$ と $f, g \in C_{\mathrm{sa}}$ を見つけなければならない．$f = c, g = -c, q = -\|c\| - \|a\|$, $r = \|c\| + \|a\|$ とするとこの条件を満たす．なぜなら，$\mathtt{D}_c = \mathtt{D}_c \wedge \mathtt{D}_c$ であり，

$$f + q = c - \|c\| - \|a\| \leq -\|a\| \leq a \leq \|a\| \leq \|c\| + \|a\| - c = r + g$$

となるからである．

(b) 次の式が成り立つことを示さなければならない．

$$\Vdash \forall_{(q,r),(q',r') \in \underline{\mathbb{Q} \times_< \mathbb{Q}}} \forall_{u,v \in \underline{L_A}} . u \in \underline{d}(a)^*(q,r) \wedge v \in \underline{d}(a)^*(q',r') \\ \Rightarrow u \wedge v \lhd \underline{d}(a)^*((q,r) \wedge (q',r'))$$

5.1.20 に従えば，すべての $(q,r), (q',r') \in \mathbb{Q} \times_< \mathbb{Q}$, $C \subseteq D \in \mathcal{C}(A)$ と $f, f', g, g' \in C_{\mathrm{sa}}$ に対して，$(q'', r'') = (q,r) \wedge (q',r') \neq 0$, $f \leq a \leq g$ かつ $f' \leq a \leq g'$ ならば，

$$\mathtt{D}_{f-q} \wedge \mathtt{D}_{r-g} \wedge \mathtt{D}_{f'-q'} \wedge \mathtt{D}_{r'-g'} \\ \lhd \{\mathtt{D}_{f''-q''} \wedge \mathtt{D}_{r''-g''} \mid f'', g'' \in D_{\mathrm{sa}}, f'' \leq a \leq g''\}$$

を証明しなければならないことを意味する．起こりうる (q'', r'') で場合分けする．（この場合分けは，有理数についてのものなので，構成的に妥当である．）たとえば，$(q'', r'') = (q, r')$ ならば，$q \leq q' \leq r \leq r'$ である．すると，$f'' = f$, $g'' = g'$, $q'' = q$, $r'' = r'$ に対して $\mathtt{D}_{f-q} \wedge \mathtt{D}_{r'-g'} = \mathtt{D}_{f''-q''} \wedge \mathtt{D}_{r''-g''}$ であり，したがって，定義 5.1.8 の (a) と (c) によって，この主張は成り立つ．そのほかの場合も同様である．

(c) 次の式が成り立つことを示さなければならない．

$$\Vdash \forall_{(q,r) \in \underline{\mathbb{Q} \times_< \mathbb{Q}}} \forall_{U \in \underline{\mathcal{P}(\mathbb{Q} \times_< \mathbb{Q})}} . (q,r) \blacktriangleleft U \Rightarrow \underline{d}(a)^*(q,r) \lhd \bigcup_{(q',r') \in U} \underline{d}(a)^*(q',r')$$

5.1.20によって，すべての$(q,r) \in \mathbb{Q}\times_{<}\mathbb{Q}$, $U \subseteq U' \subseteq \mathbb{Q}\times_{<}\mathbb{Q}$, $D \in \mathcal{C}(A)$と$f,g \in D_{\mathrm{sa}}$に対して，$(q,r) \blacktriangleleft U$かつ$f \leq a \leq g$ならば

$$\mathtt{D}_{f-q} \wedge \mathtt{D}_{r-g} \lhd \{\mathtt{D}_{f'-q'} \wedge \mathtt{D}_{r'-g'} \mid (q',r') \in U', f', g' \in D_{\mathrm{sa}}, f' \leq a \leq g'\}$$

であることを証明しなければならない．これを証明するためには，$(q,r) \blacktriangleleft U$の場合に$\mathtt{D}_{f-q} \wedge \mathtt{D}_{r-g} \lhd \{\mathtt{D}_{f-q'} \wedge \mathtt{D}_{r'-g} \mid (q',r') \in U\}$を示せば十分である．$s \in \mathbb{Q}$が$0 < s$を満たすとする．このとき，$(q, r-s) < (q,r)$が得られる．$(q,r) \blacktriangleleft U$なので，5.5.21から，$(q,r-s) \leq (q'',r'')$となる$(q'',r'') \in U$が得られ，したがって，$r - s \leq r''$である．$U_0 = \{(q'',r'')\}$とすると，$r-g-s \leq r''-g$であり，それゆえ，$\mathtt{D}_{r-g-s} \leq \mathtt{D}_{r''-g} = \bigvee U_0$である．すると，系5.3.14によって，$\mathtt{D}_{r-g} \lhd \{\mathtt{D}_{r'-g} \mid (q',r') \in U\}$が得られる．同様にして，$\mathtt{D}_{f-q} \lhd \{\mathtt{D}_{f-q'} \mid (q',r') \in U\}$である．最後に，定義5.1.8(d)によって，$\mathtt{D}_{f-q} \wedge \mathtt{D}_{r-g} \lhd \{\mathtt{D}_{f-q'} \wedge \mathtt{D}_{r'-g} \mid (q',r') \in U\}$となる． □

定義 5.5.23　AをC*環とする．$a \in A_{\mathrm{sa}}$の**現存在化**とは，ロケールの射$\underline{\delta}(a)\colon \underline{\Sigma}(\underline{A}) \to \underline{\mathbb{IR}}$で，それに付随するフレームの射$\underline{\delta}(a)^{-1}$が$\mathcal{F}(\underline{d}(a)^*)$によって与えられるものである．ただし，$\mathcal{F}$は命題5.1.13の関手であり，$\underline{d}(a)^*$は補題5.5.22から得られるものである．

例 5.5.24　ロケール$\underline{\Sigma}(\underline{A})$は，$\mathbb{C} \in \mathcal{C}(A)$におけるその値によって外部的に記述される．これについては定理5.3.16を参照のこと．現存在化$\underline{\delta}(a)$の$\mathbb{C}$のコンポーネントは次の式で与えられる．

$$\underline{\delta}(a)_{\mathbb{C}}^{-1}(q,r)(C) = \{\mathtt{D}_{f-q} \wedge \mathtt{D}_{r-g} \mid f,g \in C_{\mathrm{sa}}, f \leq a \leq g\}$$

ここで，Aは可換と仮定すると，古典的には，5.2.10にあるように，$\mathtt{D}_a = \{\rho \in \Sigma(A) \mid \rho(a) > 0\}$である．すると，$\mathtt{D}_{f-r} = \{\rho \in \Sigma(A) \mid \rho(f) > r\}$となり，したがって，次の式が成り立つ．

$$\underline{\delta}(a)_{\mathbb{C}}^{-1}(q,r)(C) = \bigcup_{\substack{f,g \in C_{\mathrm{sa}} \\ f \leq a \leq g}} \{\rho \in \Sigma(A) \mid \rho(f) > q \text{ かつ } \rho(g) < r\}$$

$$= \{\rho \in \Sigma(A) \mid \exists_{f \leq a}.q < \rho(f) < r \text{ かつ } \exists_{g \geq a}.q < \rho(g) < r\}$$
$$= \{\rho \in \Sigma(A) \mid q < \rho(a) < r\}$$
$$= \hat{a}^{-1}(q, r)$$

命題 5.5.25　写像$\underline{\delta}\colon A_{\mathrm{sa}} \to C(\underline{\Sigma}(\underline{A}), \underline{\mathbb{IR}})$は単射である．さらに，$a \leq b$となるのは，$\underline{\delta}(a) \leq \underline{\delta}(b)$であるとき，そしてそのときに限る．

証明　$\underline{\delta}(a) = \underline{\delta}(b)$と仮定する．このとき，すべての$C \in \mathcal{C}(A)$に対して，集合$L_a(C) = \{f \in C_{\mathrm{sa}} \mid f \leq a\}$と$U_a(C) = \{g \in C_{\mathrm{sa}} \mid a \leq g\}$は，それぞれ$L_b(C)$および$U_b(C)$と一致しなければならない．$C = C^*(a)$および$C = C^*(b)$において，これらの等式を用いると，$a = b$が得られる．あきらかに，$\underline{\delta}$によって$A_{\mathrm{sa}}$の順序は保たれる．一方，逆向きの含意は，この命題の最初の主張と同じやり方で示すことができる．□

参考文献

[1] Johan F. Aarnes. Quasi-states on C*-algebras. *Transactions of the American Mathematical Society*, 149:601–625, 1970.

[2] Samson Abramsky and Bob Coecke. A categorical semantics of quantum protocols. In *Logic in Computer Science 19*, pages 415–425. IEEE Computer Society, 2004.

[3] Samson Abramsky and Achim Jung. Domain theory. In *Handbook of Logic in Computer Science Volume 3*, pages 1–168. Oxford University Press, 1994.

[4] Samson Abramsky and Duško Pavlović. Specifying processes. In *Proceedings of the International Symposium on Category Theory In Computer Science*, volume 1290 of *Springer Lecture Notes in Computer Science*, pages 147–158. Springer, 1997.

[5] Samsom Abransky and Steven Vickers. Quantales, observational logic and process semantics. *Mathematical Structures in Computer Science*, 3:161–227, 1993.

[6] Peter Aczel. Aspects of general topology in constructive set theory. *Annals of Pure and Applied Logic*, 137:3–29, 2006.

[7] Ichiro Amemiya and Huzihiro Araki. A remark on Piron's paper. *Publications of the Research Institute for Mathematical Sciences A*, 2(3):423–427, 1966.

[8] Frank W. Anderson and Kent R. Fuller. *Rings and categories of modules*. Springer, 1974.

[9] Robert B. Ash. *Abstract Algebra: the basic graduate year*. Published online at `http://www.math.uiuc.edu/~r-ash`, 2000.

[10] Jean-Pierre Aubin. *Applied Functional Analysis*. Wiley Interscience, 2nd edition, 2000.

[11] John C. Baez. Higher-dimensional algebra II: 2-Hilbert spaces. *Advances in Mathematics*, 127:125–189, 1997.

[12] John C. Baez and James Dolan. Higher-dimensional algebra and topological quantum field theory. *Journal of Mathematical Physics*, 36(11):6073–6105, 1995.

[13] John C. Baez and James Dolan. Higher-dimensional algebra III: n-categories and the algebra of opetopes. *Advances in Mathematics*, 135(145–206), 1998.

[14] Alexandru Baltag and Sonja Smets. LQP: The dynamic logic of quantum infor-

mation. *Mathematical Structures in Computer Science*, 16(3):491–525, 2006.

[15] Alexandru Baltag and Sonja Smets. A dynamic-logical perspective on quantum behavior. *Studia Logica*, 89:185–209, 2008.

[16] Bernhard Banaschewski and Christopher J. Mulvey. The spectral theory of commutative C*-algebras: the constructive Gelfand-Mazur theorem. *Quaestiones Mathematicae*, 23(4):465–488, 2000.

[17] Bernhard Banaschewski and Christopher J. Mulvey. The spectral theory of commutative C*-algebras: the constructive spectrum. *Quaestiones Mathematicae*, 23(4):425–464, 2000.

[18] Bernhard Banaschewski and Christopher J. Mulvey. A globalisation of the Gelfand duality theorem. *Annals of Pure and Applied Logic*, 137:62–103, 2006.

[19] Michael Barr. Exact categories. In *Exact Categories and Categories of Sheaves*, number 236 in Lecture Notes in Mathematics, pages 1–120. Springer, 1971.

[20] Michael Barr. **-autonomous categories*, volume 752 of *Lecture Notes in Mathematics*. Springer, 1979.

[21] Michael Barr. Algebraically compact functors. *Journal of Pure and Applied Algebra*, 82:211–231, 1992.

[22] Michael Barr. *-autonomous categories: once more around the track. *Theory and Applications of Categories*, 6:5–24, 1999.

[23] Michael Barr and Charles Wells. *Toposes, Triples and Theories*. Springer, 1985.

[24] Giulia Battilotti and Giovanni Sambin. Pretopologies and uniform presentation of sup-lattices, quantales and frames. *Annals of Pure and Applied Logic*, 137:30–61, 2006.

[25] John L. Bell. *Toposes and Local Set Theories. An Introduction*. Number 14 in Oxford Logic Guides. Oxford University Press, 1988.

[26] Jean Bénabou. Introduction to bicategories. In *Reports of the Midwest Category Seminar*, volume 47 of *Lecture Notes in Mathematics*, pages 1–77. Springer, 1967.

[27] Charles H. Bennett and Giles Brassard. Quantum cryptography: Public key distribution and coin tossing. In *Computers, Systems and Signal Processing*, pages 175–179. IEEE Computer Society, 1984.

[28] Sterling K. Berberian. *Baer *-rings*. Springer, 1972.

[29] Garrett Birkhoff. *Lattice Theory*. American Mathematical Society, 1948.

[30] Garrett Birkhoff and John von Neumann. The logic of quantum mechanics. *Annals of Mathematics*, 37:823–843, 1936.

[31] Bruce Blackadar. Projections in C*-algebras. In *C*-algebras: a fifty year celebration 1943–1993*, pages 131–149. Providence, 1993.

[32] Niels Bohr. Discussion with Einstein on epistemological problems in atomic

physics. In *Albert Einstein: Philosopher-Scientist*, pages 201–241. La Salle: Open Court, 1949.

[33] Francis Borceux. *Handbook of Categorical Algebra 1: Basic Category Theory*. Encyclopedia of Mathematics and its Applications 50. Cambridge University Press, 1994.

[34] Francis Borceux. *Handbook of Categorical Algebra 2: Categories and Structures*. Encyclopedia of Mathematics and its Applications 51. Cambridge University Press, 1994.

[35] Francis Borceux. *Handbook of Categorical Algebra 3: Categories of Sheaves*. Encyclopedia of Mathematics and its Applications 52. Cambridge University Press, 1994.

[36] Günter Bruns and Harry Lakser. Injective hulls of semilattices. *Canadian Mathematical Bulletin*, 13:115–118, 1970.

[37] Leslie J. Bunce and J. D. Maitland Wright. The Mackey-Gleason problem for vector measures on projections in von Neumann algebras. *Journal of the London Mathematical Society 2*, 49(1):133–149, 1994.

[38] Leslie J. Bunce and J. D. Maitland Wright. The quasi-linearity problem for C*-algebras. *Pacific Journal of Mathematics*, 172(1):41–47, 1996.

[39] Jeremy Butterfield, John Hamilton, and Christopher J. Isham. A topos perspective on the Kochen-Specker theorem: III. Von Neumann algebras as the base category. *International Journal of Theoretical Physics*, 39(6):1413–1436, 2000.

[40] Jeremy Butterfield and Christopher J. Isham. A topos perspective on the Kochen-Specker theorem: I. Quantum states as generalized valuations. *International Journal of Theoretical Physics*, 37(11):2669–2733, 1998.

[41] Jeremy Butterfield and Christopher J. Isham. A topos perspective on the Kochen-Specker theorem: II. Conceptual aspects and classical analogues. *International Journal of Theoretical Physics*, 38(3):827–859, 1999.

[42] Jeremy Butterfield and Christopher J. Isham. A topos perspective on the Kochen-Specker theorem: IV. Interval valuations. *International Journal of Theoretical Physics*, 41(4):613–639, 2002.

[43] Carsten Butz. Regular categories and regular logic. BRICS Lecture Series LS-98-2, 1998.

[44] Aurelio Carboni, Stefano Kasangian, and Ross Street. Bicategories of spans and relations. *Journal of Pure and Applied Algebra*, 33:259–267, 1984.

[45] Martijn Caspers, Chris Heunen, Nicolaas P. Landsman, and Bas Spitters. Intuitionistic quantum logic of an n-level system. *Foundations of Physics*, 39(7):731–759, 2009.

[46] Jan Cederquist and Thierry Coquand. Entailment relations and distributive lattices. In *Logic Colloquium '98 (Prague)*, volume 13 of *Lecture Notes in Logic*, pages 127–139. Association for Symbolic Logic, 2000.

[47] Chen C. Chang and H. Jerome Keisler. *Model Theory*. North-Holland, third edition, 1990.

[48] Bob Coecke. Quantum logic in intuitionistic perspective. *Studia Logica*, 70:411–440, 2002.

[49] Bob Coecke and Ross Duncan. Interacting quantum observables. In *International Colloquium on Automata, Languages and Programming*, volume 5126 of *Lecture Notes in Computer Science*, pages 298–310. Springer, 2008.

[50] Bob Coecke and Éric O. Paquette. POVMs and Naimark's theorem without sums. In *Quantum Programming Languages*, volume 210 of *Electronic Notes in Theoretical Computer Science*, pages 15–31. Elsevier, 2006.

[51] Bob Coecke, Éric O. Paquette, and Simon Perdrix. Bases in diagrammatic quantum protocols. In *Mathematical Foundations of Programming Semantics 24*, volume 218 of *Electronic Notes in Theoretical Computer Science*, pages 131–152. Elsevier, 2008.

[52] Bob Coecke and Duško Pavlović. Quantum measurements without sums. In *Mathematics of Quantum Computing and Technology*. Taylor and Francis, 2007.

[53] Bob Coecke, Duško Pavlović, and Jamie Vicary. A new description of orthogonal bases. *Mathematical Structures in Computer Science*, 2009.

[54] Bob Coecke and Sonja Smets. The Sasaki hook is not a [static] implicative connective but induces a backward [in time] dynamic one that assigns causes. *International Journal of Theoretical Physics*, 43:1705–1736, 2004.

[55] Paul M. Cohn. *Skew fields*. Encyclopedia of Mathematics and its Applications 57. Cambridge University Press, 1995.

[56] Alain Connes. *Noncommutative Geometry*. Academic Press, 1994.

[57] Thierry Coquand. About Stone's notion of spectrum. *Journal of Pure and Applied Algebra*, 197:141–158, 2005.

[58] Thierry Coquand and Bas Spitters. Constructive Gelfand duality for C*-algebras. *Mathematical Proceedings of the Cambridge Philosophical Society*, 2009. To appear.

[59] Thierry Coquand and Bas Spitters. Integrals and valuations. *Journal of Logic and Analysis*, 1(3):1–22, 2009.

[60] Thiery Coquand and Bas Spitters. Formal topology and constructive mathematics: the Gelfand and Stone-Yosida representation theorems. *Journal of Universal Computer Science*, 11(12):1932–1944, 2005.

[61] Joachim Cuntz. The structure of multiplication and addition in simple C*-algebras. *Mathematica Scandinavica*, 40:215–233, 1977.

[62] Maria L. Dalla Chiara and Roberto Giuntini. Quantum logics. In *Handbook of Philosophical Logic*, volume VI, pages 129–228. Kluwer, 2002.

[63] Maria L. Dalla Chiara, Roberto Giuntini, and Richard Greechie. *Reasoning in*

quantum theory: sharp and unsharp quantum logics. Springer, 2004.

[64] Brian A. Davey and Hilary A. Priestley. *Introduction to Lattices and Order*. Cambridge University Press, second edition, 2002.

[65] Brian J. Day. Note on compact closed categories. *Journal of the Australian Mathematical Society*, Series A 24(3):309–311, 1977.

[66] Luminiţa (Vîţă) Dediu and Douglas Bridges. Embedding a linear subset of $B(H)$ in the dual of its predual. In *Reuniting the Antipodes—Constructive and Nonstandard Views of the Continuum*, pages 55–61. Kluwer, 2001.

[67] Pierre Deligne. Catégories tannakiennes. In *The Grothendieck Festschrift*, volume 2, pages 111–195. Birkhauser, 1990.

[68] Ellie D'Hondt and Prakash Panangaden. Quantum weakest preconditions. *Mathematical Structures in Computer Science*, 16(3):429–451, 2006.

[69] Dennis Dieks. Communication by EPR devices. *Physics Letters A*, 92(6):271–272, 1982.

[70] Whitfield Diffie and Martin E. Hellman. New directions in cryptography. *IEEE Transactions on Information Theory*, IT-22(6):644–654, 1976.

[71] Jacques Dixmier. *C*-algebras*. North-Holland, 1977.

[72] Sergio Doplicher and John E. Roberts. A new duality theory for compact groups. *Inventiones Mathematicae*, 98:157–218, 1989.

[73] Robert S. Doran and Victor A. Belfi. *Characterizations of C*-algebras: the Gelfand-Naimark theorems*. Number 101 in Pure and Applied Mathematics. Marcel Dekker, Inc., 1986.

[74] Andreas Döring. Kochen-Specker theorem for Von Neumann algebras. *International Journal of Theoretical Physics*, 44(2):139–160, 2005.

[75] Andreas Döring and Christopher J. Isham. A topos foundation for theories of physics. I–IV. *Journal of Mathematical Physics*, 49:053515–053518, 2008.

[76] Andreas Döring and Christopher J. Isham. 'What is a thing?': Topos theory in the foundations of physics. In *New Structures for Physics*, Lecture Notes in Physics. Springer, 2009.

[77] Ross Duncan. *Types for Quantum Computing*. PhD thesis, Oxford University Computer Laboratory, 2006.

[78] Beno Eckmann and Peter Hilton. Group-like structures in categories. *Mathematische Annalen*, 145:227–255, 1962.

[79] Albert Einstein, Boris Podolsky, and Nathan Rosen. Can quantum-mechanical description of physical reality be considered complete? *Physical Review*, 47:777–780, 1935.

[80] Artur K. Ekert. Quantum cryptography based on Bell's theorem. *Physical Review Letters*, 67(6):661–663, August 1991.

[81] Ryszard Engelking. *General Topology*. Taylor & Francis, 1977.

[82] Peter D. Finch. Quantum logic as an implication algebra. *Bulletin of the American Mathematical Society*, 11:648–654, 1960.

[83] Peter D. Finch. On the structure of quantum logic. *Journal of Symbolic Logic*, 34(2):275–282, 1969.

[84] Marcelo P. Fiore. Differential structure in models of multiplicative biadditive intuitionistic linear logic. In *Typed Lambda Calculi and Applications*, volume 4583 of *Lecture Notes in Computer Science*, pages 163–177. Springer, 2007.

[85] Michael P. Fourman and Robin J. Grayson. Formal spaces. In *The L. E. J. Brouwer Centenary Symposium*, number 110 in Studies in Logic and the Foundations of Mathematics, pages 107–122. North-Holland, 1982.

[86] Michael P. Fourman and Andre Ščedrov. The "world's simplest axiom of choice" fails. *Manuscripta mathematica*, 38(3):325–332, 1982.

[87] Thomas Fox. Coalgebras and cartesian categories. *Communications in Algebra*, 4(7):665–667, 1976.

[88] Peter Freyd. *Abelian Categories: An introduction to the theory of functor*. Harper and Row, 1964.

[89] Peter Freyd and Max Kelly. Categories of continuous functors I. *Journal of Pure and Applied Algebra*, 2, 1972.

[90] William Fulton. *Young tableaux*. Cambridge University Press, 1997.

[91] Israïl M. Gelfand. Normierte Ringe. *Matematicheskii Sbornik*, 9(51):3–24, 1941.

[92] Israïl M. Gelfand and Mark A. Naimark. On the imbedding of normed rings into the ring of operators on a Hilbert space. *Matematicheskii Sbornik*, 12:3–20, 1943.

[93] Paul Ghez, Ricardo Lima, and John E. Roberts. w^*-categories. *Pacific Journal of Mathematics*, 120:79–109, 1985.

[94] Jonathan S. Golan. *Semirings and their applications*. Kluwer, 1999.

[95] Robert Goldblatt. *Topoi. The categorical analysis of logic*. North-Holland, 1984.

[96] William H. Graves and Steve A. Selesnick. An extension of the Stone representation for orthomodular lattices. *Colloquium Mathematicum*, 27:21–30, 1973.

[97] Phillip Griffiths and Joseph Harris. *Principles of Algebraic Geometry*. Wiley, 1994.

[98] Pierre A. Grillet. *Abstract Algebra*. Number 242 in Graduate Texts in Mathematics. Springer, second edition, 2007.

[99] Alexandre Grothendieck. Catégories fibrées et descente (Exposé VI). In *Revêtement Etales et Groupe Fondamental (SGA 1)*, number 224 in Lecture Notes in Mathematics, pages 145–194. Springer, 1970.

[100] Jack Gunson. On the algebraic structure of quantum mechanics. *Communications in Mathematical Physics*, 6:262–285, 1967.

[101] Rudolf Haag. *Local quantum physics*. Texts and Monographs in Physics. Springer, second edition, 1996. Fields, particles, algebras.

[102] Esfandiar Haghverdi and Phil Scott. A categorical model for the geometry of interaction. *Theoretical Computer Science*, 350:252–274, 2006.

[103] Phùng Hô Hài. An embedding theorem for Abelian monoidal categories. *Compositio Mathematica*, 132:27–48, 2002.

[104] Paul Halmos. *A Hilbert space problem book*. Springer, 2nd edition, 1982.

[105] Hans Halvorson and Michael Müger. Algebraic quantum field theory. In *Handbook of the Philosophy of Physics*, pages 731–922. North Holland, 2007.

[106] Jan Hamhalter. Traces, dispersions of states and hidden variables. *Foundations of Physics Letters*, 17(6):581–597, 2004.

[107] John Harding. A link between quantum logic and categorical quantum mechanics. *International Journal of Theoretical Physics*, 2008.

[108] Masahito Hasegawa, Martin Hofmann, and Gordan Plotkin. Finite dimensional vector spaces are complete for traced symmetric monoidal categories. In *Pillars of Computer Science*, number 4800 in Lecture Notes in Computer Science, pages 367–385. Springer, 2008.

[109] Ichiro Hasuo, Chris Heunen, Bart Jacobs, and Ana Sokolova. Coalgebraic components in a many-sorted microcosm. In *Conference on Algebra and Coalgebra in Computer Science*, Lecture Notes in Computer Science. Springer, 2009. To appear.

[110] Carsten Held. The meaning of complementarity. *Studies in History and Philosophy of Science Part A*, 25:871–893, 1994.

[111] Claudio Hermida. A categorical outlook on relational modalities and simulations. *Information and Computation, to appear*, 2009.

[112] Chris Heunen. Compactly accessible categories and quantum key distribution. *Logical Methods in Computer Science*, 4(4), 2008.

[113] Chris Heunen. Semimodule enrichment. In *Mathematical Foundations of Programming Semantics 24*, volume 218 of *Electronic Notes in Theoretical Computer Science*, pages 193–208. Elsevier, 2008.

[114] Chris Heunen. An embedding theorem for Hilbert categories. *Theory and Applications of Categories*, 22(13):321–344, 2009.

[115] Chris Heunen and Bart Jacobs. Arrows, like monads, are monoids. In *Mathematical Foundations of Programming Semantics 22*, volume 158 of *Electronic Notes in Theoretical Computer Science*, pages 219–236. Elsevier, 2006.

[116] Chris Heunen and Bart Jacobs. Quantum logic in dagger kernel categories. In *Quantum Physics and Logic*, Electronic Notes in Theoretical Computer Science,

2009.

[117] Chris Heunen, Nicolaas P. Landsman, and Bas Spitters. The principle of general tovariance. In *International Fall Workshop on Geometry and Physics XVI*, volume 1023 of *AIP Conference Proceedings*, pages 93–102. American Institute of Physics, 2008.

[118] Chris Heunen, Nicolaas P. Landsman, and Bas Spitters. Bohrification of operator algebras and quantum logic. *under consideration for Synthese*, 2009.

[119] Chris Heunen, Nicolaas P. Landsman, and Bas Spitters. A topos for algebraic quantum theory. *Communications in Mathematical Physics*, 291:63–110, 2009.

[120] Karl H. Hofmann. *The Duality of Compact Semigroups and C*-Bigebras*, volume 129 of *Lecture Notes in Mathematics*. Springer, 1970.

[121] John Isbell. Some remarks concerning categories and subspaces. *Canadian Journal of Mathematics*, 9:563–577, 1957.

[122] Christopher J. Isham. Topos theory and consistent histories: The internal logic of the set of all consistent sets. *International Journal of Theoretical Physics*, 36(4):785–814, 1997.

[123] Christopher J. Isham. A topos perspective on state-vector reduction. *International Journal of Theoretical Physics*, 45(8):1524–1551, 2006.

[124] Bart Jacobs. Semantics of weakening and contraction. *Annals of Pure and Applied Logic*, 69:73–106, 1994.

[125] Bart Jacobs. *Categorical Logic and Type Theory*. Number 141 in Studies in Logic and the Foundations of Mathematics. North Holland, 1999.

[126] Bart Jacobs, Chris Heunen, and Ichiro Hasuo. Categorical semantics for arrows. *Journal of Functional Programming*, 19(3–4):403–438, 2009.

[127] Nathan Jacobson. *Lectures in Abstract Algebra, volume II: Linear Algebra*. Van Nostrand, Princeton, 1953.

[128] Melvin F. Janowitz. Quantifiers and orthomodular lattices. *Pacific Journal of Mathematics*, 13:1241–1249, 1963.

[129] Josef M. Jauch. *Foundations of quantum mechanics*. Addison-Wesley, 1968.

[130] Peter T. Johnstone. *Stone spaces*. Number 3 in Cambridge studies in advanced mathematics. Cambridge University Press, 1982.

[131] Peter T. Johnstone. *Sketches of an elephant: A topos theory compendium*. Oxford University Press, 2002.

[132] André Joyal and Ross Street. An introduction to Tannaka duality and quantum groups. In *Category Theory, Part II*, volume 1488 of *Lecture Notes in Mathematics*, pages 411–492. Springer, 1991.

[133] André Joyal and Ross Street. Braided tensor categories. *Advances in Mathematics*, 102:20–78, 1993.

[134] André Joyal and Miles Tierney. An extension of the Galois theory of Grothendieck. *Memoirs of the American Mathematical Society*, 51(309), 1983.

[135] Richard V. Kadison and John R. Ringrose. *Fundamentals of the theory of operator algebras*. Academic Press, 1983.

[136] Gudrun Kalmbach. *Orthomodular Lattices*. Academic Press, 1983.

[137] Gudrun Kalmbach. *Measures and Hilbert lattices*. World Scientific, 1986.

[138] Irving Kaplansky. *Rings of operators*. W. A. Benjamin, 1968.

[139] Mikhail Kapranov and Vladimir Voevodsky. 2-categories and Zamolodchikov tetrahedra equations. In *Proceedings of Symposia in Pure Mathematics. Algebraic groups and their generalizations: quantum and infinite-dimensional methods*, volume 56, pages 177–259. American Mathematical Society, 1994.

[140] G. Max Kelly. Many variable functorial calculus (I). In *Coherence in Categories*, volume 281 of *Lectures Notes in Mathematics*, pages 66–105. Springer, 1970.

[141] G. Max Kelly. *Basic Concepts of Enriched Category Theory*. Cambridge University Press, 1982.

[142] G. Max Kelly and Miguel L. Laplaza. Coherence for compact closed categories. *Journal of Pure and Applied Algebra*, 19:193–213, 1980.

[143] Simon Kochen and Ernst Specker. The problem of hidden variables in quantum mechanics. *Journal of Mathematics and Mechanics*, 17:59–87, 1967.

[144] Anders Kock. Monads in symmetric monoidal closed categories. *Archiv der Mathematik*, 21(1–10), 1970.

[145] Anders Kock. Strong functors and monoidal monads. *Archiv der Mathematik*, 23:113–120, 1972.

[146] Anders Kock and Gonzalo E. Reyes. Doctrines in categorical logic. In *Handbook of Mathematical Logic*, pages 283–313. North-Holland, 1977.

[147] Joachim Kock. *Frobenius algebras and 2-D Topological Quantum Field Theories*. Number 59 in London Mathematical Society Student Texts. Cambridge University Press, 2003.

[148] Pavel S. Kolesnikov. Different definitions of algebraically closed skew fields. *Algebra and Logic*, 40(4):219–230, 2001.

[149] Mark G. Krein. A principle of duality for a bicompact group and square block algebra. *Doklady Akademii Nauk SSSR*, 69:725–728, 1949.

[150] Pekka. J. Lahti. Uncertainty and complementarity in axiomatic quantum mechanics. *International Journal of Theoretical Physics*, 19:789–842, 1980.

[151] Joachim Lambek and Phil Scott. *Introduction to higher order categorical logic*. Cambridge University Press, 1986.

[152] E. Christopher Lance. *Hilbert C*-modules*. Number 210 in London Mathematical Society Lecture Note Series. Cambridge University Press, 1995.

[153] Nicolaas P. Landsman. *Mathematical topics between classical and quantum mechanics*. Springer, 1998.

[154] F. William Lawvere. Functorial semantics of algebraic theories. *Proceedings of the National Academy of Sciences*, 50:869–872, 1963.

[155] F. William Lawvere. Metric spaces, generalized logic, and closed categories. *Rendiconti del Seminario Matematico e Fisico di Milano*, 43:135–166, 1973. Reprint in Theory and Applications of Categories 1:1–37, 2002.

[156] Daniel Lehmann. A presentation of quantum logic based on an and then connective. *Journal of Logic and Computation*, 18:59–76, 2008.

[157] Tom Leinster. *Higher Operads, Higher Categories*. Number 298 in London Mathematical Society Lecture Note Series. Cambridge University Press, 2004.

[158] Harald Lindner. Adjunctions in monoidal categories. *Manuscripta Mathematica*, 26:123–139, 1978.

[159] Saul Lubkin. Imbedding of Abelian categories. *Transactions of the American Mathematical Society*, 97:410–417, 1960.

[160] Wilhelmus A. J. Luxemburg. and Adriaan C. Zaanen. *Riesz spaces. I*. North-Holland, 1971.

[161] Saunders Mac Lane. Duality for groups. *Bulletin of the American Mathematical Society*, 56(6):485–516, 1950.

[162] Saunders Mac Lane. An algebra of additive relations. *Proceedings of the National Academy of Sciences*, 47:1043–1051, 1961.

[163] Saunders Mac Lane. *Categories for the Working Mathematician*. Springer, 2nd edition, 1971.（邦訳：三好博之/高木理共訳『圏論の基礎』シュプリンガー・フェアラーク東京/丸善出版，2005）.

[164] Saunders Mac Lane and Ieke Moerdijk. *Sheaves in Geometry and Logic*. Springer, 1992.

[165] George W. Mackey. *Mathematical foundations of quantum mechanics*. W. A. Benjamin, 1963.

[166] George W. Mackey. *The theory of unitary group representations*. Chicago Lectures in Mathematics. The University of Chicago Press, 1976.

[167] Leonid Makar-Limanov. Algebraically closed skew fields. *Journal of Algebra*, 93:117–135, 1985.

[168] Michael Makkai and Gonzalo E. Reyes. *First Order Categorical Logic*. Number 611 in Lecture Notes in Mathematics. Springer, 1977.

[169] Ernest G. Manes. *Algebraic Theories*. Springer, 1976.

[170] Barry Mitchell. *Theory of Categories*. Academic Press, 1965.

[171] Roberta B. Mura and Akbar Rhemtulla. *Orderable groups*. Number 27 in Lecture Notes in Pure and Applied Mathematics. New York: Marcel Dekker, 1977.

[172] Sara Negri. Continuous domains as formal spaces. *Mathematical Structures in Computer Science*, 12(1):19–52, 2002.

[173] Michael A. Nielsen and Isaac L. Chuang. *Quantum Computation and Quantum Information*. Cambridge University Press, 2000.（邦訳：木村達也訳『量子コンピュータと量子通信 I〜III』オーム社，2004〜2005）.

[174] Paul H. Palmquist. Adjoint functors induced by adjoint linear transformations. *Proceedings of the American Mathematical Society*, 44(2):251–254, 1974.

[175] Jan Paseka. Hilbert Q-modules and nuclear ideals. In *Proceedings of the Eighth Conference on Category Theory and Computer Science*, volume 129 of *Electronic Notes in Theoretical Computer Science*, pages 1–19, 1999.

[176] Zoran Petric. Coherence in substructural categories. *Studia Logica*, 70(2):271–296, 2002.

[177] Constantin Piron. *Foundations of quantum physics*. Number 19 in Mathematical Physics Monographs. W.A. Benjamin, 1976.

[178] Lew Pontrjagin. Über stetige algebraischer körper. *Annals of Mathematics*, 33:163–174, 1932.

[179] Dieter Puppe. Korrespondenzen in abelschen Kategorien. *Mathematische Annalen*, 148:1–30, 1962.

[180] Miklós Rédei. *Quantum Logic in Algebraic Approach*. Kluwer, 1998.

[181] Michael Reed and Barry Simon. *Methods of Modern Mathematical Physics, Vol I: Functional Analysis*. Academic Press, 1972.

[182] Charles E. Rickart. *General theory of Banach algebras*. D. van Nostrand, 1960.

[183] Leopoldo Román. A characterization of quantic quantifiers in orthomodular lattices. *Theory and Applications of Categories*, 16(10):206–217, 2006.

[184] Leopoldo Román and Beatriz Rumbos. A characterization of nuclei in orthomodular and quantic lattices. *Journal of Pure and Applied Algebra*, 73:155–163, 1991.

[185] Leopoldo Román and Rita E. Zuazua. On quantic conuclei in orthomodular lattices. *Theory and Applications of Categories*, 2(6):62–68, 1996.

[186] Mikael Rørdam. Structure and classification of C*-algebras. In *Proceedings of the International Congress of Mathematicians*, volume 2, pages 1581–1598. EMS Publishing House, 2006.

[187] Robert Rosebrugh and Richard J. Wood. Distributive laws and factorization. *Journal of Pure and Applied Algebra*, 175:327–353, 2002.

[188] Neantro Saavedra Rivano. *Catégories Tannakiennes*. Number 265 in Lecture Notes in Mathematics. Springer, 1972.

[189] Mehrnoosh Sadrzadeh. High level quantum structures in linguistics and multi-agent systems. In *AAAI Spring symposium on quantum interactions*. Stanford University, 2007.

[190] Shôichirô Sakai. *C*-algebras and W*-algebras*. Springer, 1971.

[191] Giovanni Sambin. Intuitionistic formal spaces - a first communication. In D. Skordev, editor, *Mathematical logic and its Applications*, pages 187–204. Plenum, 1987.

[192] Giovanni Sambin. Some points in formal topology. *Theoretical Computer Science*, 305:347–408, 2003.

[193] Erhard Scheibe. *The logical analysis of quantum mechanics*. Pergamon, 1973.

[194] Dana Scott. Lattice theory, data types and semantics. In *NYU Symposium on formal semantics*, pages 65–106. Prentice-Hall, 1972.

[195] Robert A. G. Seely. Linear logic, $*$-autonomous categories and cofree coalgebras. In *Categories in Computer Science and Logic*, volume 92, pages 371–382. American Mathematical Society, 1989.

[196] Irving E. Segal. Postulates for general quantum mechanics. *Annals of Mathematics*, 48:930–948, 1947.

[197] Peter Selinger. Dagger compact closed categories and completely positive maps. In *Quantum Programming Languages*, volume 170 of *Electronic Notes in Theoretical Computer Science*, pages 139–163. Elsevier, 2007.

[198] Peter Selinger. Finite dimensional Hilbert spaces are complete for dagger compact closed categories. In *Quantum Physics and Logic*, Electronic Notes in Theoretical Computer Science, 2008.

[199] Peter Selinger. Idempotents in dagger categories. In *Quantum Programming Languages*, volume 210 of *Electronic Notes in Theoretical Computer Science*, pages 107–122. Elsevier, 2008.

[200] Peter Selinger. A survey of graphical languages for monoidal categories. In *New Structures for Physics*, Lecture Notes in Physics. Springer, 2009.

[201] Maria P. Solèr. Characterization of Hilbert spaces by orthomodular spaces. *Communications in Algebra*, 23:219–243, 1995.

[202] Bas Spitters. Constructive results on operator algebras. *Journal of Universal Computer Science*, 11(12):2096–2113, 2005.

[203] Serban Stratila and Laszlo Zsido. *Operator Algebras*. Theta Foundation, 2009.

[204] Ross Street. *Quantum Groups: a path to current algebra*. Number 19 in Australian Mathematical Society Lecture Series. Cambridge University Press, 2007.

[205] Isar Stubbe. The canonical topology on a meet-semilattice. *International Journal of Theoretical Physics*, 44:2283–2293, 2005.

[206] Masamichi Takesaki. *Theory of Operator Algebra I*. Encyclopaedia of Mathematical Sciences. Springer, 1979.

[207] Tadao Tannaka. Über den Dualitätssatz der nichtkommutatieven topologischen Gruppen. *Tôhoku Mathematical Journal*, 45:1–12, 1939.

[208] Paul Taylor. *Practical Foundations of Mathematics*. Number 59 in Cambridge Studies in Advanced Mathematics. Cambridge University Press, 1999.

[209] Veeravalli S. Varadarajan. *Geometry of Quantum Theory*. D. van Nostrand, 1968.

[210] Jamie Vicary. Categorical formulation of quantum algebras. *arXiv: 0805. 0432*, 2008.

[211] Jamie Vicary. Categorical properties of the complex numbers. *arXiv: 0807. 2927*, 2008.

[212] Steven Vickers. Locales and toposes as spaces. In *Handbook of Spatial Logics*, pages 429–496. Springer, 2007.

[213] John von Neumann. *Mathematische Grundlagen der Quantenmechanik*. Springer, 1932. （邦訳：広重徹/井上健/恒藤敏彦共訳『量子力学の数学的基礎』みすず書房，1957）．

[214] Joachim Weidmann. *Lineare Operatoren in Hilberträumen I. Grundlagen*. B. G. Teubner, 2000.

[215] Edwin Weiss and Neal Zierler. Locally compact division rings. *Pacific Journal of Mathematics*, 8(2):369–371, 1958.

[216] William K. Wootters and Wojciech H. Zurek. A single quantum cannot be cloned. *Nature*, 299:802–803, 1982.

[217] Adriaan C. Zaanen. *Riesz spaces. II*. North-Holland, 1983.

[218] Elias Zafiris. Boolean coverings of quantum observable structure: a setting for an abstract differential geometric mechanism. *Journal of Geometry and Physics*, 50(1–4):9–114, 2004.

訳者あとがき

本書は，Chris Heunen 著 *Categorical quantum models and logics* (Pallas Publications — Amsterdam University Press, 2009) の全訳である．現在，著者のクリス・ヒューネンは，エジンバラ大学理工学部情報学科のシニア・リサーチ・フェローである．本書は，もともとオランダ，ナイメーヘンのラドバウド大学において Ph.D 論文として執筆されたものを単行本として刊行したものである．

近年，実用化に向けて量子計算機の開発が加速してきているが，量子計算機におけるプログラムは，古典的な計算機のプログラムとは異なる計算モデルに基づく．そのため，これまで古典的な計算機で使われてきたソフトウェアの正当性検証手法をそのまま使うわけにはいかない．本書の冒頭でも述べられているように，プログラムの正当性を保証できなければ，重要な仕事に量子計算機を使おうとするものはいないだろう．直感に反する振る舞いが生じる量子的状況における確固たる基礎を構築するためには数学の力が必要になる．本書では，圏論という道具を使うことによって，直感に反する量子状態のさまざまな特徴が，どの前提から生じるものであるのかを浮き彫りにしてくれる．

圏，関手，自然変換などは，1940 年代に導入された比較的新しい概念である．しかし，今では，数学だけでなく，計算機科学や理論物理学などさまざまな分野の背後にある共通の構造が圏論によって明らかにされてきている．そのため，それぞれの分野に由来する用語が用いられていることもあり，まだ定訳のない用語も散見される．このような圏論の用語については，この分野の古典であるソーンダース・マックレーン著『圏論の基礎』（三好博之/高木理訳，丸善出版，2005）に準じた．

訳者あとがき

本書の翻訳は，日本ユニシス（株）総合技術研究所における量子プログラミング研究の一環として行った．本書の翻訳を通じて，量子的状況の特性とそれを生じさせる前提についての理解を深めることができ，今後の研究に対する方向性を考える上で大いに参考になった．

日本語への翻訳に際して，原著者のヒューネン氏には，訳者の理解の足りない点について電子メールで丁寧に説明していただいた．また，日本語版の編集にあたっては，共立出版の大谷早紀氏には大変お世話になった．これらの方々に感謝の意を表したい．

2018年夏　訳者

圏の索引

表記	説明	ページ
Act	モノイドの作用	18, 36
$\mathrm{Alg}(T)$	アイレンバーグ–ムーア T 代数	20
BP	有限双積をもつ圏	29
$\widehat{B}$	ダガー核圏としてのブール代数 B	158
$[\boldsymbol{C}, \boldsymbol{D}]$	関手 $\boldsymbol{C} \to \boldsymbol{D}$ と自然変換	19, 63
$\mathbf{C}_{\leftrightarrows}$	$\boldsymbol{C}$ 上の余自由ダガー圏	28, 63
Cat	圏と関手	13
CHey	完備ハイティング代数	172
CStar	C*環と*射	184
DagCat	ダガー圏とダガー関手	55
DagKerCat	ダガー核圏	74
$\boldsymbol{D}_{\mathrm{kck}}$	$\boldsymbol{D}$ に対する kck 構成法	160
finPInj	有限集合と部分単射	62, 73
Frm	フレーム	172
Hilb	ヒルベルト空間と連続線形写像	13, 57
HMod	ヒルベルト加群と随伴可能射	97
InvAdj	対合的圏と反変随伴	58
InvGal	直交半順序集合と反単調ガロア接続	59
IPOSet	添字付き半順序集合	153
KRegLoc	コンパクト正則ロケール	185

Loc	ロケール	172
Loc($\boldsymbol{T}$)	$\boldsymbol{T}$ の中のロケール	179
Mod	加群と線形変換	12, 39, 41, 49
Mon	モノイド	15
OMLatGal	直モジュラー束と反単調ガロア接続	137
PHilb	ヒルベルト空間と位相を無視した連続線形写像	13, 57
PInj	集合と部分単射	14, 56
POSet	半順序集合	153
preHilb	前ヒルベルト空間と随伴可能関数	13, 57
Rel	集合と関係	14, 56
Rg	半環	34
Set	集合と関数	13
Topos	トポスと幾何学的射	176
Vect	ベクトル空間と線形変換	12
$\boldsymbol{V}$**-Cat**	$\boldsymbol{V}$ 豊穣圏と $\boldsymbol{V}$ 関手	16
Zigzag($\boldsymbol{C}$)	$\boldsymbol{C}$ 上の自由ダガー圏	65

記号索引

A_{sa}, 自己随伴, 186
$\mathrm{Alx}(P)$, アレクサンドロフ位相, 173
$B[m]$, B, m によって生成される順序, 127
$C(X, Y)$, ロケールの射, 173
$C^*(a)$, a によって生成された C*環, 213
I, モノイドの単位元, 14
$\mathrm{Im}(f)$, f の像, 90
KSub, 核部分対象, 120, 149, 153
L_A, スペクトルを生成する束, 187
$P(m)$, 射影, 123
$\mathrm{Proj}(X)$, 射影, 123
R^+, 正錐, 96, 187
$\mathrm{Sub}(X)$, 部分対象, 120
$U(1)$, 円周群, 13, 193
X^*, 双対対象, 49
e_f, f の余像, 89
f^*, 双対射, 52
f^*, 左随伴, 59, 137
f^*, 連続写像, 175
f_*, 双対随伴射, 70
f_*, 右随伴, 59, 137
i_f, f の像, 89
$\mathcal{A}(_)$, ブール融合, 208
$\mathcal{B}(_)$, ハイティング融合, 209
$\mathcal{C}(_)$, 文脈, 191, 192, 204
$\mathcal{F}(L, \lhd)$, 自由フレーム, 174
$\mathcal{I}(_)$, 確率積分, 214
$\mathcal{O}(X)$, フレーム, 173
$\mathcal{T}(_)$, ボーア化トポス, 191, 192, 204
$\mathfrak{T}$, 理論, 181
$\mathcal{V}(_)$, 確率付値, 216
Δ, 対角, 25
∇, 余対角, 25
Ω, 部分対象分類子, 162
Σ, ゲルファント・スペクトル, 185
Σ_A, ボーア化状態空間, 199
α, コヒーレンス同型, 14
δ, 古典的構造, 81
ε, コンパクト性の余単位元, 49

η, コンパクト性の単位元, 49
γ, 対称同型, 14
λ, コヒーレンス同型, 14
ν, 古典的構造, 81
ρ, コヒーレンス同型, 14
τ, 分配則同型, 34
$\mathbb{B}$, ブール半環, 34, 39
$\mathbb{C}$, 複素数, 13, 22, 70, 184
$\mathbb{C}_{\mathbb{Q}}$, ガウス有理数, 183
$\mathbb{H}$, 四元数, 13, 107
$\mathbb{IR}$, 区間領域, 215
$\mathbb{R}$, 実数, 13, 182, 215
$[\boldsymbol{C}\ ,\ \boldsymbol{D}]$, 関手圏, 63
$(_)^*$, 対合, 183
$\bullet$, スカラー乗法, 17
$\dagger$, ダガー, 55
$\ddagger$, 対合, 12, 96
$[f\ ,\ g]$, 余タプル, 25
$\Rightarrow$, 含意, 144
$\langle f\ ,\ g\rangle$, タプル, 25
$\lhd$, 被覆関係, 174
&, フィンチ・アンパサンド, 151
$\Rightarrow_{\mathrm{S}}$, 佐々木アロー, 151
$\exists_f$, 存在量化子, 142
$\langle _ \mid _ \rangle$, 内積, 12, 96
$\leq$, hom 集合順序, 121
$\leq$, スカラー順序, 114
$\ll$, well inside, 184, 189
$[\![_]\!]$, 解釈, 178
$\preccurlyeq$, スペクトル順序, 187
$\twoheaddownarrow x$, well-inside set, 184
$f \perp g$, 直交性, 128
$f ; g$, 合成, 93
$k \vee l$, 選言, 130
$k \wedge l$, 連言, 127
$k^{\perp}$, 否定, 128
$\longrightarrow\!\triangleright$, ダガー余核, 75
$\triangleright\!\!\longrightarrow$, ダガー核, 74
$\multimap\!\!\twoheadrightarrow$, ゼロエピ射, 86
$\rightarrowtail\!\!\circ\!\!\rightarrow$, ゼロモノ射, 86

項目索引

著者略歴

クリス・ヒューネンは1982年3月21日にオランダ，ナイメーヘンに生まれた．フェンローで育ったあと，1999年にナイメーヘンに戻り，ラドバウド大学で計算機科学と数学の研究を始めた．2004年にカナダ，バンクーバーにあるブリティッシュコロンビア大学で半年を過ごしたあと，2005年に計算機科学と数学の修士号をともに優秀な成績で取得した．2005年8月，ナイメーヘンのラドバウド大学のPh.D.課程の学生となり，バート・ジェイコブズ教授とクラース・ランズマン教授に指導を受けた．このPh.D.論文の主題は，両教授それぞれの専門分野である圏論的論理と数理物理学を組み合わせたものである．2009年8月現在，ヒューネンはオックスフォード大学の博士課程修了後の研究者であり，NWOルビコン助成金から資金援助を受けている．

訳者紹介

かわ　べ　はる　ゆき

川 辺 治 之

1985年　東京大学理学部卒業
現　在　日本ユニシス（株）総合技術研究所　上席研究員

主　著『Common Lisp 第2版』（共立出版，共訳）
『Common Lisp オブジェクトシステム―CLOSとその周辺』（共立出版，共著）
『群論の味わい―置換群で解き明かすルービックキューブと15パズル』（共立出版，翻訳）
『この本の名は？―嘘つきと正直者をめぐる不思議な論理パズル』（日本評論社，翻訳）
『ひとけたの数に魅せられて』（岩波書店，翻訳）
『100人の囚人と1個の電球―知識と推論にまつわる論理パズル』（日本評論社，翻訳）
『量子プログラミングの基礎』（共立出版，翻訳）
『スマリヤン数理論理学講義 上巻・下巻』（日本評論社，翻訳）
『対称性―不変性の表現』（丸善出版，翻訳）
『哲学の奇妙な書棚―パズル，パラドックス，なぞなぞ，へんてこ話』（共立出版，翻訳）
『無限（岩波科学ライブラリー）』（岩波書店，翻訳）ほか翻訳書多数

圏論による量子計算のモデルと論理

原題：*Categorical quantum models and logics*

2018年8月15日　初版1刷発行

訳　者　川辺治之　© 2018
原著者　Chris Heunen（クリス・ヒューネン）
発行者　南條光章
発行所　**共立出版株式会社**
東京都文京区小日向4-6-19
電話　03-3947-2511（代表）
〒112-0006／振替口座 00110-2-57035
http://www.kyoritsu-pub.co.jp/

印　刷　啓文堂
製　本　ブロケード

一般社団法人
自然科学書協会
会員

Printed in Japan

検印廃止
NDC 007.1, 411.6, 421.3
ISBN 978-4-320-12436-3

Foundations of Quantum Programming
量子プログラミングの基礎
Mingsheng Ying 著
川辺治之 訳
共立出版

量子論のための
表現論
林 正人 著
共立出版

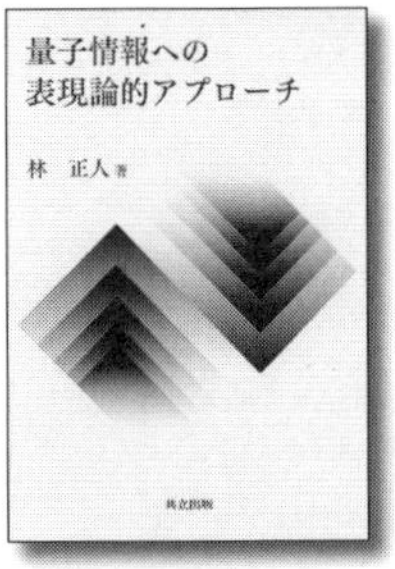
量子情報への
表現論的アプローチ
林 正人 著
共立出版

量子情報の物理
D.Bouwmeester
A.Ekert
A.Zeilinger 編
共立出版